"十四五"高等职业教育新形态一体化系列教材

# Java程序设计任务式教程

Java CHENGXU SHEJI RENWUSHI JIAOCHENG

向文娟◎主　编
徐　晶　李　颖　赵海鸥◎副主编

中国铁道出版社有限公司
CHINA RAILWAY PUBLISHING HOUSE CO., LTD.

## 内 容 简 介

本书为"十四五"高等职业教育新形态一体化系列教材之一，采用任务驱动的方式实施理实一体化教学，将理论与实践紧密结合。本书共9单元，设计了31个学习任务，以 Java SE 8 为基础，循序渐进地介绍 Java 编程语言的核心概念和技术，涵盖 Java 基础语法、数据类型、运算符、程序设计逻辑结构、面向对象编程、Java 常用 API、集合、泛型、枚举、IO 流、多线程、JavaFX 图形用户界面、网络编程和 JDBC 数据库编程等主流 Java 语言开发技能。

本书知识点全面，体系结构清晰，重点突出，学习任务设计科学，代码配备大量注释，秉承简单易懂的编码风格，力求达到启发性编程的目的。每个单元配有精心设计的编程练习题，帮助读者理解并掌握编程技术。本书提供教学课件、程序源代码以及部分教学视频与习题解答等资源。

本书适合作为高等职业院校计算机相关专业"Java 程序设计"或"面向对象程序设计"课程的教材，也可作为 Java 编程爱好者的参考书。

## 图书在版编目（CIP）数据

Java程序设计任务式教程 / 向文娟主编. -- 北京：中国铁道出版社有限公司，2024. 9. --（"十四五"高等职业教育新形态一体化系列教材）. -- ISBN 978-7-113-31578-8

Ⅰ. TP312.8

中国国家版本馆CIP数据核字第2024RC6721号

书　　名：Java 程序设计任务式教程
作　　者：向文娟

策　　划：秦绪好　徐海英　　　　　　编辑部电话：（010）51873135
责任编辑：谢世博　包　宁
封面设计：郑春鹏
责任校对：安海燕
责任印制：樊启鹏

出版发行：中国铁道出版社有限公司（100054，北京市西城区右安门西街 8 号）
网　　址：https://www.tdpress.com/51eds/

印　　刷：天津嘉恒印务有限公司
版　　次：2024 年 9 月第 1 版　2024 年 9 月第 1 次印刷
开　　本：787 mm×1 092 mm　1/16　印张：19.75　字数：481 千
书　　号：ISBN 978-7-113-31578-8
定　　价：59.80 元

### 版权所有　侵权必究

凡购买铁道版图书，如有印制质量问题，请与本社教材图书营销部联系调换。电话：（010）63550836
打击盗版举报电话：（010）63549461

# 前　言

在信息技术领域，云计算、大数据等网络服务技术是当前发展的热点，互联互通的信息化技术应用已经覆盖社会生活的各个领域。Java Web 技术以其卓越的性能、丰富的框架及高成熟度，广泛应用于各类系统开发。高校与培训市场积极响应，推出 Java Web 应用开发课程，聚焦实践技能培养。

党的二十大报告指出："教育、科技、人才是全面建设社会主义现代化国家的基础性、战略性支撑。必须坚持科技是第一生产力、人才是第一资源、创新是第一动力，深入实施科教兴国战略、人才强国战略、创新驱动发展战略，开辟发展新领域新赛道，不断塑造发展新动能新优势。"根据党的二十大精神指引，依托作者深厚的教学功底与实战经验，精心打造了本书。本书融合了 Java Web 的真实案例与解决方案，打造新形态教材，助力高效学习，旨在强化学生实操能力。

## 本书特点

任务驱动：本书以任务为导向，通过一系列任务式案例，帮助读者学习和掌握 Java 编程知识。

循序渐进：本书内容循序渐进，从基础知识到高级技术，逐步深入，帮助读者建立完整的 Java 知识体系。

实用性强：本书注重实用性，每个任务都结合实际应用场景，帮助读者掌握解决实际问题的能力。

## 主要内容

单元 1　**Java 程序设计概述**：介绍 Java 语言的历史、特点、开发环境等基础知识，基于这些知识实现打印诗词的案例。

单元 2　**Java 开发基础**：讲解 Java 语言的基本语法、数据类型、运算符等基础知识，基于这些知识分别实现打印产线工件配送清单、商品折扣计算和模拟自动节温器等案例。

单元 3　程序设计逻辑结构基础：介绍顺序结构、选择结构、循环结构等基本程序设计逻辑，基于这些知识分别实现求解圆面积、BMI 健康值评估、神奇的自动贩卖机和购买餐饮罐装燃气等案例。

单元 4　面向对象编程基础：讲解面向对象编程的基本概念、类与对象、封装、继承、多态等知识，基于这些知识实现在线课程管理系统和模拟银行理财存款等案例。

单元 5　面向对象编程进阶：介绍 Java 常用 API、集合、泛型、枚举、IO 流等高级知识，基于这些知识实现乐自助餐饮订单、乐自助食材备货、增强型文件记事本等案例。

单元 6　多线程：讲解线程的创建、生命周期、控制、同步、单例模式、线程池等知识，基于这些知识实现模拟红绿灯系统、模拟环保检测系统、模拟银行取款系统和模拟在线购物网站等案例。

单元 7　JavaFX 图形用户界面：介绍 JavaFX 的基础、属性与绑定、常用布局、事件处理、基础控件、FXML 等知识，基于这些知识实现模拟购物车添加商品功能、模拟购物结账功能和购物满意度问卷调查等案例。

单元 8　网络编程：讲解 Java 网络编程技术，包括网络通信协议、IP 地址、数据报通信、套接字通信等知识，基于这些知识实现模拟查询聊天应用程序的 IP 地址及地理位置、简单的局域网聊天程序和简单的在线订购系统等案例。

单元 9　JDBC 数据库编程：介绍 JDBC 数据库编程技术，包括连接数据库、数据库与数据表的操作、SQL 语句的执行等知识，基于这些知识实现图书管理系统中图书的显示、添加、删除和修改功能。

本书配备教学课件、程序源代码以及部分教学视频与习题解答等资源，读者可登录中国铁道出版社教育资源数字化平台（https://www.tdpress.com/51eds/）免费下载。

本书由向文娟任主编，徐晶、李颖、赵海鸥任副主编，具体编写分工如下：单元 1 ~ 3、单元 5、单元 6 由武汉外语外事职业学院向文娟编写，单元 4、单元 7 由北京科技大学徐晶编写，单元 8 由武汉外语外事职业学院李颖编写，单元 9 由武汉外语外事职业学院赵海鸥编写。本书的编写得到了北京中科数汇科技有限公司的大力支持和协助，在此表示由衷的感谢。

由于编者水平有限，书中难免存在不足和疏漏，恳请各位专家和读者批评指正。

编　者

2024 年 8 月

# 目 录

**单元1　Java程序设计概述** ........ 1
任务1.1　认识Java语言 ................. 2
　1.1　Java基础入门 ....................... 2
　　1.1.1　Java发展史 ................... 2
　　1.1.2　Java语言的特点 ........... 2
　　1.1.3　Java语言开发分类 ....... 4
　　1.1.4　Java技术平台 ............... 4
　　1.1.5　Java运行流程 ............... 5
　　1.1.6　JVM、JDK和JRE的关系 ..... 5
任务1.2　安装与使用JDK ............. 6
　1.2　Java环境配置 ....................... 6
　　1.2.1　下载JDK ...................... 6
　　1.2.2　安装JDK ...................... 7
　　1.2.3　JDK目录介绍 ............... 8
　　1.2.4　配置JDK ...................... 8
任务1.3　Eclipse开发工具打印诗词 ..... 10
　1.3　开发环境搭建 ..................... 10
　　1.3.1　Eclipse介绍 ................ 10
　　1.3.2　Eclipse安装与启动 ..... 10
　　1.3.3　Eclipse工作台 ............ 13
　　1.3.4　Eclipse透视图 ............ 13
　　1.3.5　使用Eclipse进行程序开发 ..... 14
小结 .................................................. 18
习题 .................................................. 18

**单元2　Java开发基础** ............ 20
任务2.1　打印产线工件配送清单 ..... 20
　2.1　Java的基本语法 ................. 21
　　2.1.1　语句和表达式 ............. 21
　　2.1.2　语法基本格式 ............. 21

　　2.1.3　注释 ............................. 22
　　2.1.4　标识符 ......................... 23
　　2.1.5　关键字 ......................... 23
　　2.1.6　常量 ............................. 24
　　2.1.7　变量 ............................. 25
　　2.1.8　变量的作用域 ............. 26
任务2.2　商品折扣计算 ................. 28
　2.2　Java的数据类型 ................. 28
　　2.2.1　整数类型 ..................... 29
　　2.2.2　浮点数类型 ................. 30
　　2.2.3　字符类型 ..................... 30
　　2.2.4　布尔类型 ..................... 30
　　2.2.5　自动类型转换 ............. 30
　　2.2.6　强制类型转换 ............. 31
任务2.3　模拟自动节温器 ............. 33
　2.3　Java的运算符 ..................... 33
　　2.3.1　赋值运算符 ................. 33
　　2.3.2　算术运算符 ................. 34
　　2.3.3　关系运算符 ................. 34
　　2.3.4　逻辑运算符 ................. 35
　　2.3.5　位运算符 ..................... 36
　　2.3.6　三元运算符 ................. 37
　　2.3.7　运算符优先级 ............. 37
小结 .................................................. 38
习题 .................................................. 39

**单元3　程序设计逻辑结构基础** ... 40
任务3.1　求解圆面积 ..................... 41
　3.1　顺序结构 ............................. 41
任务3.2　BMI健康值评估 ............. 42
　3.2　选择结构语句 ..................... 43

3.2.1　基本if选择结构 ..................... 43
　　3.2.2　if...else选择结构 ..................... 44
　　3.2.3　多重if选择结构 ..................... 44
　　3.2.4　嵌套if选择结构 ..................... 46
　　3.2.5　switch选择结构 ..................... 48
任务3.3　神奇的自动贩卖机 ..................... 51
　3.3　循环结构 ..................... 51
　　3.3.1　while循环结构 ..................... 52
　　3.3.2　do...while循环结构 ..................... 53
　　3.3.3　for循环结构 ..................... 53
　　3.3.4　for each循环语句 ..................... 55
　　3.3.5　循环嵌套 ..................... 55
　　3.3.6　跳转语句 ..................... 56
任务3.4　购买餐饮罐装燃气 ..................... 62
　3.4　方法与数组 ..................... 62
　　3.4.1　方法的定义 ..................... 63
　　3.4.2　变量作为实参使用 ..................... 64
　　3.4.3　方法的重载 ..................... 65
　　3.4.4　方法递归调用 ..................... 65
　　3.4.5　数组 ..................... 66
　　3.4.6　数组的常见操作 ..................... 68
小结 ..................... 73
习题 ..................... 73

## 单元4　面向对象编程基础 ....... 75

任务4.1　在线课程管理系统——设计
　　　　　课程类 ..................... 76
　4.1　面向对象编程概述 ..................... 76
　　4.1.1　面向对象编程的定义 ..................... 76
　　4.1.2　面向对象编程的优势 ..................... 76
　　4.1.3　面向对象编程的基本原则：
　　　　　封装、继承、多态 ..................... 77
　4.2　类与对象 ..................... 78
　　4.2.1　类（class） ..................... 78
　　4.2.2　类的定义 ..................... 79
　　4.2.3　成员变量与局部变量 ..................... 80
　　4.2.4　成员方法 ..................... 81
　　4.2.5　创建对象 ..................... 81
　　4.2.6　访问对象的属性和方法 ..................... 82

　　4.2.7　构造方法 ..................... 83
任务4.2　在线课程管理系统——课程
　　　　　选课 ..................... 86
　4.3　this关键字 ..................... 86
　　4.3.1　引用成员变量 ..................... 86
　　4.3.2　调用成员方法 ..................... 86
　　4.3.3　调用构造方法 ..................... 86
　4.4　static关键字 ..................... 88
　　4.4.1　静态变量 ..................... 88
　　4.4.2　静态方法 ..................... 89
　　4.4.3　静态代码块 ..................... 89
任务4.3　在线课程管理系统——课程
　　　　　信息封装应用 ..................... 94
　4.5　封装和访问控制 ..................... 94
　　4.5.1　封装的概念 ..................... 94
　　4.5.2　封装实现 ..................... 95
任务4.4　模拟银行理财存款 ..................... 98
　4.6　继承 ..................... 99
　　4.6.1　继承的机制 ..................... 99
　　4.6.2　super关键字 ..................... 99
　　4.6.3　方法重写 ..................... 100
　　4.6.4　final关键字 ..................... 101
　4.7　多态 ..................... 103
　　4.7.1　抽象类 ..................... 103
　　4.7.2　接口 ..................... 104
　4.8　异常 ..................... 106
　　4.8.1　异常类 ..................... 106
　　4.8.2　异常处理机制 ..................... 107
　　4.8.3　自定义异常 ..................... 111
　4.9　包（package） ..................... 112
　　4.9.1　创建包 ..................... 112
　　4.9.2　package关键字 ..................... 112
　　4.9.3　import关键字 ..................... 113
　　4.9.4　包的访问控制 ..................... 113
小结 ..................... 118
习题 ..................... 118

## 单元5　面向对象编程进阶 ....... 119

任务5.1　乐自助餐饮订单 ..................... 120

5.1　Java常用API .......................... 120
 5.1.1　包装类 ................................ 120
 5.1.2　String类、StringBuffer和
    StringBuilder类 ................. 121
 5.1.3　日期时间类 ........................ 125
 5.1.4　Math类和Random类 ......... 129
 5.1.5　Lambda表达式 .................. 131
任务5.2　乐自助食材备货 ................... 135
5.2　集合 ................................................ 136
 5.2.1　集合简介 ............................ 136
 5.2.2　Collection接口 .................. 136
 5.2.3　List接口 ............................. 138
 5.2.4　Set接口 .............................. 141
 5.2.5　Map接口 ............................ 143
5.3　泛型 ................................................ 149
 5.3.1　泛型类 ................................ 149
 5.3.2　泛型类继承 ........................ 150
 5.3.3　泛型接口实现 .................... 150
5.4　枚举 ................................................ 151
 5.4.1　enum关键字 ...................... 151
 5.4.2　常用方法 ............................ 151
任务5.3　增强型文件记事本 ............... 157
5.5　IO流 ............................................... 157
 5.5.1　File类 ................................. 157
 5.5.2　字节流 ................................ 159
 5.5.3　字符流 ................................ 163
小结 ........................................................ 169
习题 ........................................................ 169

## 单元6　多线程 ..................... 171

任务6.1　模拟红绿灯系统 ................... 172
6.1　线程的创建与启动 ........................ 172
 6.1.1　线程概述 ............................ 172
 6.1.2　继承Thread类创建线程 ..... 173
 6.1.3　实现Runnable接口创建线程 ... 174
 6.1.4　实现Callable接口创建线程 ... 175
6.2　线程的生命周期 ............................ 177
任务6.2　模拟环保检测系统 ............... 179
6.3　线程控制操作 ................................ 180

 6.3.1　线程优先级 ........................ 180
 6.3.2　线程休眠 ............................ 181
 6.3.3　线程让步 ............................ 182
 6.3.4　线程插队 ............................ 183
 6.3.5　后台线程 ............................ 184
任务6.3　模拟银行取款系统 ............... 187
6.4　线程同步 ........................................ 188
 6.4.1　线程安全 ............................ 188
 6.4.2　线程同步机制 .................... 189
 6.4.3　锁机制 ................................ 191
任务6.4　模拟在线购物网站 ............... 194
6.5　单例模式 ........................................ 194
 6.5.1　单例模式概述 .................... 194
 6.5.2　饿汉式 ................................ 195
 6.5.3　懒汉式 ................................ 197
 6.5.4　双重检查加锁机制 ............ 197
6.6　线程池 ............................................ 198
小结 ........................................................ 202
习题 ........................................................ 202

## 单元7　JavaFX图形用户界面 ... 203

任务7.1　模拟购物车添加商品功能 ... 204
7.1　JavaFX基础 ................................... 204
 7.1.1　JavaFX简介 ....................... 204
 7.1.2　舞台和场景 ........................ 204
 7.1.3　场景图和节点 .................... 205
 7.1.4　第一个JavaFX程序 .......... 205
7.2　JavaFX属性与绑定 ....................... 207
 7.2.1　JavaFX属性 ....................... 207
 7.2.2　JavaFX属性绑定 ............... 208
任务7.2　模拟购物结账功能 ............... 210
7.3　JavaFX常用布局 ........................... 210
 7.3.1　水平布局 ............................ 210
 7.3.2　垂直布局 ............................ 211
 7.3.3　网格布局 ............................ 212
 7.3.4　流式布局 ............................ 213
 7.3.5　其他布局 ............................ 214
7.4　JavaFX事件处理 ........................... 217
 7.4.1　事件处理机制 .................... 217

7.4.2　动作事件处理 ...... 218
任务7.3　购物满意度问卷调查 ...... 221
　7.5　JavaFX基础控件 ...... 222
　　7.5.1　ImageView控件 ...... 222
　　7.5.2　Label控件 ...... 223
　　7.5.3　Button控件 ...... 225
　　7.5.4　CheckBox控件 ...... 227
　　7.5.5　RadioButton控件 ...... 228
　　7.5.6　文本输入控件 ...... 229
　7.6　JavaFX列表与菜单控件 ...... 233
　　7.6.1　列表控件 ...... 233
　　7.6.2　菜单控件 ...... 235
任务7.4　使用FXML实现购物满意度
　　　　 问卷调查 ...... 239
　7.7　FXML ...... 240
　　7.7.1　FXML概述 ...... 240
　　7.7.2　安装e(fx)clipse插件 ...... 240
　　7.7.3　JavaFX可视化管理工具 ...... 241
　　7.7.4　FXML文件的基本结构 ...... 244
　　7.7.5　FXML与Java代码的交互 ...... 246
小结 ...... 250
习题 ...... 251

## 单元8　网络编程 ...... 252

任务8.1　模拟查询聊天应用程序的IP
　　　　 地址及地理位置 ...... 253
　8.1　网络编程基础 ...... 253
　　8.1.1　网络通信协议 ...... 253
　　8.1.2　IP地址和端口号 ...... 253
　　8.1.3　使用InetAddress类操作网络
　　　　　 地址 ...... 254
任务8.2　模拟简单的局域网聊天程序 ...... 256
　8.2　数据报通信 ...... 256
　　8.2.1　数据报通信概述 ...... 256
　　8.2.2　DatagramPacket类 ...... 257
　　8.2.3　DatagramSocket类 ...... 257
　　8.2.4　简单的UDP通信程序 ...... 258
任务8.3　模拟简单的在线订购系统 ...... 262
　8.3　套接字通信 ...... 262

　　8.3.1　套接字通信概述 ...... 262
　　8.3.2　ServerSocket类 ...... 263
　　8.3.3　Socket类 ...... 263
　　8.3.4　简单的TCP通信程序 ...... 264
　　8.3.5　多线程TCP通信程序 ...... 266
小结 ...... 270
习题 ...... 270

## 单元9　JDBC数据库编程 ...... 271

任务9.1　使用JDBC连接图书管理系统
　　　　 数据库 ...... 271
　9.1　JDBC简介 ...... 272
　9.2　使用JDBC连接数据库 ...... 273
　　9.2.1　下载并添加数据库驱动 ...... 273
　　9.2.2　加载驱动程序 ...... 274
　　9.2.3　创建数据库连接对象 ...... 275
　9.3　MySQL数据库的操作 ...... 276
　　9.3.1　SQL概述 ...... 276
　　9.3.2　创建与查看数据库 ...... 277
　　9.3.3　使用、修改和删除数据库 ...... 278
任务9.2　实现显示图书信息的功能 ...... 279
　9.4　MySQL数据表的操作 ...... 280
　　9.4.1　创建与查看数据表 ...... 280
　　9.4.2　修改与删除数据表 ...... 282
　9.5　MySQL数据的操作 ...... 283
　　9.5.1　添加数据 ...... 283
　　9.5.2　查询数据 ...... 285
　　9.5.3　更新数据 ...... 285
　　9.5.4　删除数据 ...... 286
任务9.3　实现图书数据的添加、修改
　　　　 和删除功能 ...... 294
　9.6　使用JDBC操作数据库 ...... 294
　　9.6.1　执行不带参数的SQL语句 ...... 294
　　9.6.2　执行预编译的SQL语句 ...... 295
　　9.6.3　结果集 ...... 296
　9.7　使用JDBC程序查询学生信息 ...... 297
小结 ...... 306
习题 ...... 307
参考文献 ...... 308

# 单元 1

# Java 程序设计概述

## 单元内容

本单元主要介绍Java语言的背景知识，包括Java的发展史、特点、开发分类、技术平台、运行流程以及JVM、JDK和JRE的关系。此外，还介绍了JDK的安装与使用、Java环境的验证、Eclipse开发工具的使用以及Java的运行机制等。通过学习本单元内容，可以为Java编程打下坚实基础。

Java程序设计概述

## 学习目标

【知识目标】

◎ 了解Java语言的发展史、特点和应用领域。

◎ 理解Java虚拟机（JVM）、Java开发工具包（JDK）和Java运行时环境（JRE）的作用和关系。

◎ 掌握JDK的安装与配置方法，能够验证Java环境。

◎ 熟悉Eclipse开发工具的基本使用方法，包括创建项目、编写代码、编译和运行程序。

【能力目标】

◎ 能够搭建Java开发环境，包括安装JDK、配置环境变量、安装Eclipse。

◎ 能够编写并运行简单的Java程序，例如输出"Hello,World!"。

◎ 能够使用Eclipse开发工具创建项目、编写代码、编译和运行程序。

【素质目标】

◎ 培养对新技术的好奇心和学习热情，主动探索Java语言的奥秘。

◎ 养成严谨的编程习惯，注重代码规范和程序设计。

◎ 体验编程的乐趣，增强学习Java的兴趣和信心。

## 任务1.1 认识Java语言

 **任务描述**

使用Java语言开发程序,首先需要对Java语言的发展史、特点及程序结构、程序从编写到运行的全过程有基本的了解,区分Java虚拟机(JVM)、Java开发工具包(JDK)和Java运行时环境(JRE)的概念和用途。理解它们之间的关系和依赖,以便在配置Java开发环境时做出正确的选择。

 **相关知识**

## 1.1 Java基础入门

### 1.1.1 Java发展史

1995年Sun公司推出Java语言,全世界的目光都被这个神奇的语言所吸引。那么Java到底有何神奇之处呢?

Java语言最早诞生于1991年,起初称为OAK语言,是Sun公司为一些消费性电子产品而设计的一个通用环境。其最初的设计目的是开发一种独立于平台的软件技术,而且在网络出现之前,OAK可以说是默默无闻,甚至差点夭折。但是,网络的出现改变了OAK的命运。

在Java语言出现以前,Internet上的信息内容都是HTML文档。对于迷恋Web浏览的人们来说,他们迫切希望能在Web中看到一些交互式的内容,开发人员也极希望能够在Web上创建一类无须考虑软硬件平台就可以执行的应用程序,当然这些程序还要有极大的安全保障。

对于用户的这种要求,传统的编程语言显得无能为力,Sun公司的工程师敏锐地察觉到了这一点,从1994年起,他们开始将OAK技术应用于Web上,并且开发出了HotJava的第一个版本。1995年,Sun公司正式将其命名为Java。

Java语言自推出以来,逐步发展成计算机史上影响深远的编程语言,同时还诞生了无数和Java相关的产品、技术和标准。

2009年4月20日,甲骨文(Oracle)收购Sun公司。

### 1.1.2 Java语言的特点

Java语言是面向对象的程序设计语言,它吸收了Smalltalk语言和C++语言的优点,并增加了其他特性,如支持并发程序设计、网络通信和多媒体数据控制等。其主要特性如下:

1. **Java语言是简单的**

在Java语言的设计上尽可能让它与C++相近,以确保系统更容易被理解,但Java语言删除了许多极少被使用、不容易理解和令人混淆的C++功能,如运算符重载、多继承以及自动类型转换。特别是,Java语言不使用指针,并提供了自动垃圾回收机制,程序员不必担忧内存管理问题。

2. Java 语言是面向对象的

Java是一种面向对象的语言，它提供类、接口和继承等原语，为了简单起见，Java只支持类之间的单继承，但支持接口之间的多继承，并支持类与接口之间的实现机制（关键字为implements）。

3. Java 语言是分布式的

Java语言非常适合开发分布式计算的程序，因为它具有强大的、易于使用的联网能力，在基本的Java应用编程接口中有一个网络应用编程接口（java.net），它提供了用于网络应用编程的类库，包括URL、URLConnection、Socket、ServerSocket等。Java应用程序可以像访问本地文件系统那样通过URL访问远程对象。Java的RMI（远程方法激活）机制也是开发分布式应用的重要手段。

4. Java 语言是健壮的

Java语言具备了强类型机制、异常处理、垃圾自动收集等特性，保证了程序的稳定、健壮。对指针的丢弃和使用安全检查机制使得Java更具健壮性。

5. Java 语言是安全的

Java语言设计的目的是用于网络/分布式运算环境，为此，Java语言非常强调安全性，以防恶意代码的攻击，除了以丢弃指针来保证内存的使用安全以外，Java语言对通过网络下载的类也具有一个安全防范机制，如分配不同的空间以防替代本地的同名类、字节代码检查，并提供安全管理机制为Java应用设置安全哨兵。

6. Java 语言是体系结构中立的

Java程序（扩展名为.java的文件）通过Java编译器生成一种具备体系结构中立性的目标文件格式（扩展名为.class的文件），也就是说，Java编译器通过伪编译后，将生成一个与任何计算机系统无关的中立的字节码文件。这种途径适合于异构的网络环境和软件的分发。

7. Java 语言是可移植的

体系结构中立性是确保程序可移植的最重要部分，另外，Java还严格规定了各个基本数据类型的长度。Java系统本身也具有很强的可移植性，Java编译器是用Java语言实现的，Java的运行环境是用ANSI C实现的。

8. Java 语言是解释型的

Java语言是一种解释型语言，它可以在不同平台上运行Java解释器，对Java代码进行解释、执行Java字节码，实现"一次编写，到处运行"。

9. Java 是高性能的

与那些解释型的高级脚本语言相比，Java的确是高性能的。事实上，Java的运行速度随着JIT（just-in-time）编译器技术的发展越来越接近于C++。

10. Java 语言是多线程的

Java语言在两方面支持多线程：一方面，Java环境本身就是多线程的，若干系统线程运行，负责必要的无用单元回收、系统维护等系统级操作；另一方面，Java语言内置多线程机制，可以大大简化多线程应用程序开发。

11. Java 语言是动态的

从许多方面而言，Java是一种比C或C++更具动态特性的语言。适应动态变化的环境是

Java语言的设计目标之一，主要表现在两个方面：第一，Java语言中可以简单、直观地查询运行时的信息；第二，可以将新代码加入一个正在运行的程序中。

### 1.1.3　Java语言开发分类

Java是一门面向对象编程语言，它吸收了C++语言的各种优点，摒弃了C++中难以理解的多继承、指针等概念，因此Java语言具有功能强大和简单易用两个特征。Java语言作为面向对象编程语言，很好地实现了面向对象思想，允许程序员以优雅的思维方式进行复杂编程。

Java语言的应用范围非常广泛，涵盖了各个领域，为了满足不同领域的应用开发需求，Java开发分为以下三个方向：

- Java SE（Java platform standard edition）标准版：主要用于桌面程序的开发。它是学习Java EE和Java ME的基础，包含了Java语言核心的类，如数据库连接、接口定义、输入/输出和网络编程。
- Java ME（Java platform micro edition）小型版：主要用于嵌入式系统程序的开发。使用Java语言和Android SDK开发Android应用程序，涵盖手机、平板电脑等移动设备，如智能卡、手机、PDA和机顶盒。
- Java EE（Java platform enterprise edition）企业版：主要用于开发企业级应用程序，包括Web应用程序、企业信息系统、电子商务平台等。它包含Java SE中的所有类，如Servlet、JSP、XML、事务控制和Spring MVC、Spring Cloud等，也是现在Java应用的主要方向。

### 1.1.4　Java技术平台

在计算机科学中，支撑程序运行的硬件或软件环境称为平台。目前，主流的平台包括Microsoft Windows、Linux、UNIX、Sun Solaris及Apple mac OS等。各种平台都有其特有的指令格式，进而导致了不同平台的可执行文件无法跨平台。这种情况称为平台相关。

和大多数平台不同，Sun公司的Java平台——JRE（Java runtime environment，Java运行环境）是一种纯软件的平台，它运行在其他基于硬件的平台（Microsoft Windows）之上。所有的Java程序都要在JRE下才能运行。其主要组成部分如下：

- Java虚拟机（Java virtual machine，JVM）：JVM是Java技术平台的核心，负责运行Java应用程序。它解释Java字节码，并将其转换为特定操作系统和硬件平台的机器码。
- Java语言：Java语言是一种面向对象的、动态类型的高级程序设计语言。它具有简单、安全、健壮和跨平台的特点。
- Java标准库：提供了一系列的API（应用程序编程接口），包括基本的数据结构和输入/输出操作，以及其他各种实用功能。
- Java API：除了标准库，还有许多第三方库和框架，用于简化特定的编程任务，如Web开发、数据库访问和数据分析。
- JavaFX：一种用于构建富客户端应用程序的框架。
- Java EE（现在称为Jakarta EE）：为大型企业级应用程序提供了一套扩展的API和服务。

## 1.1.5 Java 运行流程

Java 程序的运行必须经过编写、编译和运行三个步骤，Java运行流程如图1-1所示。

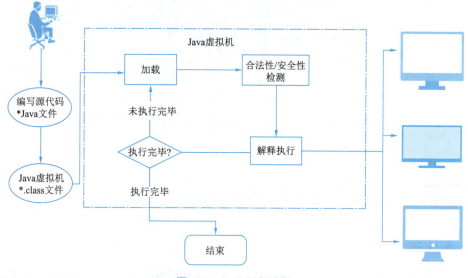

图 1-1　Java 运行流程

（1）编写源代码：是指在Java开发环境中进行程序代码的输入，最终形成扩展名为.java的Java源文件。

（2）编译源代码：是指使用 Java 编译器对源文件进行错误排查的过程，编译后将生成扩展名为 .class的字节码文件，不像C语言那样生成可执行文件。

（3）执行程序：是指使用Java解释器将字节码文件翻译成机器代码，执行并显示结果。

## 1.1.6 JVM、JDK 和 JRE 的关系

JVM（Java虚拟机）、JDK（Java开发工具包）和JRE（Java运行时环境）是Java技术体系中的三个核心组件，它们之间存在着紧密的关系：

（1）JRE：Java运行时环境是Java程序运行的必备环境。它提供了Java运行时所需的核心库，并且包括JVM（Java虚拟机）以及Java库（如java.lang、java.util等）。任何用户想要运行Java程序，都需要在他们的计算机上安装JRE。

（2）JDK（Java development kit）：Java开发工具包是开发Java程序所需的一切工具的集合。它包括JRE，还提供了编译器（如javac，用于将Java源代码编译成字节码）、文档工具（如Javadoc，用于生成API文档）、打包工具（如jar，用于打包和压缩Java程序）以及其他开发工具。JDK是给Java开发者使用的，用于编写、编译、测试和调试Java应用程序。

（3）JVM：Java虚拟机是Java程序执行的引擎。它是一个能够在各种计算设备上执行Java字节码的虚拟机进程。JVM负责加载编译后的Java字节码，并解释或编译成特定硬件平台的机器码执行。每台设备上的JVM都针对该平台进行了优化，确保Java程序能够在不同的设备上无缝运行。

JVM、JDK 和 JRE 的关系如图1-2所示。

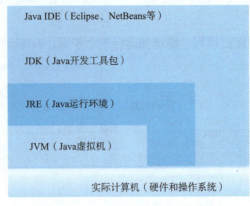

图 1-2　JVM、JDK 和 JRE 的关系

## 任务1.2　安装与使用JDK

 任务描述

掌握搭建Java开发环境，包括JDK的安装与系统环境配置方法，并在Windows环境下完成Java 8.0的JDK的安装与配置和环境验证。

相关知识

### 1.2　Java 环境配置

#### 1.2.1　下载 JDK

JDK是整个Java开发环境的核心，它包含了Java的运行环境，Java工具和Java基础的类库。JDK读者可以直接从Oracle公司的官方网站下载，如图1-3所示。

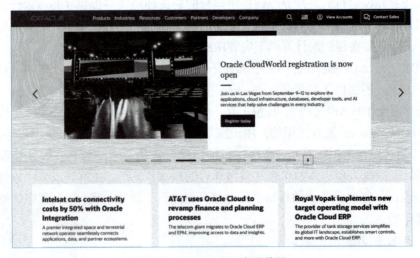

图 1-3　Oracle 公司官网首页

## 1.2.2 安装 JDK

下载JDK安装文件成功后，即可开始安装。接下来详细演示Windows 64位平台下JDK的安装过程，具体步骤如下：

（1）双击从Oracle官网下载的JDK安装文件，进入JDK安装界面，如图1-4所示。

（2）单击图1-4中的"下一步"按钮，进入JDK自定义安装界面，如图1-5所示。

图1-4　JDK 安装界面

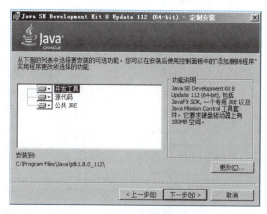

图1-5　自定义安装功能和路径

（3）图1-5左侧有三个组件供选择，开发人员可以根据自己的需求选择所要安装的组件。单击某个组件前面的 ■▾ 按钮，在组件下面会弹出该组件的功能操作选项，如图1-6所示。

组件功能说明：

➢ 开发工具：JDK核心功能组件，包含一系列编译命令的可执行程序，如javac.exe、java.exe等，还包含一个专用的JRE工具。

➢ 源代码：Java核心类库的源代码。

➢ 公共JRE：Java程序的运行环境。由于开发工具中已经包含一个专用的JRE，因此不需要再安装公共的JRE，此项可以不选。

（4）单击图1-6右侧的"更改"按钮，弹出选择JDK安装目录的界面，如图1-7所示。

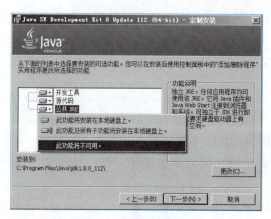

图1-6　自定义安装功能

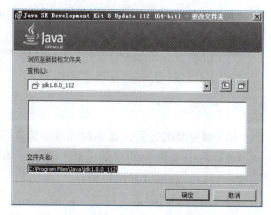

图1-7　选择 JDK 安装目录

通过单击下拉按钮选择或直接输入路径的方式确定JDK安装目录，安装路径中不要有中文，最好也不要有空格或特殊符号。这里使用默认安装目录，直接单击"确定"按钮即可。

（5）在所有安装选项设置完成后，单击图1-6中的"下一步"按钮，开始安装JDK。安装完成后单击"关闭"按钮，关闭当前界面，完成JDK的安装。

### 1.2.3 JDK 目录介绍

JDK安装完毕，会在磁盘上生成一个目录，该目录称为JDK目录，如图1-8所示。

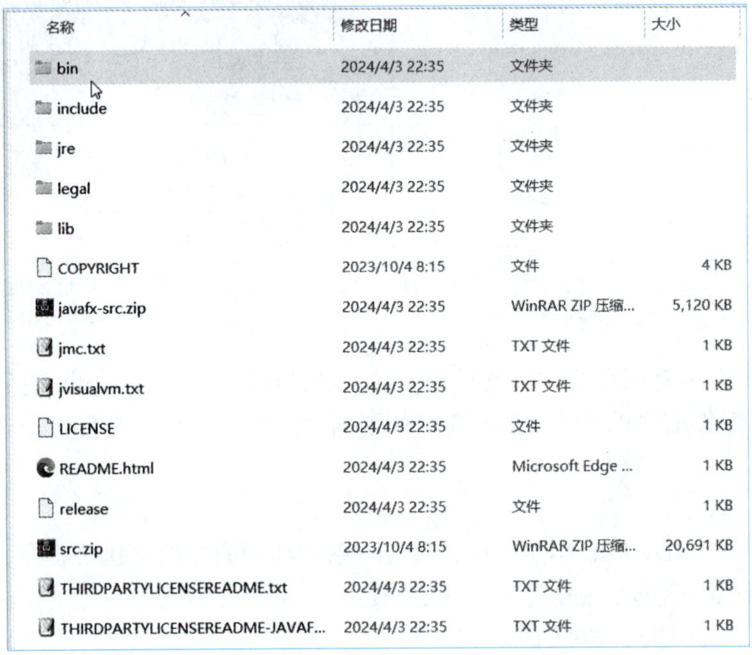

| 名称 | 修改日期 | 类型 | 大小 |
| --- | --- | --- | --- |
| bin | 2024/4/3 22:35 | 文件夹 | |
| include | 2024/4/3 22:35 | 文件夹 | |
| jre | 2024/4/3 22:35 | 文件夹 | |
| legal | 2024/4/3 22:35 | 文件夹 | |
| lib | 2024/4/3 22:35 | 文件夹 | |
| COPYRIGHT | 2023/10/4 8:15 | 文件 | 4 KB |
| javafx-src.zip | 2024/4/3 22:35 | WinRAR ZIP 压缩... | 5,120 KB |
| jmc.txt | 2024/4/3 22:35 | TXT 文件 | 1 KB |
| jvisualvm.txt | 2024/4/3 22:35 | TXT 文件 | 1 KB |
| LICENSE | 2024/4/3 22:35 | 文件 | 1 KB |
| README.html | 2024/4/3 22:35 | Microsoft Edge ... | 1 KB |
| release | 2024/4/3 22:35 | 文件 | 1 KB |
| src.zip | 2023/10/4 8:15 | WinRAR ZIP 压缩... | 20,691 KB |
| THIRDPARTYLICENSEREADME.txt | 2024/4/3 22:35 | TXT 文件 | 1 KB |
| THIRDPARTYLICENSEREADME-JAVAF... | 2024/4/3 22:35 | TXT 文件 | 1 KB |

图 1-8　JDK 安装目录

（1）bin目录：binary（二进制的）的缩写，该目录存放一些可执行程序、javac.exe（Java编译器）、java.exe（Java运行工具）。

（2）include目录：因为JDK是用C语言和C++开发的，所以这个目录用来存放C语言的头文件。

（3）lib目录：library的缩写，Java的库文件。

（4）jre目录：Java运行程序的环境。

### 1.2.4　配置 JDK

在安装完JDK之后，需要对环境变量进行配置，具体步骤如下：

（1）右击桌面上的"此电脑"图标，在弹出的快捷菜单中选择"属性"命令，打开"设置"窗口，显示"系统"信息。

（2）单击"高级系统设置"按钮，弹出"系统属性"对话框，单击"环境变量"按钮，如图1-9所示，弹出"环境变量"对话框，单击"新建"按钮，添加变量名"JAVA_HOME"及变量值"C:\Program Files\Java\jdk-1.8"（JDK的安装目录），如图1-10所示。

单元 1　Java 程序设计概述

图 1-9　系统属性　　　　　　　　图 1-10　"编辑系统变量"对话框

（3）在图 1-10 所示"系统变量"列表框中，拖动右侧滚动条，选中"Path"选项，单击"编辑"按钮，弹出"编辑环境变量"对话框，添加"%JAVA_HOME%\bin"目录，如图 1-11 所示。

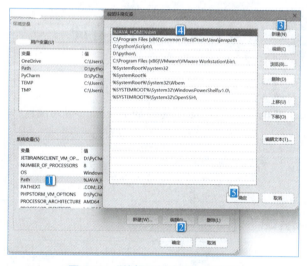

图 1-11　"编辑环境变量"对话框

## 任务实现

### 实施步骤

JDK 安装和配置完成后，需要验证 JDK 是否能够在计算机上运行，具体步骤如下：

（1）本书以 Windows 为例，按【Windows+X】组合键，弹出"运行"对话框，在"打开"文本框中输入"cmd"，如图 1-12 所示。

（2）单击"确定"按钮，进入命令行窗口，在命令行窗口中输入"javac"命令，并按【Enter】键，系统会输出 javac 的帮助信息，如图 1-13 所示。这说明 JDK 已经成功配置，否则需要仔细检查上面步骤的配置是否正确。

图1-12 "运行"对话框

图1-13 javac命令

## 任务1.3　Eclipse开发工具打印诗词

### 任务描述

掌握Eclipse开发工具的安装和开发工具的基本使用、布局设置，并使用Eclipse开发一个简单的Java程序。

### 相关知识

##  开发环境搭建

### 1.3.1　Eclipse 介绍

Eclipse最初是IBM公司开发的替代商业软件Visual Age for Java的下一代IDE开发环境，2001年11月贡献给开源社区，现在它由非营利软件供应商联盟Eclipse基金会（Eclipse foundation）管理。

Eclipse 是一个开放源代码的、基于Java的可扩展开发平台。就其本身而言，它只是一个框架和一组服务，用于通过插件组件构建开发环境。但是，众多插件的支持使得Eclipse有高度的灵活性，包括JDK。

### 1.3.2　Eclipse 安装与启动

（1）打开浏览器，进入Eclipse官网，如图1-14所示。

单元 1　Java 程序设计概述

图 1-14　Eclipse 官网首页

（2）单击 Download 超链接，进入 Eclipse Packages 页面，如图 1-15 所示。在该页面中单击 Download Packages 超链接，进入下载页面后，在 Eclipse IDE for Java Developers 区域选择下载对应操作系统的 Eclipse 开发工具，如图 1-16 所示。

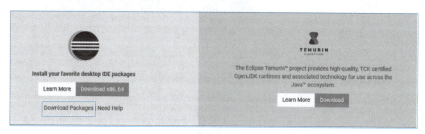

图 1-15　Eclipse Download Packages

图 1-16　下载 Eclipse

（3）Eclipse 开发包下载完成后，直接解压缩到指定的目录，并创建一个快捷运行图标，如图 1-17 所示。

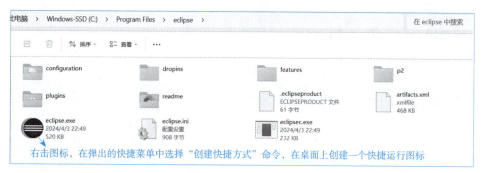

图 1-17　Eclipse 解压

（4）直接运行eclipse.exe即可启动Eclipse开发工具，启动后的界面如图1-18所示。

图 1-18　Eclipse 启动界面

（5）启动后会弹出Eclipse IDE Launcher对话框，提示选择工作台（workspace），如图1-19所示。

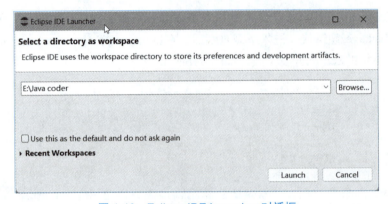

图 1-19　Eclipse IDE Launcher 对话框

工作空间用于保存Eclipse中创建的项目和相关配置。单击Browse按钮进行设置，本书使用默认路径。勾选Use this as the default and do not ask again复选框表示将此工作空间设置为默认，再次启动时将不再提示此对话框。工作空间设置完成后单击Launch按钮即可。

（6）首次启动之后，会进入Eclipse的欢迎界面，如图1-20所示。

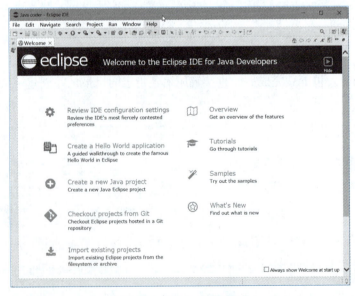

图 1-20　Eclipse 欢迎界面

（7）关闭欢迎界面，进入Eclipse主窗口。

### 1.3.3　Eclipse 工作台

Eclipse的主窗口称为"工作台"（workspace），在工作台上，开发者可以创建、编辑、构建和调试各种项目。工作台为用户提供了一个统一的视图，可以查看和管理所有项目文件和资源。

在Eclipse工作台中有如下几个重要的部分：

- 编辑区：这是进行代码编辑的地方，支持语法高亮、代码补全、智能提示等功能。
- 资源视图（Package Explorer）：以树状结构显示项目中的文件和目录，方便用户浏览和管理项目资源。
- 问题视图（Problem View）：显示项目中存在的编译错误或警告，方便开发者快速定位和修复问题。
- 输出视图（Console）：用于显示程序的输出信息，如编译输出、调试输出等。
- 变量视图（Variables View）：在调试程序时，用于查看和编辑当前作用域内的变量值。
- 控制台视图（Debug View）：提供调试程序时的控制台，可以查看程序的运行状态，执行断点、单步执行等操作。

Eclipse的上述功能和视图设计都是为了提高开发效率，通过提供一个集中的工作空间，使得开发者可以更加高效地管理和开发自己的项目，工作台说明如图1-21所示。

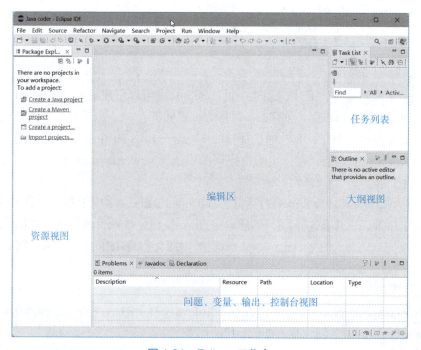

图 1-21　Eclipse 工作台

### 1.3.4　Eclipse 透视图

透视图（perspective）是一系列视图的布局和可用操作的集合。例如，Eclipse提供的

（Java透视图）就是与Java程序设计相关的视图和操作的集合，而 （调试透视图）是程序调试有关的视图和操作的集合。Eclipse的Java开发环境中提供了几种常用的透视图，如Java透视图、调试透视图、资源透视图、小组同步透视图等。Eclipse 窗口可以打开多个透视图，但在同一时间只能有一个透视图处于激活状态。

（1）切换透视图。用户可以通过透视图按钮 在不同的透视图之间切换，也可以在菜单栏中选择Window→Perspective→Open Perspective→Other命令打开其他透视图，如图1-22所示。在弹出的Open Perspective对话框中选择要打开的透视图，如图1-23所示。

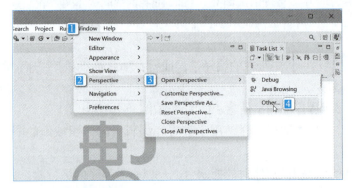

图 1-22　选择 Window → Perspective → Open Perspective → Other 命令

图 1-23　Open Perspective 对话框

（2）重置透视图。在菜单栏中选择Window→Perspective→Reset Perspective命令（见图1-22）进行重置。

## 1.3.5　使用 Eclipse 进行程序开发

### 1. 创建 Java 项目

在Eclipse中编写程序，必须先创建项目。Eclipse中可以创建很多种类的项目，其中Java项目用于管理和编写Java程序。创建Java项目的步骤如下：

（1）在Eclipse窗口的菜单栏中选择File→New→Java Project命令，或者在资源视图（package explorer）中右击，在弹出的快捷菜单中选择New→Java Project命令，创建Java项目，如图1-24所示。

（2）之后弹出New Java Project对话框，在Project name文本框中输入项目名称，这里将项目命名为HelloJava，JDK选择1.8，然后单击Finish按钮完成项目的创建，如图1-25所示。

（3）创建完成之后，在Package Explorer视图中便会出现HelloJava的Java项目，如图1-26所示。

### 2. 创建类文件

（1）在Package Explorer视图中，右击HelloJava项目下的src文件夹，在弹出的快捷菜单中选择New→Package命令创建包，如图1-27所示。

（2）之后弹出New Java Package对话框，在Source folder文本框中输入或选择项目所在目录，在Name文本框中输入包名称，这里将包命名为com.mycom，如图1-28所示。

（3）创建完成之后，在HelloJava项目的src文件夹中，便会出现包名对应的文件夹，如图1-29所示。

单元 1　Java 程序设计概述

图 1-24　创建 Java 项目

图 1-25　New Java Project 对话框

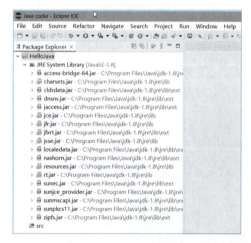

图 1-26　HelloJava 项目

图 1-27　创建包

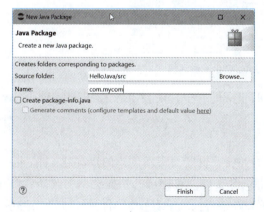

图 1-28　New Java Package 对话框

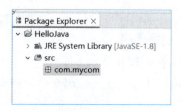

图 1-29　HelloJava

（4）在菜单栏中选择File→New→Class命令，或者右击包名，在弹出的快捷菜单中选择New→Class命令创建类，如图1-30所示。

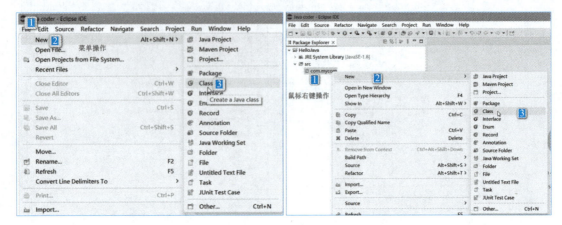

图 1-30　创建类

（5）之后弹出New Java Class对话框，在Package文本框中输入包名，此处会默认显示一个包名，也可以手动修改，在Name文本框中输入类名，这里输入HelloWorld类，然后勾选public static void main(String[] args)复选框，表示创建类时会自动生成main()方法，单击Finish按钮完成类的创建，如图1-31所示。

图 1-31　New Java Class 对话框

（6）创建完成之后，在HelloWorld项目的包文件夹中，便会出现名为HelloWorld.java的类，并会在编辑区自动打开，如图1-32所示。

3．编写代码

（1）在创建Java类文件之后，会自动打开Java编辑器编辑新创建的Java类文件。除此之外，还可以通过双击Java源文件，或者右击Java源文件，在弹出的快捷菜单中选择"打开方式"→"Java编辑器"命令的方式打开Java编辑器的界面，在其中编写代码，如图1-33所示。

单元 1　Java 程序设计概述

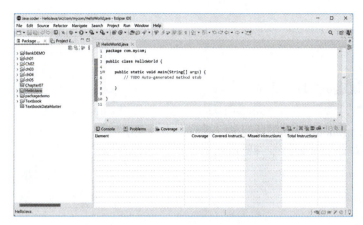

图 1-32　HelloWorld 编辑区　　　　　　　图 1-33　编写代码

（2）程序编辑完成后，直接单击工具栏中的 ⊙ 按钮运行程序，也可以右击Package Explorer视图中的HelloWorld.java文件或文本编辑区，在弹出的快捷菜单中选择Run As→Java Application命令运行程序，如图1-34所示。

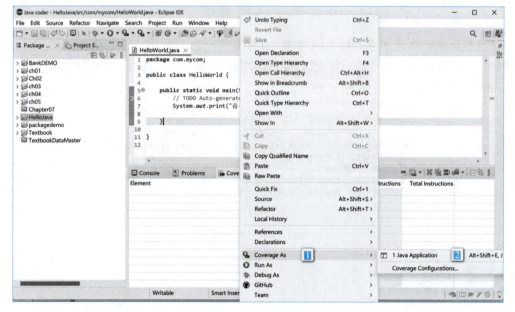

图 1-34　运行程序

（3）程序运行完成后，在Console视图中打印运行结果，程序的运行结果如图1-35所示。

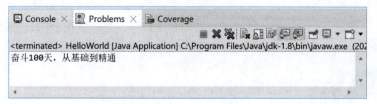

图 1-35　打印运行结果

### 任务实现

**实施步骤**

（1）打开Eclipse开发工具，创建一个Java项目。
（2）在项目中创建一个Java类，命名为InspirationalPoem，选择编写默认main()方法。
（3）在main()方法中使用System.out.println(" ")，在控制台打印诗词语句。
（4）保存代码，编译并运行程序，观察控制台输出结果。

**代码实现**

InspirationalPoem.java

```
1  public class InspirationalPoem {
2      public static void main(String[] args) {
3          // 使用 println() 方法逐句打印诗词
4          System.out.println(" 不畏浮云遮望眼，自缘身在最高层。");
5          System.out.println(" 会当凌绝顶，一览众山小。");
6          System.out.println(" 山重水复疑无路，柳暗花明又一村。");
7          System.out.println(" 长风破浪会有时，直挂云帆济沧海。");
8      }
9  }
```

上述代码中，实现了逐行输出的功能，在编写输出语句时可以是使用eclipse软件的快捷键实现，在编辑器中输入"syso"，然后使用快捷键"Alt + /"，编辑器可快捷生成"System.out.println();"。其运行结果如图1-36所示。

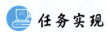

图1-36　打印诗词

## 小　结

本单元首先介绍了Java语言的发展史以及相关特性，在Windows系统平台中搭建Java开发环境和配置JDK环境变量的方法、Java的运行机制，最后介绍了Eclipse开发工具的特点、下载、安装、基本操作以及入门程序的编写。通过学习本单元内容，读者能够对Java语言及其相关特性有一个概念上的认识，重点需要读者掌握的是Java开发环境的配置、Java的运行机制以及如何使用Eclipse工具开发简单的应用程序。

## 习　题

一、填空题

1. _____是整个Java开发环境的核心，它包含了Java的运行环境，Java工具和Java

基础的类库。

2. Java_____是一个可以执行 Java 字节码的虚拟机进程。
3. Java 源文件被编译成能被 Java 虚拟机执行的_____文件。
4. Java 语言是由_____公司于 1995 年发布的。
5. Java 虚拟机（JVM）的作用是_____。
6. Java 开发工具包（JDK）中包含了 Java 运行时环境（JRE）和_____。
7. 在 Eclipse 中，可以通过_____打开透视图。
8. Java 程序的运行流程是：编译→_____→执行。

## 二、选择题

1. Java 语言的主要特点不包括（　　）。
   A. 跨平台　　B. 面向对象　　C. 分布式　　D. 动态类型
2. Java 的运行流程中，JVM 负责（　　）。
   A. 编译源代码　B. 解释字节码　C. 生成机器码　D. 管理内存
3. JVM、JDK 和 JRE 的关系中，JVM 是（　　）。
   A. Java 虚拟机　B. Java 开发工具包　C. Java 运行环境　D. 以上都是
4. Java 技术平台主要包括（　　）。
   A. Java 虚拟机　B. Java 类库　　C. Java 应用程序　D. 以上都是
5. 在 Eclipse 开发工具中，可以用来创建新项目的工具是（　　）。
   A. 透视图　　B. 工作台　　C. 项目菜单　　D. 代码编辑器

## 三、简答题

1. 简述 Java 语言的特点。
2. 简述 JDK 与 JRE 的区别。
3. 简述 Eclipse 开发工具的主要功能。

## 四、编程题

使用 Eclipse 开发工具，创建一个 Java 程序。在主方法中，该程序将打印出以下诗词：
万事须已远，
他得百我闲。
青春须早为，
岂能常少年。

# 单元 2

# Java 开发基础

视频
Java开发基础

**单元内容**

本单元主要介绍Java语言的基本语法，包括语句和表达式、标识符与关键字、常量与变量、基本数据类型、运算符的基本概念和使用方法。

**学习目标**

【知识目标】
- 理解Java语言中不同数据类型的表示范围和使用方法。
- 掌握各种运算符的运算规则和优先级。
- 理解数组和字符的概念和基本使用方法。
- 能够使用数据类型和运算符编写简单的Java程序。

【能力目标】
- 能够声明不同类型的变量，并进行赋值操作。
- 能够使用运算符进行各种计算，如算术运算、逻辑运算等。
- 能够编写程序进行数据类型、运算符、数组的简单程序。

【素质目标】
- 培养对数据类型的敏感性，选择合适的数据类型表示数据。
- 增强逻辑思维能力，理解运算符的运算规则。
- 提高代码的可读性和可维护性，编写规范的代码。

## 任务2.1  打印产线工件配送清单

**任务描述**

通过阅读并实践，掌握语法规范、语句和表达式、标识符关键字、注释的概念和基本用法，掌握常量、变量及作用域的用法。使用常量、变量打印工件配送清单，为后续深入学习Java编程打下坚实的基础。

 相关知识

## 2.1 Java 的基本语法

### 2.1.1 语句和表达式

在Java编程语言中，语句和表达式是构建程序的基本元素。语句是编程语言中的基本命令单元，所有需要完成的任务都可以被细化为独立的语句序列，它代表并指导计算机执行程序中的单个或特定操作动作。

Java程序中通常每条语句占一行，但这只是一种格式规范，并不能决定语句到哪里结束，语句以分号";"结尾。

表达式可以产生一个值的代码片段。表达式可以包含变量、常量、运算符和方法调用等。表达式不一定以分号结尾。

语句可以包含表达式，但表达式不能包含语句。可通过以下简单的示例代码来理解语句和表达式的概念：

```
int age = 25;                          // 语句：声明并初始化变量 age
String name = "John";                  // 语句：声明并初始化变量 name
int nextYearAge = age + 1;             // 语句：将表达式 age + 1 的值赋给变量 nextYearAge
boolean isAdult = age >= 18;           // 语句：将表达式 age >= 18 的值赋给变量 isAdult
if (isAdult) {                         // 语句：if 语句，条件是表达式 isAdult
    System.out.println(name + " is an adult.");        // 语句
} else {
    System.out.println(name + " is not an adult.");    // 语句
}
```

理解语句和表达式的区别对于编写正确的Java代码至关重要。语句用于控制程序的执行流程，而表达式用于计算值。通过合理地组合语句和表达式，可以实现各种复杂的程序逻辑。

### 2.1.2 语法基本格式

**1. 类**

Java中的程序代码都必须放在一个类中，初学者可以简单地把类理解为一个Java程序。类（class）是Java的基本结构，一个程序可以包含一个或多个类，Java使用class关键字声明一个类。格式如下：

```
修饰符 class 类名 {
    程序代码
}
```

接下来按照上述格式来声明一个类，具体示例如下：

```
public class Person {          // 声明一个名为 Person 的类
    // 程序代码略
}
```

### 2. 修饰符

修饰符（modifier）用于指定数据、方法、类的属性以及用法，具体示例如下：

```java
public class Person {                              // public 修饰为公有的
    public static void main(String[] args) {       // static 修饰为静态的
    }
}
```

### 3. 块

在Java中，"块"的概念通常指的是代码块，它是一段代码的集合，由大括号"{}"包裹。在Java语言中，块的作用非常广泛，通常用于程序的控制结构、定义了变量和方法的作用域、初始化对象、异常处理等，使用代码块可以更好地组织代码，提高可读性。

```java
{
    // 构造代码块
    if(age>18)
    System.out.println("姓名：" + name + ",年龄：" + age);
}
```

## 2.1.3 注释

注释是对程序的某个功能或者某行代码的解释说明，它只在Java源文件中有效，在编译程序时，编译器会忽略这些注释信息，不会将其编译到class字节码文件中去。在程序调试过程中注释通常作为一个常用方法屏蔽一些暂时不启用的语句。

在Java中根据功能的不同，注释主要分为单行注释、多行注释和文档注释三种。

### 1. 单行注释

用于对程序的某一行代码进行解释。在注释内容前面加双斜杠"//"，Java编译器会忽略掉这部分信息，具体示例如下：

```java
// 这是一个单行注释
int num;                 // 定义一个整型变量，这是一个单行注释
```

### 2. 多行注释

用于注释多行内容。在注释内容前面以单斜杠加一个星号"/*"开头，并在注释内容末尾以一个星号加单斜杠"*/"结束，具体示例如下：

```java
/*
这是一个多行注释
可以跨越多行
*/
System.out.println("Hello, java!");
```

### 3. 文档注释

用于对一段代码概括的解释说明，使用javadoc命令将注释内容提取生成正式的帮助文档。以单斜杠加两个星号"/**"开头，并以一个星号加单斜杠"*/"结束。

```java
/**
 * 这个方法用于打印问候语
 *
 * @param name 接收者的名字
 */
public void sayHello(String name) {
```

```
        System.out.println("Hello, " + name + "!");
    }
```

### 2.1.4  标识符

在Java编程语言中，标识符（identifier）是用来给类、接口、变量、方法、构造函数、字段、枚举常量等命名的字符序列。也就是说，任何一个变量、常量、方法、对象和类都需要有名字，这些名字就是标识符。标识符的命名规则如下：

- 标识符以字母（A～Z，不区分大小写）、下画线（_）、美元符号（$）开头，不能以数字开头。
- 标识符可以包含字母、下画线、美元符号和数字。
- 标识符是大小写敏感的，即Variable和variable被视为两个不同的标识符。
- 标识符不能是Java关键字，如if、for、while、return等。
- 标识符建议使用有意义的名称，通常使用驼峰命名法，如studentName、numberOfCourses等。

以下是一些有效的Java标识符示例：

```
myVariable
_yourVariable
$sum
studentName
numberOfCourses
```

以下是一些无效的Java标识符示例：

```
2ndVariable        // 以数字开头
for                // 是Java关键字
&sum               // 包含非法字符
```

### 2.1.5  关键字

关键字（keyword）是事先定义被赋予特定含义的一些单词，对Java编译器有特殊意义的标识符。定义标识符时，不能和关键字相同，否则编译无法通过而引发错误。Java中的关键字见表2-1。

表2-1  Java 中的关键字

| 用于定义数据类型的关键字 | | | | | |
|---|---|---|---|---|---|
| class | interface | byte | int | short | void |
| long | float | double | char | boolean | const |
| 用于定义数据类型值的关键字 | | | | | |
| true | flase | null | | | |
| 用于定义流程控制的关键字 | | | | | |
| if | else | for | switch | default | continue |
| do | while | case | default | break | catch |
| goto | | | | | |

续表

| 用于定义访问权限修饰符的关键字 | | | | |
|---|---|---|---|---|
| private | protected | public | | |
| 用于定义类、函数、变量修饰符的关键字 | | | | |
| abstract | final | Static | synchronized | |
| 用于定义类与类之间关系的关键字 | | | | |
| extends | implements | | | |
| 用于定义建立实例及引用实例、判断实例的关键字 | | | | |
| new | this | super | instanceof | |
| 用于异常处理的关键字 | | | | |
| try | catch | finally | throw | throws |
| 用于包的关键字 | | | | |
| package | import | | | |
| 其他修饰符关键字 | | | | |
| native | strictfp | transient | volatile | assert | abstract |

对于表2-1中的关键字，要特别注意以下三点：
- true、false和null是特殊的直接量，虽然不是关键字，但是却作为一个单独标识类型，也不能直接使用。
- 所有的关键字都是小写的。
- 程序中的标识符不能以关键字命名。

### 2.1.6 常量

常量存储的是在程序中不能被修改的固定值，即常量是在程序运行的整个过程中保持其值不改变的量，如数字1、字符'a'、浮点数3.147等。Java语言中的常量也是有类型的，包括整型、浮点型、布尔型、字符型和字符串型、null。

#### 1. 整型常量

整型常量是整数类型的数据，有二进制、八进制、十进制和十六进制四种表示形式，具体表示形式如下：
- 二进制：由数字0和1组成的数字序列。在JDK 8.0中允许使用字面值来表示二进制数，前面要以0b或0B开头，目的是和十进制进行区分，如0b01101100、0B10110101。
- 八进制：以0开头并且其后由0～7范围（包括0和7）内的整数组成的数字序列，如0257。
- 十进制：由数字0～9范围（包括0和9）内的整数组成的数字序列，如257。
- 十六进制：以0x或者0X开头并且其后由0～9、A～F（包括0和9、A和F）组成的数字序列，如0x25AF。

注意：在程序中为了标明不同的进制，数据都有特定的标识，八进制必须以0开头，如0752、0235；十六进制必须以0x或0X开头，如0xaf3、0Xff；整数以十进制表示时，第一位不能是0，0本身除外。例如，十进制数127，用二进制表示为01111111，用八进制表示为0177，用十六进制表示为0x7F或者0X7F。

### 2. 浮点数常量

在Java中，浮点数常量用于表示带有小数部分的数值。Java支持两种类型的浮点数：
- float：单精度32位IEEE 754浮点数。
- double：双精度64位IEEE 754浮点数。

浮点数常量就是在数学中用到的小数，分为float单精度浮点数和double双精度浮点数两种类型。其中，单精度浮点数后面以F或f结尾，而双精度浮点数则以D或d结尾。当然，在使用浮点数时也可以在结尾处不加任何后缀，此时虚拟机会默认为double双精度浮点数。浮点数常量还可以通过指数形式来表示。具体示例如下：

```
3e2f   4.6d   0f   3.14d   3.022e+257f
```

### 3. 字符常量

字符常量用于表示一个字符，一个字符常量要用一对英文格式的单引号（''）引起来，它可以是英文字母、数字、标点符号以及由转义序列表示的特殊字符。具体示例如下：

```
'a'   '1'   '&'   '\r'   '\u0000'
```

上面的示例中，'\u0000'表示一个空白字符，即在单引号之间没有任何字符。之所以能这样表示，是因为Java采用的是Unicode字符集，Unicode字符以\u开头，空白字符在Unicode码表中对应的值为'\u0000'。

### 4. 字符串常量

字符串常量用于表示一串连续的字符，一个字符串常量要用一对英文格式的双引号（""）引起来，具体示例如下：

```
"HelloWorld"
"258"
```

一个字符串可以包含一个字符或多个字符，也可以不包含任何字符，即长度为零。

### 5. 布尔常量

布尔常量即布尔型的两个值true和false，该常量用于区分一个事物的真与假。

### 6. null 常量

null常量只有一个值null，表示对象的引用为空。

## 2.1.7 变量

在程序中使用的值大多是需要经常变化的数据，用常数值表示显然是不够的。因此，每一种计算机语言都使用变量（variable）来存储数据，变量的值在程序运行中是可以改变的，使用变量的原则是"先声明后使用"，即变量在使用前必须先声明。定义的标识符就是变量名，内存单元中存储的数据就是变量的值。

声明变量的语法格式如下：

```
数据类型 变量名；
```

当需要声明多个相同类型变量时，可使用下面的语法格式：

数据类型 变量名1,变量名2,…,变量名n;

接下来,通过具体的代码学习变量的定义,具体示例如下:

```
int j,k=1;                    // 定义了两个int类型的变量,为k赋初值为1
double x, y, z;               // 定义了三个double类型的变量
```

对于变量的命名并不是任意的,应遵循以下四条规则:
- 变量名必须是一个有效的标识符。
- 变量名不可以使用Java关键字。
- 变量名不能重复。
- 应选择有意义的单词作为变量名。

### 2.1.8 变量的作用域

变量的作用域是指它的作用范围,只有在这个范围内,程序代码才能访问它。变量声明在程序中的位置决定了变量的作用域。在Java编程语言中,变量的作用域是指变量可以被访问和使用的区域。Java变量的作用域通常分为以下几种:

1. 类级作用域(class scope)
- 又称静态变量或成员变量。
- 在类中声明,但在任何方法之外。
- 使用static关键字修饰。
- 可以在整个类中访问,包括静态方法和实例方法。
- 生命周期与类相同,在类加载时创建,在类卸载时销毁。

```java
public class MyClass {
    static int count = 0;                    // 类级变量
    public static void main(String[] args) {
        System.out.println(count);           // 访问类级变量
    }
}
```

2. 实例级作用域(instance scope)
- 又称实例变量或非静态变量。
- 在类中声明,但在任何方法之外。
- 不使用static关键字修饰。
- 只能通过类的实例访问。
- 生命周期与对象相同,在对象创建时创建,在对象销毁时销毁。

```java
public class MyClass {
    int value = 10;                          // 实例级变量
    public void myMethod() {
        System.out.println(value);           // 访问实例级变量
    }
}
```

3. 方法级作用域(method scope)
- 又称局部变量。
- 在方法内部声明。
- 只能在该方法内部访问。

➢ 生命周期与方法调用相同，在方法调用时创建，在方法返回时销毁。

```
public class MyClass {
    public void myMethod() {
        int x = 5;                        // 方法级变量
        System.out.println(x);
    }
}
```

4. **块级作用域**（block scope）

➢ 在代码块内部声明，如if语句、for循环、while循环等。
➢ 只能在该代码块内部访问。
➢ 生命周期与代码块相同，在代码块执行时创建，在代码块结束时销毁。

```
public class MyClass {
    public void myMethod() {
        for (int i = 0; i < 5; i++) {     // 块级变量
            System.out.println(i);
        }
        // 这里无法访问 i
    }
}
```

## 任务实现

### 实施步骤

（1）使用常量定义表头名称和配送时间。
（2）使用string变量定义工件名称，使用int变量定义工件数量，并计算工件数量总和。
（3）按行打印表头名称和配送时间；按行打印工件名、工件数量、总数量和其他工件派单信息。

### 代码实现

**ListDemo.java**

```
1   public class ListDemo {
2       // 常量定义
3       public static final String COMPANY_NAME = "XXX 计算机组装车间 ";
4       public static final String SHIPMENT_DATE_FORMAT = "2023-03-15";
5       public static void main(String[] args) {
6           // 假设的配送日期（这里使用变量来模拟不同的日期）
7           String shipmentDate = "2024-03-15"; // 可以从系统或其他方式获取
8           // 工件信息
9           String mainboard = " 主板：ASUS PRIME Z690-P";
10          String cpu = "CPU: Intel Core i9";
11          String memory = " 内存： LPX 16GB DDR4";
12          String hdd = " 硬盘 :1TB NVMe SSD";
13          int mainboardcount = 10;
14          int cpucount = 20;
15          int memorycount = 20;
16          int hddcount = 20;
17          int totalCount = mainboardcount + cpucount + memorycount + hddcount;
18          // 打印配送单头部信息
19          System.out.println("--- 计算机组装车间工件配送单 ---");
```

```
20        System.out.println("公司名称: " + COMPANY_NAME);
21        System.out.println("配送日期: " + shipmentDate);
22        // 打印工件信息
23        System.out.println("\n工件清单:");
24        System.out.println("\n工件名称                    工件数量");
25        System.out.println(mainboard + "    " + mainboardcount);
26        System.out.println(cpu + "              " + cpucount);
27        System.out.println(memory + "          " + memorycount);
28        System.out.println(hdd + "              " + hddcount);
29        System.out.println("\n工件总数量" + totalCount);
30        // 可以添加其他配送单相关的信息和逻辑
31        // 打印配送单尾部信息
32        System.out.println("\n--- 配送单结束 ---");
33    }
34 }
```

上述代码中，使用静态变量定义了车间名称和配送单时间，定义一个整数类型的 totalCount 接收工件数量的和计算，使用 "+" 连接需要打印的变量值，其运行结果如图 2-1 所示。

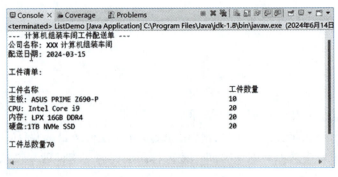

图 2-1 计算机组装车间工件配送单

## 任务2.2 商品折扣计算

### 任务描述

Java 提供了多种基本数据类型，包括整数类型（如 int 和 long）和浮点类型（如 float 和 double）。此外，Java 还允许在不同数据类型之间进行类型转换。在本任务中，使用整数类型存储商品的原价和折扣率，使用浮点类型存储折扣后的售价，并在控制台输出折扣计算结果。

### 相关知识

## 2.2 Java 的数据类型

Java 是一门强类型的编程语言，它对变量的数据类型有严格的限定。在定义变量时必须声明变量的类型，在为变量赋值时必须赋予和变量同一种类型的值，否则程序会报错。

在Java中变量的数据类型分为两种，即基本数据类型和引用数据类型。Java中所有的数据类型如图2-2所示。

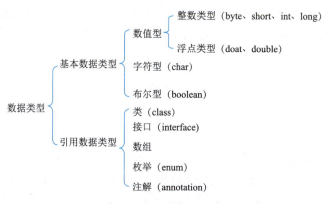

图 2-2　Java 中所有的数据类型

## 2.2.1　整数类型

整数类型变量用来存储整数值，即数据中不含有小数或分数。在Java中，整数类型分为字节型（byte）、短整型（short）、整型（int）和长整型（long）四种，四种类型所占内存空间大小和取值范围见表2-2。

表 2-2　整型类型

| 类　　型 | 占 用 空 间 | 取 值 范 围 |
| --- | --- | --- |
| byte | 8 位（1 字节） | $-2^7 \sim 2^7-1$ |
| short | 16 位（2 字节） | $-2^{15} \sim 2^{15}-1$ |
| int | 32 位（4 字节） | $-2^{31} \sim 2^{31}-1$ |
| long | 64 位（8 字节） | $-2^{63} \sim 2^{63}-1$ |

表2-2中列出了四种整数类型变量所占内存空间大小和取值范围。如一个byte类型的变量会占用1字节大小的内存空间，存储的值必须为$-2^7 \sim 2^7-1$的整数。

在Java中直接给出一个整型值，其默认类型是int类型。使用中通常有两种情况，具体如下：

➤ 直接将一个在byte或short类型取值范围内的整数值赋给byte或short变量，系统会自动把该整数当成byte或short类型进行处理。

```
byte n = 100;            // 系统自动将 int 常量 100 当成 byte 类型处理
```

➤ 将一个超出int取值范围的整数值赋给long变量，系统不会自动把该整数值当成long类型进行处理。此时必须声明long型常量，即在整数值后面添加l或L字母。如果整数值未超过int型的取值范围，则可以省略字母l或L。

```
long x = 99999;          // 所赋的值未超出 int 取值范围，可以加 L，也可省略
long z = 9999999999L;    // 所赋的值超出 int 取值范围，必须加 L 后缀
```

## 2.2.2 浮点数类型

浮点数类型变量用来存储实数值。在Java中，浮点数分为两种：单精度浮点数（float）和双精度浮点数（double）。Java的浮点数遵循IEEE 754标准，采用二进制数据的科学记数法来表示。浮点数类型所占内存空间大小和取值范围见表2-3。

表2-3 整型类型

| 类 型 | 占用空间 | 取值范围 |
| --- | --- | --- |
| float | 32位（4字节） | $-3.4 \times 10^{38} \sim 3.4 \times 10^{38}$ |
| double | 64位（8字节） | $-1.79 \times 10^{308} \sim 1.79 \times 10^{308}$ |

表2-3中列出了两种浮点数类型变量所占内存空间大小和取值范围。如一个float类型的变量会占用4字节的内存大小，存储的值必须在$-3.4 \times 10^{38} \sim 3.4 \times 10^{38}$之间。

在Java中，使用浮点型数值时，默认的类型是double，在数值后面可加上d或D，作为double类型的标识。在数值后面加上f或F，则作为float类型的标识。若没有加上，Java就会将该数据视为double类型，而在编译时就会发生错误，提示可能会丢失精确度。具体示例如下：

```
double n = 10.0;        // 数值默认为 double 类型
float x = 10.0;         // 将丢失精度，错误赋值
float y = 10.0f;        // 正确赋值，给数值添加 f 后缀，将数值视为 float 类型
```

## 2.2.3 字符类型

字符类型变量用来存储单个字符，字符类型的值必须使用英文格式的单引号"'"引起来。Java语言使用char表示字符类型，占用2字节内存空间，取值范围为0～65 535的整数。Java语言采用16位Unicode字符集编码，Unicode为每个字符指定一个统一并且唯一的数值，Unicode支持中文字符。具体示例如下：

```
char a = 'b';           // 为一个 char 类型的变量赋值字符b
```

## 2.2.4 布尔类型

布尔类型变量用来存储布尔类型的值，布尔类型的值只有true"真"和false"假"两种。Java的布尔类型用boolean表示，占用1字节内存空间。具体示例如下：

```
boolean b1 = true;      // 声明boolean 类型变量值为true
boolean b2 = false;     // 声明boolean 类型变量值为false
boolean b3 = 1;         // 不能用非 0 来代表真，错误
boolean b4 = 0;         // 不能用 0 来代表假，错误
```

Java的数据类型在定义时就已经明确了，但程序中有时需要进行数据类型的转换，Java允许用户有限度地进行数据类型转换。数据类型转换方式分为自动类型转换和强制类型转换两种。

## 2.2.5 自动类型转换

自动类型转换又称隐式类型转换，指两种数据类型转换过程中不需要显式地进行声明。Java会在下列条件成立时，自动进行数据类型转换：

➢ 转换的两种数据类型相互兼容。
➢ 目标数据类型的取值范围比原数据类型大。

类型转换只限该行语句，并不会影响原先定义的变量类型，而且自动类型转换可以保持数据的精确度，不会因为转换而丢失数据内容。

Java支持自动数据类型转换的类型，如图2-3所示。

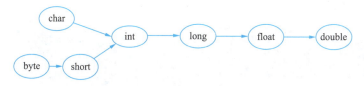

图 2-3 自动数据类型转换

自动数据类型转换具体示例如下：

```
byte b = 258;              // 声明byte类型变量值为258
char a = b;                // 错误，byte类型不能自动类型转换为char类型
float d = b;               // 正确，byte类型能自动类型转换为float类型
double e = 'c';            // 正确，char类型能自动类型转换为double类型
```

在Java中，任何基本类型的值和字符串进行连接运算"+"时，基本类型的值将自动类型转换为字符串类型，字符串用String类表示，是引用类型。具体示例如下：

```
String s = 9527;           // 错误，不能直接将基本类型赋值给字符串
String str = 9527 + "";    // 正确，基本类型的值自动转换为字符串，""代表空字符串
```

### 2.2.6 强制类型转换

强制类型转换又称显式转换，指两种数据类型转换过程中需要显式地进行声明。当转换的两种数据类型彼此不兼容，或者目标数据类型的取值范围小于原类型时，而无法进行自动类型转换，此时就需要进行强制类型转换，如例2-1所示。

例2-1 TestTypeNumber.java

```
1  public class TestTypeNumber {
2      public static void main(String[] args) {
3          int n = 128;
4          byte b = n;
5          System.out.println(b);
6      }
7  }
```

程序的运行结果如图2-4所示。

图 2-4 强制类型转换

图2-4出现了编译错误，提示第4行代码类型不兼容，出现这类错误的原因是将int转换到byte时，int类型的取值范围大于byte类型的取值范围，转换会导致精度损失，也就是用1字节的变量来存储4字节的变量值。

对第4行代码进行强制类型转换，修改为下面的代码：

```
byte b = (byte) n;
```

程序的运行结果如图2-5所示。

图 2-5　例 2-1 修改后运行结果

当试图强制把取值范围大的类型转换为取值范围小的类型时，将会引起溢出，从而导致数据丢失。图2-5中运行结果为-128，出现这种现象的原因是，int类型占4字节，byte类型占1字节，将int类型变量强制转换为byte类型时，Java会将int类型变量的3个高位字节截断，直接丢弃，变量值发生了改变，如图2-6所示。

图 2-6　强制转换过程

**注意：**
- 不能对布尔值进行转换（因为布尔值是用位来计算的，两者是不相干的东西）。
- 不能把对象类型转化为不相干的类型（如int、byte都可称为对象类型）。
- 在把高容量转换为低容量时，强制转换。转换时可能产生内存溢出问题，或者精度问题。

### 任务实现

**实施步骤**

（1）定义一个int类型的变量，表示商品的原价。
（2）定义一个double类型的变量，表示折扣率（如8折则为0.8）。
（3）计算打折后的价格，即将原价乘以折扣率，将打折后的价格转换为String类型。
（4）打印出打折后的价格。

代码实现

DiscountCalculator.java

```java
1  public class DiscountCalculator {
2      public static void main(String[] args) {
3          // 步骤1：定义一个int类型的变量，表示商品的原价
4          int originalPrice = 100;
5          // 步骤2：定义一个double类型的变量，表示折扣率
6          double discountRate = 0.8; // 8折
7          // 步骤3：计算打折后的价格
8          double discountedPrice = originalPrice * discountRate;
9          // 步骤4：将打折后的价格转换为String类型
10         String formattedDiscountedPrice = String.format("%.2f", discountedPrice);
11         // 打印出打折后的价格
12         System.out.println("打折后的价格：" + discountedPrice);
13     }
14 }
```

以上代码中，由于打折后的价格为浮点类型，并且小数点后可能不止一位，所以定义了一个双精度浮点数discountedPrice变量，然后使用String.format将打折后的价格转换为字符串类型，商品折扣计算的结果如图2-7所示。

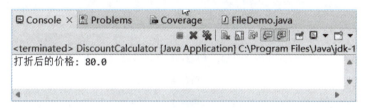

图2-7 商品折扣计算

## 任务2.3 模拟自动节温器

### 任务描述

在提倡绿色环保、节能减排的今天，每个人都要有"节约"的意识，该任务在理解并掌握基本语法、数据类型、运算符概念和用法后，设计一个自动节温器，当用户输入当前温度，自动节温器会根据室温与阈值的比较结果，决定打开加热器或打开降温或保持当前状态。

### 相关知识

## 2.3 Java的运算符

### 2.3.1 赋值运算符

赋值运算符的作用是将常量、变量或表达式的值赋给某一个变量。Java中的赋值运算符及其用法见表2-4。

表 2-4　赋值运算符及其用法

| 运 算 符 | 运 算 | 范 例 | 结 果 |
|---|---|---|---|
| = | 赋值 | a=3;b=2; | a=3;b=2; |
| += | 加等于 | a=3;b=2;a+=b; | a=5;b=2; |
| -= | 减等于 | a=3;b=2;a-=b; | a=1;b=2; |
| *= | 乘等于 | a=3;b=2;a*=b; | a=6;b=2; |
| /= | 除等于 | a=3;b=2;a/=b; | a=1;b=2; |
| %= | 模等于 | a=3;b=2;a%=b; | a=1;b=2; |

### 2.3.2　算术运算符

算术运算符主要用于整数和浮点型数据的运算。Java中的算术运算符及其用法见表2-5。

表 2-5　算术运算符及其用法

| 运 算 符 | | 运 算 | 范 例 | 结 果 |
|---|---|---|---|---|
| 一元运算符 | + | 正号 | 2 | 2 |
| | - | 负号 | b=5;-b; | -5 |
| | ++ | 前自增 | a=6;b=++a; | a=6;b=7; |
| | ++ | 后自增 | a=2;b=a++; | a=3;b=2; |
| | -- | 前自减 | a=5;b=--a; | a=1;b=4; |
| | -- | 后自减 | a=7;b=a--; | a=1;b=7; |
| 二元运算符 | + | 加 | 28+29 | 57 |
| | - | 减 | 31-21 | 10 |
| | * | 乘 | 2*5 | 10 |
| | / | 除 | 7/5 | 1 |
| | % | 取模 | 7%5 | 2 |

算术运算符的运算特点：
- 对于一元运算符，运算结果的类型与操作数的类型相同。
- 对于二元运算符，运算结果的数据类型一般为两个操作数中表达范围较大的类型，例如，一个整数和浮点数运算的结果为浮点数。
- 自增、自减运算符有前缀和后缀两种形式，当是前缀形式（即++、--符号出现在变量的左侧）时，对变量实施的运算是"先运算后使用"；当是后缀形式（即++、--符号出现在变量的右侧）时，对变量实施的运算是"先使用后运算"。

### 2.3.3　关系运算符

关系运算符用于对两个常量或变量的大小进行比较，其结果是一个布尔值，即true或false。Java中的关系运算符及其用法见表2-6。

表 2-6　关系运算符及其用法

| 运算符 | 运算 | 范例 | 结果 |
|---|---|---|---|
| == | 相等于 | 2 == 5 | false |
| != | 不等于 | 6 != 7 | true |
| < | 小于 | 2 < 1 | false |
| > | 大于 | 5 > 3 | true |
| <= | 小于或等于 | 5 <= 3 | false |
| >= | 大于或等于 | 5 >= 3 | true |

**注意：**
- ➤ 在Java中，任何类型的数据（包括简单类型和对象类型），都可以通过"=="或"!="来比较是否相等。
- ➤ 关系运算的结果只能是布尔值true和false。关系运算符的优先级要高于布尔运算符。

## 2.3.4　逻辑运算符

逻辑运算符用于对布尔类型的值或表达式进行操作，其结果仍是一个布尔值。Java中的逻辑运算符及其用法见表2-7。

表 2-7　逻辑运算符及其用法

| 运算符 | 运算 | 范例 | 结果 |
|---|---|---|---|
| & | 与 | true & true | true |
| | | true & false | false |
| | | false & false | false |
| | | false & true | false |
| \| | 或 | true \| true | true |
| | | true \| false | true |
| | | false \| false | false |
| | | false \| true | true |
| ^ | 异或 | true ^ true | false |
| | | true ^ false | true |
| | | false ^ false | false |
| | | false ^ true | true |
| ! | 非 | !true | false |
| | | !false | true |
| && | 短路与 | true && true | true |
| | | true && false | false |
| | | false && false | false |
| | | false && true | false |

续表

| 运 算 符 | 运 算 | 范 例 | 结 果 |
|---|---|---|---|
| \|\| | 短路或 | true \|\| true | true |
| | | true \|\| false | true |
| | | false \|\| false | false |
| | | false \|\| true | true |

### 2.3.5 位运算符

Java中的位运算继承于C语言，在软件开发中，直接使用位运算已经很少见了。位运算只能作用于整型数据。整型数据在内存中以二进制形式存储，比如一个整数在内存中占用4字节存储空间，最高位是符号位，0表示正数，1表示负数。负数采用补码形式存储，负数的补码等于其原码取反再加1，比如-8的补码是：

11111111 11111111 11111111 11111000

Java中的位运算符及其用法见表2-8。

表 2-8 位运算符

| 运 算 符 | 运 算 | 范 例 | 结 果 |
|---|---|---|---|
| & | 按位与 | 0 & 0 | 0 |
| | | 0 & 1 | 0 |
| | | 1 & 1 | 1 |
| | | 1 & 0 | 0 |
| \| | 按位或 | 0 \| 0 | 0 |
| | | 0 \| 1 | 1 |
| | | 1 \| 1 | 1 |
| | | 1 \| 0 | 1 |
| ~ | 取反 | ~ 0 | 1 |
| | | ~ 1 | 0 |
| ^ | 按位异或 | 0 ^ 0 | 0 |
| | | 0 ^ 1 | 1 |
| | | 1 ^ 1 | 0 |
| | | 1 ^ 0 | 1 |
| << | 左移 | 00000010<<2 | 00001000 |
| | | 10010011<<2 | 01001100 |
| >> | 右移 | 01100010>>2 | 00011000 |
| | | 11100010>>2 | 11111000 |
| >>> | 无符号右移 | 01100010>>>2 | 00011000 |
| | | 11100010>>>2 | 00111000 |

## 2.3.6 三元运算符

Java中的三元运算符（又称条件运算符）是一种简洁的语法，用于根据条件选择两个值之一。它可以替代简单的if...else语句，使代码更紧凑易读。

三元运算符语法格式如下：

```
condition ? value1 : value2
```

条件运算符的运算规则：condition为一个布尔表达式，其结果为true或false；如果condition为true，则返回value1值；如果condition为false，则返回value2值。

条件运算符的基本使用示例如下：

```
int score = 75;
String grade = (score >= 90) ? "A" : (score >= 80) ? "B" : "C";
System.out.println("成绩等级：" + grade);          // 输出 "成绩等级：C"
```

条件运算符"?:"可等价于选择结构语句中的if...else条件语句，属于精简写法。

## 2.3.7 运算符优先级

优先级就是表达式运算过程中的顺序，运算符有不同的优先级。运算符的结合顺序称为结合性，Java大部分运算符是从左向右结合的，只有单目运算符、赋值运算符和三目运算符是从右向左运算的。Java中运算符的优先级及结合性见表2-9，数字越小优先级越高。

表2-9 运算符优先级及结合性

| 优先级 | 运 算 符 | 运算符说明 | 结 合 性 |
| --- | --- | --- | --- |
| 1 | () [] . , ; | 分隔符 | 从左向右 |
| 2 | ! +（正）-（负）~ ++ -- | 单目运算符 | 从右向左 |
| 3 | * / % | 算术运算符 | 从左向右 |
| 4 | +（加）-（减） | | |
| 5 | << >> >>> | 位移运算符 | 从左向右 |
| 6 | < <= >= > instanceof | 关系运算符 | 从左向右 |
| 7 | == != | | |
| 8 | & | 按位运算符 | 从左向右 |
| 9 | ^ | | |
| 10 | \| | | |
| 11 | && | 逻辑运算符 | 从左向右 |
| 12 | \|\| | | |
| 13 | ?: | 三目运算符 | 从右向左 |
| 14 | = += *= /= %= &= \|= ^= <<= >>= >>>= | 赋值运算符 | 从右向左 |

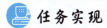

### 任务实现

实施步骤

（1）导入java.util.Scanner类，使用Scanner类用于从键盘读取输入。

```
Scanner scanner = new Scanner(System.in);
int i = scanner.nextInt();
```

（2）读取用户输入，使用Scanner对象的nextDouble()方法读取用户输入的室温，并将其存储在roomTemperature变量中。

（3）定义温度阈值，程序中定义了两个阈值：coldThreshold和hotThreshold，用于判断室温是否需要调整。

（4）根据室温与阈值的比较结果，使用三目运算符来确定应该执行的操作（打开加热器、打开降温或保持当前状态），并将操作存储在action变量中。

（5）输出当前室温以及根据室温决定节温器的操作动作。

代码实现

SmartThermostat.java

```
 1  import java.util.Scanner;
 2  public class SmartThermostat {
 3      public static void main(String[] args) {
 4          // 创建 Scanner 对象来读取用户输入
 5          Scanner scanner = new Scanner(System.in);
 6          // 读取用户输入的室温
 7          System.out.print("请输入当前室温（摄氏度）:");
 8          double roomTemperature = scanner.nextDouble();
 9          // 关闭 Scanner 对象
10          scanner.close();
11          // 定义温度阈值
12          double coldThreshold = 16.0;
13          double hotThreshold = 26.0;
14          // 使用三目运算符根据室温确定操作
15          String action = (roomTemperature < coldThreshold) ? "打开加热器" :
16                          (roomTemperature > hotThreshold) ? "打开降温" :
17                          "保持当前状态";
18          // 输出控制动作
19          System.out.println("当前室温为:" + roomTemperature + "度\n执行动作:" + action);
20      }
21  }
```

上述代码中，Scanner类接收用户输入的操作，需要在接收后关闭。在三元运算符中，使用关系比较符的嵌套判断接收输入的室温与节温器降温或加热阈值的比较，判定节温器需要执行的动作。其运行结果如图2-8所示。

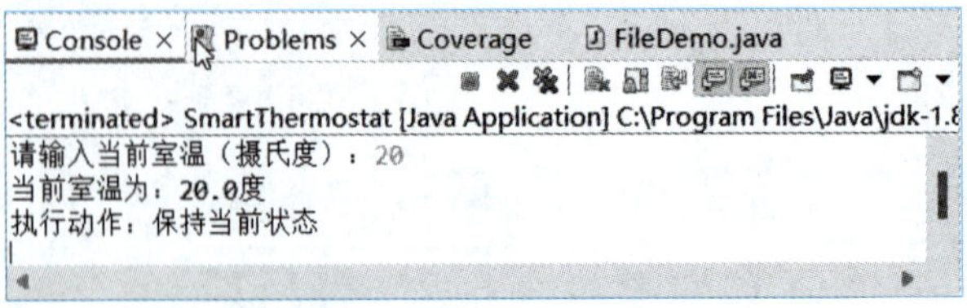

图 2-8  自动节温器

## 小　结

本单元主要介绍了学习Java所需的基础知识。介绍了包括语句和表达式的使用、语法的基本格式、注释、标识符和关键字的识别、常量和变量的定义以及变量作用域、数据类型、运算符的使用。通过学习本单元内容，逐步引导学习者深入理解Java编程的基础语法、格式以及变量和运算符等的使用技巧，能够将这些知识应用于解决实际问题，建立起扎实的Java编程基础。

## 习题

### 一、填空题

1. Java程序中的注释主要分为单行注释和多行注释，单行注释以"_____"开头。
2. 在Java中，所有变量必须先_____，然后才能使用。
3. Java中的基本数据类型包括_____、_____、_____、_____。
4. 当需要将一个整型变量转换为浮点型变量时，可以进行_____类型转换。
5. 在Java中，_____运算符用于比较两个值是否相等。

### 二、选择题

1. 以下是Java合法标识符的是（　　）。
   A. 3nums　　　　B. *rate　　　　C. sumValue　　　　D. class
2. 以下关键字可用来定义一个常量的是（　　）。
   A. const　　　　B. static　　　　C. final　　　　D. define
3. 在Java中，下列可声明一个整型变量的语句是（　　）。
   A. int x;　　　　B. int x = 10;　　　　C. float x = 10.0;　　　　D. double x = 10;
4. 以下运算符用于取模（求余数）的是（　　）。
   A. %　　　　B. /　　　　C. *　　　　D. &
5. 以下关于自动类型转换的说法正确的是（　　）。
   A. 自动类型转换是按从低到高的顺序进行
   B. 自动类型转换可能会导致精度损失
   C. 整型常量可以直接赋值给浮点型变量
   D. 所有类型都可以自动转换成字符串类型

### 三、简答题

1. 简述Java程序中的注释类型及其用途。
2. 简述Java中变量声明和初始化的基本规则。
3. 简述Java中的数据类型转换，包括自动类型转换和强制类型转换。

### 四、编程题

编写一个Java程序，实现以下功能：

（1）声明一个整型变量num并初始化为任意整数。
（2）声明一个浮点型变量price并初始化为任意正数。
（3）输出变量num和price的值。
（4）将num转换为浮点型并输出转换后的值。

# 单元 3

# 程序设计逻辑结构基础

视频
程序设计逻辑结构基础

### 单元内容

本单元主要介绍Java语言的控制流程语句,包括条件语句、循环语句和跳转语句。学习Java程序的设计逻辑,包括顺序结构、选择结构和循环结构,以及方法的定义和调用。

### 学习目标

【知识目标】
- 理解控制流程语句的作用,掌握不同控制流程语句的使用方法。
- 能够使用控制流程语句控制程序的执行流程。
- 能够编写程序实现各种逻辑判断和循环操作。
- 理解方法的概念和作用,掌握使用方法实现程序设计。

【能力目标】
- 能够使用if语句、switch语句进行条件判断。
- 能够使用for、while、do...while循环和循环嵌套设计循环操作。
- 能够使用break、continue语句和标签控制循环的执行流程。
- 能够使用方法实现程序设计中的通用功能。

【素质目标】
- 增强逻辑思维能力,设计合理的程序执行流程。
- 提高代码的可读性和可维护性,编写结构清晰的代码。
- 培养解决问题的能力,使用控制流程语句解决实际问题。

## 任务3.1 求解圆面积

### 任务描述

编写一个Java程序,用于计算并输出圆的面积。当用户输入正整数作为圆的半径时,程序根据圆面积公式计算圆的面积,并将计算结果输出到控制台。

### 相关知识

## 3.1 顺序结构

顺序结构是程序中最简单、最基本的流程控制,没有特定的语法结构,在源代码中出现的顺序依次执行。在Java程序中,默认情况下,代码是按照自上而下的顺序执行的,除非遇到控制结构(如条件判断、循环等)改变程序的执行流程。顺序结构语句的执行流程如图3-1所示。

下面是一个简单的Java顺序结构示例:

```
1  public class Main {
2      public static void main(String[] args) {
3          // 第一步:声明变量
4          int a = 10;
5          int b = 20;
6          // 第二步:执行加法操作
7          int sum = a + b;
8          // 第三步:输出结果
9          System.out.println("计算结果: " + sum);
10     }
11 }
```

图 3-1 顺序结构流程图

上述示例程序从上至下逐条语句执行直至程序结束。顺序结构都是作为程序的一部分,通常与其他结构一起构成一个复杂的程序。

### 任务实现

**实施步骤**

(1)使用键盘输入一个圆形的半径数值,并将输入的半径赋值给radius变量,然后关闭scanner。

```
Scanner scanner = new Scanner(System.in);
int i = scanner.nextInt();
```

(2)定义一个双精度变量area,使用数学函数和圆面积计算公式,求解面积。

```
double radius = Math.PI * radius * radius;
```

(3)将求解结构输出到控制台。

**代码实现**

CircleArea.java

```java
public class CircleArea {
    public static void main(String[] args) {
        Scanner scanner = new Scanner(System.in);
        System.out.print("请输入圆的半径：");
        double radius = scanner.nextDouble();
        scanner.close();
        double area = Math.PI * radius * radius;
        System.out.println("圆的面积是：" + area);
    }
}
```

上述程序按照从上到下的顺序依次执行，最后计算出圆的面积并输出到控制台，其运行结果如图3-2所示。

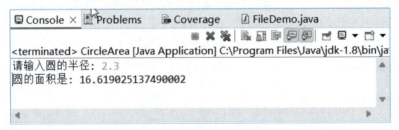

图 3-2　计算圆的面积

## 任务3.2　BMI健康值评估

**任务描述**

按照表3-1中BMI参数分类及分类描述，结合已经学习过的基础知识，使用选择结构语句设计一个计算BMI值的案例，根据BMI计算公式及计算结果对应的提示，输出BMI分类和对应分类的提示。

表 3-1　BMI 参数分类及分类描述

| BMI 分类 | 我国参考标准 | 相关疾病发病的危险性 |
| --- | --- | --- |
| 体重过低 | BMI<18.5 | 低（但其他疾病危险性增加） |
| 正常范围 | 18.5≤BMI<24 | 平均水平 |
| 超重 | BMI≥24 | 增加 |
| 肥胖前期 | 24<BMI<28 | 增加 |
| Ⅰ度肥胖 | 28≤BMI<30 | 中度增加 |
| Ⅱ度肥胖 | 30≤BMI<40 | 严重增加 |
| Ⅲ度肥胖 | BMI≥40 | 非常严重增加 |

注：身体质量指数（body mass index，BMI）是目前国际上常用的人体胖瘦程度以及是否健康的一个标准。BMI=$\dfrac{体重}{身高^2}$，体重的单位为kg，身高的单位为m。

## 相关知识

## 3.2 选择结构语句

在实际生活中经常需要做出一些判断,在成长过程中,需要一次次地选择正确的前行方向,心中有梦,以梦为马,志存远方,不负韶华。Java中有一种特殊的语句称为选择结构语句,它也需要对一些条件作出判断,从而决定执行哪一段代码。

### 3.2.1 基本 if 选择结构

if条件语句用于告诉程序在某个条件成立的情况下执行某段语句,否则执行后续语句。关键字if之后是作为条件的"布尔表达式",如果该表达式返回的结果为true,则执行其后的语句;若为false,则不执行if条件之后的语句。

其语法格式如下:

```
if (布尔表达式) {
    执行语句
}
```

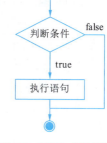

图3-3 if语句的执行流程

上述语法格式中,若if语句的主体块只有一条语句,则可以省略左右大括号。if语句的执行流程如图3-3所示。

if语句的具体用法如例3-1所示,判断一个人的年龄是否大于18岁。

例3-1　rise.java

```
1  public class Rise{
2      public static void main(String[] args) {
3          System.out.println("开始");
4          // 如果年龄大于18岁,奋斗吧少年
5          int age = 20;
6          if(age >= 18){
7              System.out.println("奋斗吧少年,青春路上绚丽多彩");
8          }
9      }
10 }
```

上述代码中,如果age值小于18则只输出"开始",如果age值大于18则运行结果如图3-4所示。

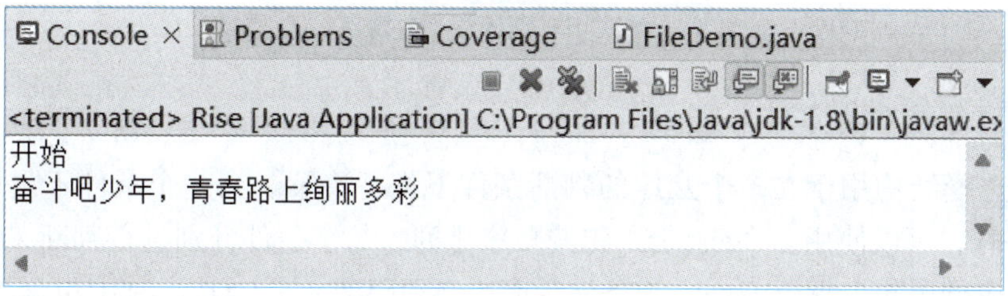

```
Console × Problems    Coverage    FileDemo.java
<terminated> Rise [Java Application] C:\Program Files\Java\jdk-1.8\bin\javaw.ex
开始
奋斗吧少年,青春路上绚丽多彩
```

图3-4　if语句

### 3.2.2 if...else 选择结构

if...else语句是指如果满足特定条件，就执行符合当前条件的语句，否则就执行另一条件的语句。例如，要判断一个正整数的奇偶性，如果该数能被2整除，则是一个偶数，否则该数就是一个奇数。

其语法格式如下：

```
if (布尔表达式) {
    执行语句 1
} else {
    执行语句 2
}
```

上述语法格式中，判断条件是一个布尔值。当判断条件为true时，会执行if后面{}中的执行语句1，否则会执行else后面{}中的执行语句2。if...else语句执行流程如图3-5所示。

if...else语句的具体用法，如例3-2判断奇/偶数的程序所示。

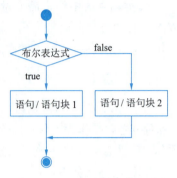

图 3-5  if...else 语句执行流程

**例3-2**  OddorEven.java

```
1  public class OddorEven{
2      public static void main(String[] args) {
3          int num = 256;
4          if (num % 2 == 0) {
5              // 判断条件成立，num 能被 2 整除
6              System.out.println(num+" 是一个偶数 ");
7          } else {
8              // 判断条件不成立，num 不能被 2 整除
9              System.out.println(num+" 是一个奇数 ");
10         }
11     }
12 }
```

上述代码中，给num赋值为256，能够被2整数，为偶数，其运行结果如图3-6所示。

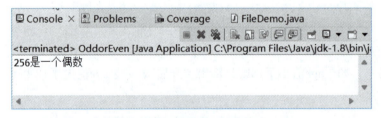

图 3-6  判断奇 / 偶数

### 3.2.3 多重 if 选择结构

多重if选择结构用于在多个互斥的判断条件下进行决策。当一个条件不足以确定程序的执行方向时，可以使用多个else if语句按顺序排列，每个条件分别进行判断，继而执行能满足条件对应的语句。每个if和else if条件后面均必须跟随一个{ }块，其中包含相应的代码，else if可以有多个，但是它们必须按照逻辑顺序排列。最后一个else if后面可以有一个可选的else块，用于处理所有其他情况。

多重if选择结构的基本语法如下：

```
if (布尔表达式1) {
    执行语句1      // 条件1成立时的操作
} else if (布尔表达式2) {
    执行语句2      // 条件1不成立，条件2成立时的操作
} else if (布尔表达式3) {
    执行语句3      // 条件1和条件2都不成立，条件3成立时的操作
}
...
// 也可以最后用一个else来处理所有条件不成立时的操作
else {
    执行语句       // 上述条件都不成立时的操作
}
```

上述语法格式中，判断条件是一个布尔值。当判断条件1为true时，会执行{}中的执行语句，然后结束；如果条件1不成立，则判断条件2是否成立；依此类推，依次判断每个条件，直至找到一个成立的条件，执行对应的代码块，然后结束。如果所有条件都不成立，则执行else或最后的代码块，然后结束。多重if语句执行流程如图3-7所示。

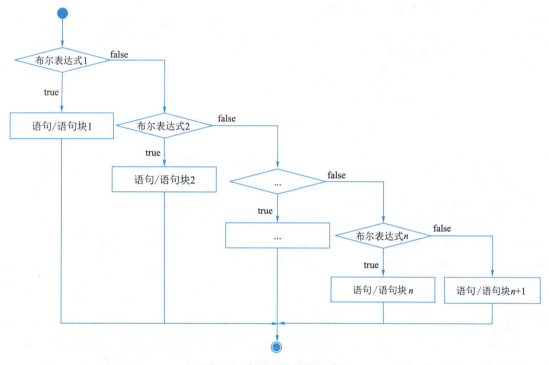

图 3-7　多重 if 语句执行流程

多重if选择结构的具体用法，如例3-3判断顾客在实体连锁店结算商品，不同会员身份价格不同，超出1 000元还有会员惠上惠的案例。

例3-3　DiscountCalculator.java

```
1  public class DiscountCalculator {
2      public static void main(String[] args) {
3          // 定义会员等级
4          String membershipLevel = "SVIP";        // 普通会员、银卡会员、金卡会员、SVIP
5
```

```java
6          // 定义购买金额
7          double purchaseAmount = 1200;      // 假设购买金额为1200元
8          // 根据会员等级获取基础折扣率
9          double baseDiscount = 1.0;
10         double finalPrice=0;
11
12         if(membershipLevel.equals("SVIP")) {
13             baseDiscount = 0.86;    // 默认无折扣
14         }
15         else if (membershipLevel.equals("金卡会员")) {
16             baseDiscount = 0.9;
17         }
18         else if (membershipLevel.equals("银卡会员")) {
19             baseDiscount = 0.95;
20         }
21         else
22         {
23             baseDiscount = 1.0;
24         }
25
26         // 计算基础折扣后的价格
27         double discountedPrice = purchaseAmount * baseDiscount;
28         System.out.println("会员价格: " +discountedPrice+ " 元");
29         // 检查是否满足额外折扣条件
30         if (discountedPrice > 1000) {
31             // 应用额外 98 折优惠
32             finalPrice=discountedPrice * 0.98;
33         } else {
34             // 如果没有满足额外折扣条件，则不应用额外折扣
35         finalPrice=discountedPrice;
36         }
37         System.out.println("最终价格为: " + finalPrice + " 元");
38     }
39 }
```

上述代码中，设定买家为"SVIP"会员，其折扣率为"0.86"，又因为其购买的商品总价为1 200元，可继续享受额外的满1 000元的98折优惠，其运行结果如图3-8所示。

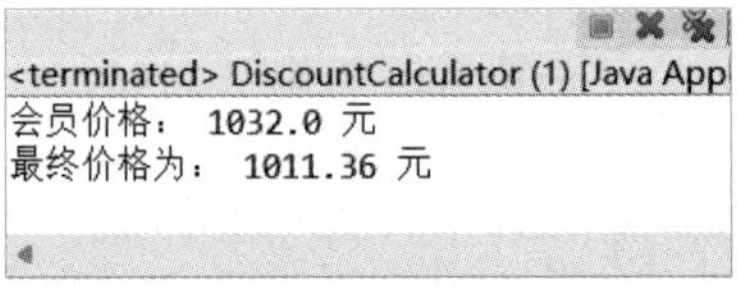

图3-8 会员惠上惠

### 3.2.4 嵌套if选择结构

嵌套if选择结构用于处理需要根据多个条件进行判断的情况，嵌套if选择结构是指在一个if语句的代码块内部，再嵌套一个或多个if语句，形成多层判断的结构。它用于处理需要根据多个条件进行判断的情况。嵌套if语句执行流程如图3-9所示。

嵌套if选择语句的基本语法如下：

```
if (布尔表达式1) {
    执行语句1
    if (布尔表达式2) {
        执行语句2
    } else {
        执行语句3
    }
} else {
```

```
        执行语句 4
    }
```

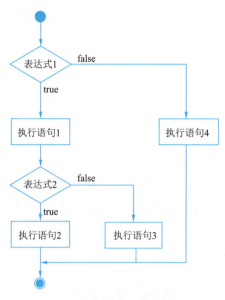

图 3-9 嵌套 if 语句执行流程

上述语法格式中,外层的 if 语句首先判定布尔表达式1条件是否成立。如果布尔表达式为true,则执行其内部的执行语句1,其中包括另一个if...else结构,用于判定布尔表达式2,如果布尔表达式2为true,则执行内层的执行语句2,否则执行else执行语句3;如果布尔表达式1为false,则执行外层的else执行语句4,外层的else代码块也可以包含自身的if...else结构,用于判定布尔表达式。

嵌套if选择结构的具体用法,如例3-4所示,输入任意3个整数作为三角形的边长,判断是否符合三角形的构成,并判断三角形的类型。

例3-4　TriangleType.java

```
1  import java.util.Scanner;
2  public class TriangleType {
3      public static void main(String[] args) {
4          Scanner scanner = new Scanner(System.in);
5          System.out.print("请输入三角形的三条边长,每次输入后回车继续:");
6          int a = scanner.nextInt();
7          int b = scanner.nextInt();
8          int c = scanner.nextInt();
9          scanner.close();
10         if (a + b > c && a + c > b && b + c > a) { // 判断是否为合法三角形
11             System.out.println("这是一个合法三角形。");
12             if (a == b && b == c) {
13                 System.out.println("这是一个等边三角形。");
14             } else if (a == b || a == c || b == c) {
15                 System.out.println("这是一个等腰三角形。");
16             } else if (a * a + b * b == c * c || a * a + c * c == b * b || b * b + c * c == a * a) {
17                 System.out.println("这是一个直角三角形。");
18             } else {
```

```
19                  System.out.println(" 这是一个普通三角形。");
20              }
21          } else {
22              System.out.println(" 这不是一个合法三角形。");
23          }
24      }
25 }
```

以上代码中，根据用户输入的3组数字，利用三角形边长和的特性，判断是否能够构成三角形。如果成立输出"这是一个合法三角形。"，继续根据边长判断其属于哪类三角形，并输出结果；如果所给出的数值不能构成三角形，则输出"这不是一个合法三角形。"，程序结束，其运行结果如图3-10所示。

图 3-10　判断三角形

### 3.2.5　switch 选择结构

switch选择结构由一个switch控制表达式和多个case关键字组成。与if条件语句不同的是，switch 条件语句的控制表达式结果类型只能是byte、short、char、int、enum以及String类型，而不能是boolean类型。switch语句的执行流程如图3-11所示。

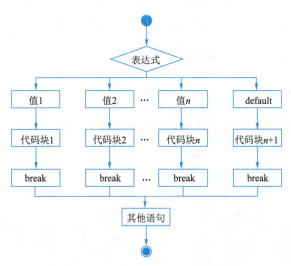

图 3-11　switch 语句的执行流程

switch选择结构的基本语法格式如下：

```
switch (控制表达式){
    case 目标值1:
        执行语句 1
        break;
```

```
        case 目标值 2:
            执行语句 2
            break;
        ...
        case 目标值 n:
            执行语句 n
            break;
        default:
            执行语句 n+1
            break;
}
```

上述语法格式中，控制表达式返回一个整型（int）、字符型（char）、枚举类型或字符串（String，从 Java SE 7开始支持）的表达式。表达式的结果与case标签中的值进行比较。

case标签后面跟着一个常量值（在 Java SE 12及以后的版本中，也可以是表达式），这个值必须与控制表达式的结果类型兼容。

break语句用于退出switch语句。如果没有break语句，会继续执行下一个case的执行语言，直至遇到break或者switch语句结束。这种行为称为"case穿透"或"all-through"。

default标签是可选的，它用于定义当expression的结果与任何case标签的值都不匹配时执行的代码块。Default代码段可以放在switch语句的任何位置，但习惯上通常放在最后。

switch选择结构的具体用法，如例3-5所示，即智能产线工位上的机械臂接收到上工位指令后执行操作。

**例3-5** RoboticArmController.java

```java
 1  public class RoboticArmController {
 2      public static void main(String[] args) {
 3          int commandCode = 3;  // 假设输入的指令代码为 3 (向上移动)
 4          switch (commandCode) {
 5          case 1:
 6              System.out.println("机械臂执行抓取操作。");      // 执行抓取操作
 7              break;
 8          case 2:
 9              System.out.println("机械臂执行放置操作。");      // 执行放置操作
10              break;
11          case 3:
12              System.out.println("机械臂执行向上移动操作。");   // 执行向上移动操作
13              break;
14          case 4:
15              System.out.println("机械臂执行向下移动操作。");   // 执行向下移动操作
16              break;
17          case 5:
18              System.out.println("机械臂执行顺时针旋转操作。"); // 执行顺时针旋转操作
19              break;
20          case 6:
21              System.out.println("机械臂执行逆时针旋转操作。"); // 执行逆时针旋转操作
22              break;
23          default:
24              System.out.println("无效指令！");
25          }
26      }
27  }
```

上述代码中，当接收的指令为1~6的数字时，机械臂执行相应的动作，如果不是设定的指令集，则提示"无效指令！"。程序默认输入指令为"3"，其运行结果如图3-12所示。

图3-12　工位指令

## 任务实现

### 实施步骤

（1）导入Scanne类，定义两个变量接收用户输入的身高和体重。

（2）将身高度量单位变换为米，同时转换为双精度数值，并根据BMI = 体重（kg）/身高$^2$（m），计算BMI值。

（3）使用if和多重if选择结构，根据不同的BMI值范围输出对应的健康分类和风险程度提示。

（4）打印出BMI值和对应的健康分类及风险程度。

### 代码实现

BMI.java

```
1   import java.util.Scanner;
2   public class BMI {
3       public static void main(String[] args) {
4           Scanner input = new Scanner(System.in);
5           System.out.println("请您输入你的身高(cm)");
6           int height = input.nextInt();
7           System.out.println("请您输入你的体重(kg)");
8           int weight = input.nextInt();
9           input.close()
10          double lower = (double) height / 100;
11          double meter = weight / (lower * lower);
12          System.out.println("*您的BMI指数:" + meter);
13          //分类
14          String classification = "*BMI分类:";
15          String serious = "*危险程度:";
16          if (meter >= 40) {
17              System.out.println(classification + "Ⅲ度肥胖");
18              System.out.println(serious + "非常严重增加");
19          } else if (meter < 40 && 30 <= meter) {
20              System.out.println(classification + "Ⅱ度肥胖");
21              System.out.println(serious + "严重增加");
22          } else if (meter >= 28 && 30 > meter) {
23              System.out.println(classification + "Ⅰ度肥胖");
24              System.out.println(serious + "中度增加");
25          } else if (meter >= 24 && 28 < meter) {
26              System.out.println(classification + "肥胖前期");
```

```
27                System.out.println(serious + "增加 ");
28            } else if (meter >= 24) {
29                System.out.println(classification + "超重");
30                System.out.println(serious + "增加 ");
31            } else if (meter < 24 && 18.5 <= meter) {
32                System.out.println(classification + "正常范围");
33                System.out.println(serious + "平均水平 ");
34            } else if (meter < 18.5) {
35                System.out.println(classification + "体重过低");
36                System.out.println(serious + "低 ");
37            }
38        }
39
40 }
```

在上述代码中，可以让用户输入自己的身高和体重，然后计算并输出BMI分类以及相应的健康评估。其运行结果如图3-13所示。

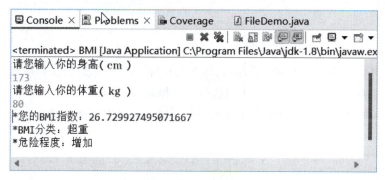

图 3-13　BMI 健康值评估

## 任务3.3　神奇的自动贩卖机

### 任务描述

在学校、商场、办公区自动售卖机无处不见，用户可以自助购买喜爱的商品，本任务实现用户在自动贩卖机上充值、购买饮料、查看剩余饮料、退出等功能。当用户购买后商品数量减1；如商品数量不足，则提示"库存不足"；查看商品时，显示商品的剩余数量；当用户储值不足时，则提示"请充值"。

### 相关知识

## 3.3　循环结构

在生活或工作场景中经常会将同一件事情重复执行多次。在实际应用中，当碰到需要多次重复地执行一个或多个任务时，考虑使用循环结构来解决。对人来说，循环结构是三种流程控制中最复杂的语句，复杂的程序算法一般都离不开循环结构，人们对于周而复始的动作会产生严重的疲惫感，缺乏激情。对计算机来说，循环结构是强项，可以高效率不厌其烦地重复做某件事，循环语句分为while循环语句、do...while循环语句和for循环语句三种。接下来针对这三种循环语句分别进行详细讲解。

### 3.3.1 while 循环结构

while循环结构与选择结构语句执行流程相似，均是根据条件判断决定是否执行大括号{}内的执行语句，是一种迭代控制结构。区别在于，while语句会循环判断循环条件是否成立，只要条件成立，{}内的执行语句就会执行，直到循环条件不成立，while循环才结束，用于需要重复执行某个任务或操作的场景。while循环语句执行流程如图3-14所示。

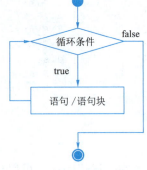

图 3-14　while 循环结构

while循环结构语法格式如下：

```
while(循环条件){
    执行语句
    ...
}
```

在上述语法结构中，{}中的执行语句称为循环体，循环体是否执行取决于循环条件是否成立。当循环条件为true时，循环体就会执行，循环体执行完毕时，程序会继续判断循环条件是否成立，如条件仍为true则会继续执行循环体，直到循环条件为false时，整个循环过程才会结束。

while循环结构的具体用法，如例3-6所示，即智能产线简单生产过程，产线开始生成产品时则开始计数，直至达到目标数量1 000个产品，程序提示进行一次工位矫正操作，并输出"生产任务完成，共生产了X个产品。请对工位矫正操作！"。

**例3-6**　ProductionSimulation.java

```
1   public class ProductionSimulation {
2       public static void main(String[] args) {
3           int productCount = 0;
4           int targetCount = 5;
5           while (productCount <targetCount) {
6               // 模拟生产一个产品的时间和资源消耗
7               System.out.println("生产第 " + (productCount + 1) + " 个产品");
8               productCount++;
9               // 假设每生产一个产品，需要检查库存和机器状态
10              // 这里简单地用延时模拟检查过程
11              try {
12                  Thread.sleep(1000); // 模拟检查过程，休眠1 s
13              } catch (InterruptedException e) {
14                  e.printStackTrace();
15              }
16          }
17          // 生产任务完成
18          System.out.println("生产任务完成，共生产了 " + productCount + " 个产品。请对工位矫正操作！ ");
19      }
20  }
```

上述代码中定义了两个变量，一个用于计数，一个用于假定的生产最大阈值，在while

循环中判断当前计数是否小于生产最大阈值，如果成立则生产"一个产品"，并等待1 s后继续执行生产，直到与生产最大阈值相等，则停止生产并提示"工位矫正操作"，其运行结果如图3-15所示。

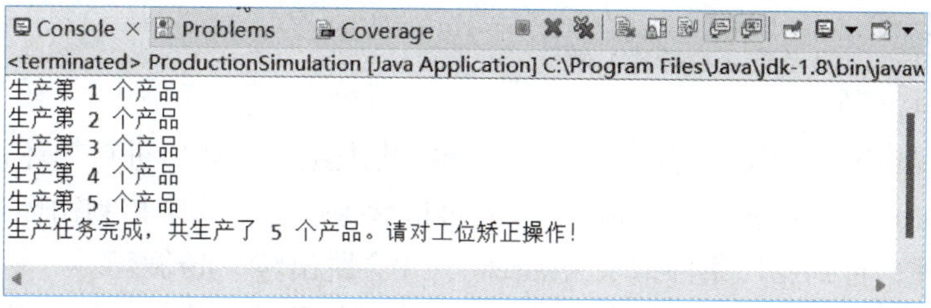

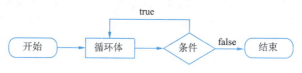

图 3-15　智能产线简单生产过程

### 3.3.2　do...while 循环结构

do...while循环和while循环相似，对于while语句而言，如果不满足条件，则不能进入循环。do...while不同的是，其会先执行一次循环体，然后判断条件是否成立，因此，do...while循环的循环体至少会执行一次。do...while循环的执行流程如图 3-16 所示。

图 3-16　do...while 循环结构

do...while循环结构的基本语法格式如下：

```
do {
    // 执行语句
}while(布尔表达式);
```

上述语法格式中，布尔表达式在循环体的后面，所以语句块在检测布尔表达式之前已经执行了。如果布尔表达式的值为true，则语句块一直执行，直到布尔表达式的值为false，循环结束。

### 3.3.3　for 循环结构

for循环结构一般用在循环次数已知的情况下，通常情况下可以代替while循环。for循环结构的执行流程如图3-17所示。

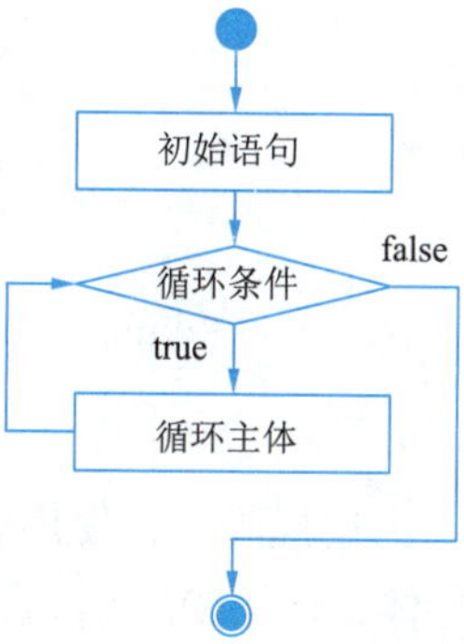

for循环结构的基本语法格式如下：

图 3-17　for 循环流程图

```
for(初始化表达式；循环条件；操作表达式){
    执行语句
    ...
}
```

在上述语法结构中，for关键字后面()中包括了三部分内容：初始化表达式、循环条件和操作表达式，它们之间用英文";"分隔，{}中的执行语句为循环体。

下面分别用①表示初始化表达式、②表示循环条件、③表示操作表达式、④表示执行语句（循环体），通过序号来具体分析for循环的执行流程。具体如下：

```
for( ① ; ② ; ③ ){
    ④
}
```
第一步，执行①
第二步，执行②，如果循环条件结果为true，则执行第三步，如果结果为false，则执行第五步
第三步，执行④
第四步，执行③，然后重复执行第二步
第五步，退出循环

在for循环语句中，程序会首先执行一次初始化表达式，然后进行循环条件判断，如果循环条件结果为true，就会执行循环体，最后再执行操作表达式来控制循环条件，这样就完成了一轮for循环，直到循环条件结果为false时，才会跳出整个for循环。

接下来通过"逢7过"案例演示for循环结构的具体用法，当用户输入的数字是包含7或者是7的倍数时，输出"过"，否则输出当前数字，如例3-7所示。

例3-7　NumberCheck.java

```
1   import java.util.Scanner;
2   public class NumberCheck {
3       public static void main(String[] args) {
4           // TODO Auto-generated method stub
5           Scanner Scanner = new Scanner(System.in);
6           System.out.println("请您输入一个整数(1-100)以开启游戏：");
7           int x = Scanner.nextInt();
8           int i = 0;
9           while (x < 1 || x > 100) {
10              System.out.println("输入的数不符合规范，范围1-100");
11              x = Scanner.nextInt();
12          }
13          for (i = x; i <= 100; i++) {
14              // 个、十位都不能含有7或7的倍数
15              if (i % 10 == 7 || i / 10 % 10 == 7 || i % 7 == 0) {
16                  System.out.println("过");
17              } else {
18                  System.out.println(i);
19              }
20          }
21          Scanner.close();
22      }
23  }
```

上述代码中，使用while循环判断用户输入的数字是否在1~100之间，使用for语句控制循环体，使用if语句检查当前输入的数字位于个位、十位的数字是否为7或是7的倍数，测试结果如图3-18所示。

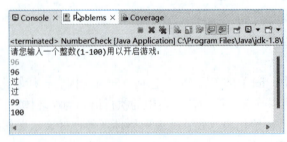

图3-18　逢7过

在实际应用开发中，for循环常用于已知循环次数的情况，因为它的初始化语句、条件表达式和迭代语句都集中在头部，使得循环结构更加清晰；while循环常用于循环次数未知的情况或者需要在循环开始前进行复杂的初始化，以及在循环体内部进行迭代的情况。

### 3.3.4 for each 循环语句

for each循环（又称增强型for循环）无须使用传统的索引变量遍历数组、枚举类型或实现Iterable接口的集合对象。

for each循环语句的基本语法格式如下：

```
for（数据类型 变量名 ：数组或集合）{
  // 循环体，使用变量名访问当前遍历到的元素
}
```

for each的具体用法将在后续数组和枚举、集合的学习任务中演示。

### 3.3.5 循环嵌套

循环嵌套是指在一个循环语句的循环体中再定义一个循环语句的语法结构，形成多层循环。顺序结构、分支结构、循环结构三种结构的语句组可以包含任意结构的语句，从而形成不同的结构，以解决不同的问题。while、do...while、for循环语句都可以进行循环嵌套，并且它们之间也可以互相嵌套，循环嵌套结构没有固定的语法格式，通过分析具体问题自然形成。在实际开发时，最常用的是for循环嵌套。

for 循环嵌套的基本语法格式如下：

```
for(int i=0;i<args.length;i++){
    for(int j=0;j<args.length;j++){
    }
}
```

接下来通过打印九九乘法表演示for循环结构的具体用法，如例3-8所示。

**例3-8**　TriangleMultiplicationTable.java

```
1  public class TriangleMultiplicationTable {
2      public static void main(String[] args) {
3          // TODO Auto-generated method stub
4          // 控制输出的行数
5          System.out.print("*** 九九乘法表 ***\n");
6          for (int row = 1; row <= 9; row++) {
7              // 控制列数
8              for (int column = 1; column <= row; column++) {
9                  // 输出算式，并用制表符控制上下对齐
10                 System.out.print(column + "*" + row + "=" + column * row + "\t");
11             }
12             // 每输出一行之后进行换行
13             System.out.println();
14         }
15     }
16 }
```

上述代码中，使用外层循环控制乘法表的行数，使用循环变量i作为乘法表的一个乘数；内层循环控制列数，使用循环变量j作为乘法表的第二个乘数，并在内层循环中完成算式的拼接工作，使用print()函数和制表符结合打印每行的结果，直至乘法表打印结束，其运行结

果如图3-19所示。

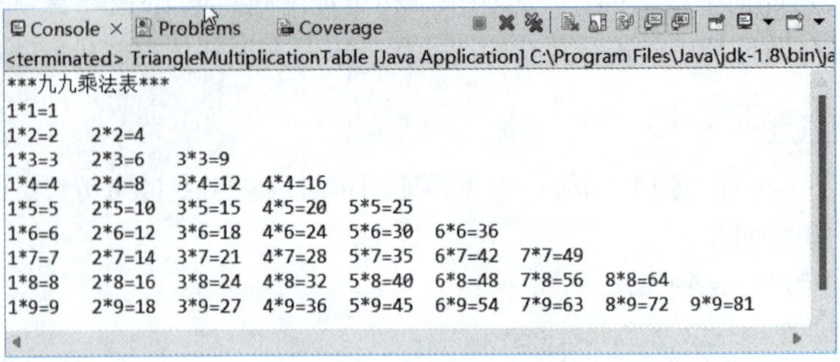

图 3-19  九九乘法表

### 3.3.6 跳转语句

在Java中，跳转控制语句主要包括break和continue两个关键字，它们用于改变循环的执行流程，return及标签用于实现循环执行过程中程序流程的跳转。

#### 1. break 语句

前面介绍switch选择结构时，已介绍了switch语句中break语句的使用方法。这里主要介绍for循环语句中break语句的使用方法。在循环语句中，break语句的功能是跳出循环体。特别需要说明的是，当break语句位于多重循环语句的内层时，break语句只能跳出它当前所处的那层循环体。

for循环结构break语句的具体用法，如例3-9所示，当循环控制值等于4时，则结束循环。

**例3-9**  BreakDemo.java

```java
1   public class BreakDemo {
2       public static void main(String[] args) {
3           // 当循环值为 4 时跳出循环
4           for (int i = 0; i < 10; i++) {
5               if (i <= 4) {
6                   break;
7               }
8               System.out.println(" 当前的循环值为 : " + i);
9           }
10      }
11  }
```

以上代码中，循环控制值从0开始循环，当不等于4时，执行打印语句，当循环控制值等于4时，执行break结束循环，其运行结果如图3-20所示。

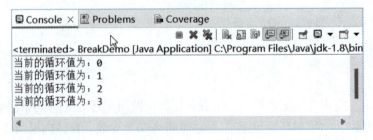

图 3-20  break 语句

## 2. continue 语句

continue语句用于跳过当前循环的剩余部分，并开始下一次迭代。在for或while语句中，如果遇到continue语句，当前循环的剩余部分将不会被执行，并且会立即开始下一次循环迭代。

接下来，通过打印出for嵌套循环的控制值案例，当内外循环控制值都等于3时，则跳过外层循环的当前循环，演示continue语句的具体用法，如例3-10所示。

例3-10　ContinueDemo.Java

```
1  public class ContinueDemo {
2      public static void main(String[] args) {
3  
4          for (int i = 0; i < 5; i++) {
5              for (int j = 0; j < 5; j++) {
6                  if (i == 3 && j == 3) {
7                      continue;          //跳过外层循环的当前迭代
8                  }
9                  System.out.print("(" + i + ", " + j + ") ");
10             }
11             System.out.println();
12         }
13     }
14 }
```

上述代码中，当内外循环控制值都等于3时，则跳出当前的内循环，其运行结果如图3-21所示。

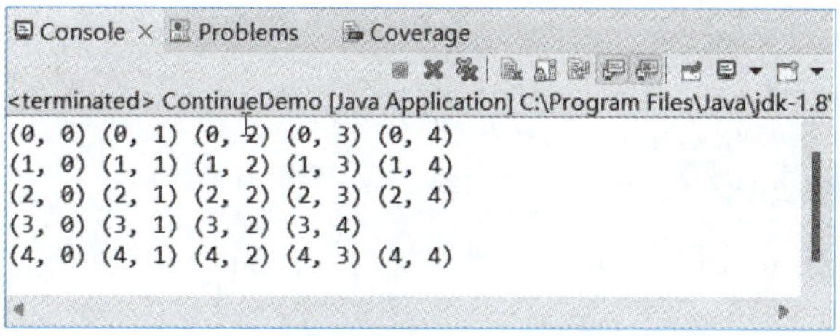

```
□ Console ×  □ Problems   □ Coverage
                         ■ ✖ ❊ |  ▣ ▤ | ▦ ▧ ▨ ▩ | ▣ ▫ ▬ ▭ ▪ ▾
<terminated> ContinueDemo [Java Application] C:\Program Files\Java\jdk-1.8
(0, 0) (0, 1) (0, 2) (0, 3) (0, 4)
(1, 0) (1, 1) (1, 2) (1, 3) (1, 4)
(2, 0) (2, 1) (2, 2) (2, 3) (2, 4)
(3, 0) (3, 1) (3, 2) (3, 4)
(4, 0) (4, 1) (4, 2) (4, 3) (4, 4)
```

图 3-21　continue 语句

虽然break和continue语句都用于控制循环的流程，但它们的作用截然不同。break语句用于完全结束循环，而continue语句用于结束当前迭代并继续下一次迭代。

## 3. return 语句

return语句用于从方法中退出，并可返回一个值。在循环中使用return语句可以提前结束循环执行。

接下来通过判断for循环中当循环控制等于3时，则结束当前循环的案例演示return语句的具体用法，如例3-11所示。

例3-11　ReturnDemo.java

```
1  public class ReturnDemo {
2      public static void main(String args[]) {
3          for (int i = 0; i < 6; i++) {
4              if (i == 3) {
5                  return;
6              }
```

```
 7              System.out.println("return后的输出语句, i值为: " + i);
 8          }
 9      }
10  }
```

上述代码中，当i值小于且不等于3时，执行打印语句，当i值等于3时则跳出循环，其运行结果如图3-22所示。

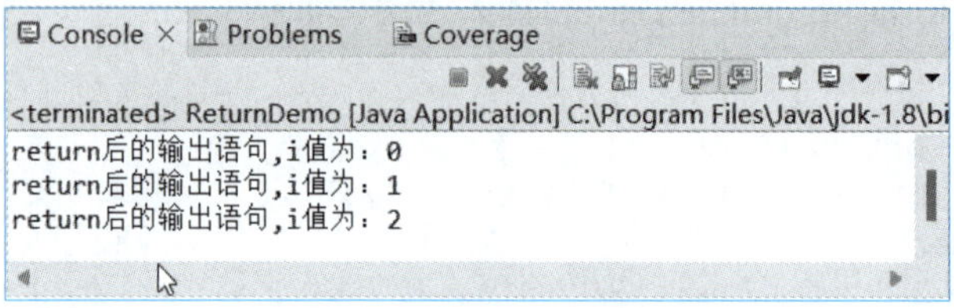

```
<terminated> ReturnDemo [Java Application] C:\Program Files\Java\jdk-1.8\bi
return后的输出语句,i值为: 0
return后的输出语句,i值为: 1
return后的输出语句,i值为: 2
```

图 3-22  return 语句

**4. 标签循环跳转**

标签循环跳转是一种高级的编程技术，它允许程序员在循环中使用标签（labels）来标记循环的开始和结束，并通过break或continue语句控制循环的执行。标签循环跳转通常与嵌套循环一起使用，以便在满足特定条件时直接跳转到循环的顶层或特定位置。

1）使用标签的break语句

使用标签的break语句可以用于跳出指定的循环。当break语句后面跟有一个标签时，它将退出由该标签标记的循环。如果没有标签，它将退出当前最内层循环，例如：

```
 1  outerLoop:
 2  for (int i = 0; i < 10; i++) {
 3      innerLoop:
 4      for (int j = 0; j < 10; j++) {
 5          if (i == 5 && j == 5) {
 6              break innerLoop;          // 跳出内层循环
 7          }
 8          System.out.println("i: " + i + ", j: " + j);
 9      }
10      if (i == 5) {
11          break outerLoop;              // 跳出外层循环
12      }
13  }
```

2）使用标签的continue语句

使用标签的continue语句可以用于跳过指定循环的剩余部分，并直接进入下一次迭代。当continue语句后面跟有一个标签时，它将跳过由该标签标记的循环的剩余部分。如果没有标签，它将跳过当前最内层循环的剩余部分，并进入下一次迭代，例如：

```
 1  outerLoop:
 2  for (int i = 0; i < 10; i++) {
 3      innerLoop:
 4      for (int j = 0; j < 10; j++) {
 5          if (i == 5 && j == 5) {
 6              continue innerLoop;       // 跳过内层循环的剩余部分
 7          }
 8          System.out.println("i: " + i + ", j: " + j);
 9      }
```

```
10        if (i == 5) {
11            continue outerLoop;        // 跳过外层循环的剩余部分
12        }
13  }
```

标签语句的具体用法，如例3-12所示，实现一个购物车主菜单。

**例3-12    MainMenu.Java**

```
1   import java.util.Scanner;
2   public class MainMenu {
3       public static void main(String[] args) {
4           Scanner scanner = new Scanner(System.in);
5           boolean running = true;
6           mainMenu:                    // 主菜单循环的标签
7           while (running) {
8               System.out.println("请选择一个选项：");
9               System.out.println("1. 查看商品");
10              System.out.println("2. 结算");
11              System.out.println("3. 退出");
12              int choice = scanner.nextInt();
13              switch (choice) {
14                  case 1:
15                      System.out.println("查看商品...");
16                      break;
17                  case 2:
18                      System.out.println("结算...");
19                      break;
20                  case 3:
21                      System.out.println("退出程序。");
22                      running = false;     // 设置运行状态为 false，退出主循环
23                      break mainMenu;      // 跳出主菜单循环
24                  default:
25                      System.out.println("无效选项，请重新选择。");
26              }
27          }
28          scanner.close();
29      }
30  }
```

上述代码中，只要用户不选择输入退出，程序会一直运行，直到用户输入"3"执行break mainMenu标签跳转，结束当前循环，其运行结果如图3-23所示。

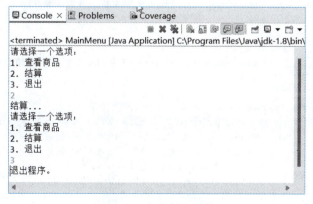

图 3-23  标签循环跳转

任务实现

实施步骤

（1）使用double和int数据类型变量存储用户初始储值金额、商品库存初始数量。

（2）使用while设计程序主菜单，保持程序持续运行。

（3）使用switch处理用户菜单选择，使用switch嵌套处理用户购买商品。

（4）处理购买，检查用户储值余额，然后执行充值或购买操作；设计购买逻辑，包括商品库存动态、用户余额动态检查。

（5）显示商品，动态显示当前各类商品的库存数量。

代码实现

VendingMachine.java

```java
import java.util.Scanner;

public class VendingMachine {
    public static void main(String[] args) {
        Scanner scanner = new Scanner(System.in);
        double balance = 200;         // 用户余额
        int colaCount = 10;           // 可乐数量
        int sodaCount = 15;           // 汽水数量
        int juiceCount = 8;           // 果汁数量
        while (true) {                // 自动贩卖机循环
            System.out.println("\n 欢迎光临神奇自动贩卖机！ ");
            System.out.println(" 当前余额： " + balance);
            System.out.println(" 请选择操作： ");
            System.out.println("1. 充值 ");
            System.out.println("2. 购买饮料 ");
            System.out.println("3. 查看剩余饮料 ");
            System.out.println("4. 退出 ");
            int choice = scanner.nextInt();
            scanner.nextLine();       // 读取并丢弃换行符
            switch (choice) {
            case 1:
                System.out.print(" 请输入充值金额： ");
                double amount = scanner.nextDouble();
                balance += amount;
                System.out.println(" 充值成功，当前余额： " + balance);
                break;
            case 2:
                if (balance == 0) {
                    System.out.println(" 余额不足，请先充值。 ");
                    break;
                }
                System.out.println("\n 饮料菜单：");
                System.out.println("1. 可乐 (5元) - 剩余 " + colaCount + " 瓶");
                System.out.println("2. 汽水 (3元) - 剩余 " + sodaCount + " 瓶");
                System.out.println("3. 果汁 (6元) - 剩余 " + juiceCount + " 瓶");
                System.out.print(" 请输入您的选择： ");
                int drinkChoice = scanner.nextInt();
                scanner.nextLine();
                switch (drinkChoice) {
```

```java
                    case 1:
                        if (colaCount > 0 && balance >= 5) {
                            colaCount--;
                            balance -= 5;
                            System.out.println("购买可乐成功! 剩余余额: " + balance);
                        } else {
                            if (colaCount == 0) {
                                System.out.println("可乐库存不足, 无法购买。");
                            } else {
                                System.out.println("余额不足, 无法购买。");
                            }
                        }
                        break;
                    case 2:
                        if (sodaCount > 0 && balance >= 3) {
                            sodaCount--;
                            balance -= 3;
                            System.out.println("购买汽水成功! 剩余余额: " + balance);
                        } else {
                            if (sodaCount == 0) {
                                System.out.println("汽水库存不足, 无法购买。");
                            } else {
                                System.out.println("余额不足, 无法购买。");
                            }
                        }
                        break;
                    case 3:
                        if (juiceCount > 0 && balance >= 6) {
                            juiceCount--;
                            balance -= 6;
                            System.out.println("购买果汁成功! 剩余余额: " + balance);
                        } else {
                            if (juiceCount == 0) {
                                System.out.println("果汁库存不足, 无法购买。");
                            } else {
                                System.out.println("余额不足, 无法购买。");
                            }
                        }
                        break;
                    default:
                        System.out.println("无效的选择。");
                }
                break;
            case 3:
                System.out.println("\n剩余饮料: ");
                System.out.println("可乐: 剩余 " + colaCount + " 瓶");
                System.out.println("汽水: 剩余 " + sodaCount + " 瓶");
                System.out.println("果汁: 剩余 " + juiceCount + " 瓶");
                break;
            case 4:
                System.out.println("感谢使用! 再见! ");
                return; // 退出循环
            default:
                System.out.println("无效的选择。");
        }
    }
```

```
96        }
97    }
```

以上自动贩卖机的功能代码，综合运用了流程控制语句、变量、循环和条件判断等Java基础知识，采用while循环构建主流程，使用switch语句处理用户选择，使用if语句和switch语句实现各种条件判断，应对不同的情况，并在购买商品时更新库存，模拟了实际场景中的商品数量变化，其运行效果如图3-24所示。

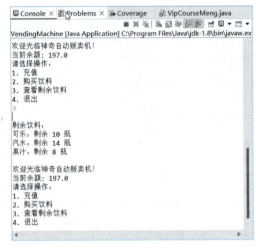

图 3-24　自动贩卖机

## 任务3.4　购买餐饮罐装燃气

### 任务描述

设计一个简单的燃气购买系统，用户可以按照罐型购买不同品类的燃气罐，假设燃气罐分为三种，并使用数组保存其信息：小型（50元）、中型（100元）、大型（150元）。系统根据用户的选择品类和数量计算总价，当用户输入"q"结束购买，购买结束后，系统统计并输出用户购买的燃气罐类型、数量和总价。

### 相关知识

## 3.4　方法与数组

方法（又称函数）是特定功能的一段通用代码块。在程序设计过程中方法能有效提高程序的复用性和可读性。方法不调用不执行，方法之间不能互相嵌套，并且方法的执行顺序只和调用顺序有关。

在Java中数组是相同类型元素的集合。在一个数组中，数组元素的类型是唯一的，即一个数组中只能存储同一种数据类型的数据，而不能存储多种数据类型的数据，数组一旦定义好就不可以修改长度，因为数组在内存中所占大小是固定的，所以数组的长度不能改变，如果要修改就必须重新定义一个新数组或者引用其他数组，因此数组的灵活性较差。

### 3.4.1 方法的定义

在Java中，方法就像是一个功能模块，它将一系列代码组织起来，用于完成特定的任务。我们可以将方法看作程序中的"小工具"，它们可以被重复调用，从而避免代码冗余，提高代码的可读性和可维护性。

方法的基本语法格式：

```
访问权限修饰符 [其他修饰符 如static] 返回值类型 方法名（参数类型1 参数名1,参数类型2 参数名2,...）{ //形参列表
    //方法体
    执行语句
    return 返回值;
}
```

方法的语法格式说明：

- 修饰符：方法的修饰符比较多，有对访问权限进行限定的public、private、protected，有静态修饰符static、最终修饰符final等。
- 返回值类型：该方法最终返回结果的数据类型，方法的返回值必须为方法声明的返回值类型，如果方法中没有返回值，返回值类型要声明为void，此时，方法中return语句可以省略。
- 方法名：见名知意，首字母小写，遵守驼峰命名法，方便调用。
- 参数类型：用于限定调用方法时传入参数的数据类型。
- 参数名：是一个变量，用于接收调用方法时传入的数据。
- 参数列表：用于描述方法在被调用时需要接收的参数，如果方法不需要接收任何参数，则参数列表为空，即()内不写任何内容。
- 方法体语句：就是完成功能的代码。
- return：用于结束方法以及返回方法指定类型的值。
- 返回值：被return语句返回的值，该值会返回给调用者。

return说明：

- 若当前方法无返回值类型，即返回值类型是void，那么当前方法中可以不写return语句。
- return返回值时，执行一次只能返回一个值，不可以同时返回多个值。
- 一个方法中可以运用诸如判断语句设计多个return语句，但只有唯一return语句被执行。

接下来，通过一个判断数字奇偶性的案例演示方法的具体用法。用户通过键盘输入一个整数，将整数传递到另外一个方法中，在此方法中判断这个整数的奇偶性，如果是偶数，方法返回"偶数"，否则返回"奇数"，如例3-13所示。

例3-13　MainMethod.java

```
1  import java.util.Scanner;
2  public class MainMethod {
3      public static void main(String[] args) {
4          Scanner scanner = new Scanner(System.in);
```

```
5            System.out.print("请输入一个整数：");
6            int number = scanner.nextInt();
7            scanner.close();
8
9            String result = checkEvenOrOdd(number);
10           System.out.println("这个整数是：" + result);
11       }
12
13       public static String checkEvenOrOdd(int number) {
14           if (number % 2 == 0) {
15               return "偶数";
16           } else {
17               return "奇数";
18           }
19       }
20   }
```

上述代码中，在main()函数中实现从键盘接收一个数字，并调用一个实现判断数字奇偶的函数checkEvenOrOdd（int number），并接收函数返回的结果。checkEvenOrOdd（int number）函数利用对输入整数取余的运算实现，判断整数奇偶性，并将执行结果返回至调用者，其运行结果如图3-25所示。

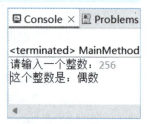

图 3-25　判断整数奇偶

### 3.4.2　变量作为实参使用

在Java中，大多数情况下，方法参数采用值传递。这意味着方法接收的是变量的值，而不是变量本身。当调用一个方法时，将变量作为实参（实际参数）传递给方法。这个过程称为参数传递。在方法内部，可以使用这些实参来执行操作。这意味着方法内部对参数的修改不会影响原始变量。

比较两个整数的大小，如果第一个比第二个大，返回true，否则返回false。变量作为实参的具体用法，如例3-14所示。

**例3-14**　ChangeValue.java

```
1    public class ChangeValue {
2        public static void main(String[] args) {
3            int num = 10;
4            changeValue(num);
5            // num 的值仍然是 10
6            System.out.println("main 函数中 num 值是：" + num);
7        }
8        public static void changeValue(int num) {
9            System.out.println("函数中接收的 num 值是：" + num);
10           num = 20;
11           System.out.println("函数中对 num 赋值后：" + num);
12           return;
13       }
14   }
```

在上述代码中，主函数定义int num = 10，并在调用changeValue(int num)函数时传递num的参数值，changeValue()函数在执行时首先打印接收到的参数值，然后对num重新赋值结束函数执行。在changeValue()函数内部对num的赋值操作，将不影响main方法中的num变量值，其运行结果如图3-26所示。

### 3.4.3 方法的重载

方法的重载是指在同一个类中定义多个同名方法，但它们的参数列表不同。重载的方法可以有不同的参数类型、参数数量或参数顺序。编译器会根据传递的参数自动选择合适的方法进行调用。

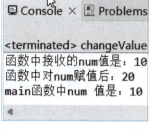

图 3-26 函数的参数使用

计算器加法运算演示方法重载，如例3-15所示。

**例3-15** Calculator.java

```
1  public class Calculator {
2      // 方法重载示例：计算两个整数的和
3      public int add(int a, int b) {
4          return a + b;
5      }
6      // 方法重载示例：计算两个浮点数的和
7      public double add(double a, double b) {
8          return a + b;
9      }
10     public static void main(String[] args) {
11         Calculator calculator = new Calculator();
12         int sum1 = calculator.add(5, 3);          // 计算整数和
13         System.out.println("整数和是：" + sum1);
14         double sum2 = calculator.add(5.5, 3.2);   // 计算浮点数和
15         System.out.println("浮点数和是：" + sum2);
16     }
17 }
```

在上述代码中，定义了两个add()函数，但两者参数个数和类型均不一样，在主函数中，根据传递给方法的参数个数和类型来调用相应的方法，其运行结果如图3-27所示。

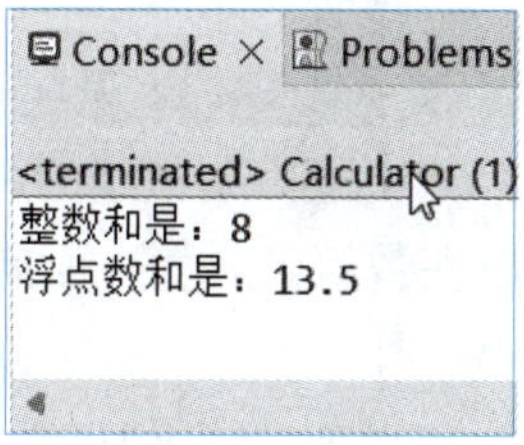

图 3-27 方法重载

### 3.4.4 方法递归调用

在一个函数、过程、方法或者数据结构的定义中，直接或间接出现定义本身的应用，则称为递归。这种调用方式可以简化复杂问题的解决过程。在Java中，方法递归调用通常涉及一个递归终止条件和一个递归调用自身的方法。

接下来，通过实现5!，演示方法递归的具体用法，如例3-16所示。

**例3-16** Factorial.java

```
1  public class Factorial {
2      // 递归终止条件
3      public static int factorial(int n) {
4          if (n == 0) {
5              return 1;
6          }
7          // 递归调用
8          return n * factorial(n - 1);
9      }
10     public static void main(String[] args) {
```

```
11              int number = 5;
12              int result = factorial(number);
13              System.out.println("5 的阶乘是: " + result);
14          }
15      }
```

上述代码中，使用递归机制计算factorial (5)的执行过程：

factorial(5)→5*factorial(4)→4*factorial(3)→3*factorial(2)→2*factorial(1)→factorial(1)，其运行结果如图3-28所示。

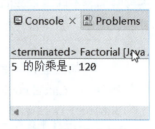

图3-28 方法递归

### 3.4.5 数组

数组（array）是一种用一个名字来标识一组有序且类型相同的数据组成的派生数据类型，它占有一片连续的内存空间。数据中的每个元素都有如下特征：

➢ 所有元素类型相同。
➢ 每个元素在数组中有一个位置，即该元素在数组中的顺序关系。Java数组元素的位置用括在方括号中的序号表示。这个序号又称下标。下标都是以0为起始计算。表示位置所需的下标个数称为数组的维数。

#### 1. 一维数组

一维数组，可以理解为只能存放一行相同数据类型的数据。在Java中如果要使用数组，需要先声明数组，然后再分配数组内存。

在Java中，声明数组的格式如下：

```
数据类型 数组名 [];
```

或者

```
数据类型 [] 数组名;
```

上述声明数组的两种格式中，"[ ]"是一维数组的标识，可放置在数组名前面，也可以放在数组名后面，面向对象更侧重放在前面，保留放在后面是为了迎合C程序员，推荐使用第一种。

例如，定义100个int类型的变量，第一个变量的名称为x[0]，第二个变量的名称为x[1]，依此类推，第100个变量的名称为x[99]，这些变量的初始值都是0。为了更好地理解数组的这种定义方式，可以将上面的描述用如下两条语句书写：

```
int[] x;                  // 声明一个 int[] 类型的变量
x = new int[100];         // 创建一个长度为 100 的数组
```

接下来，通过两张内存图来详细说明数组在创建过程中内存的分配情况。

第一行代码 int[] x;声明了一个变量x，该变量的类型为int[]，即一个int类型的数组。变量x会占用一块内存单元，它没有被分配初始值。内存中的状态如图3-29所示。

第二行代码 x = new int[100];创建了一个数组，将数组的地址赋值给变量x。在程序运行期间可以使用变量x来引用数组，这时内存中的状态会发生变化，如图3-30所示。

图3-30中描述了变量x引用数组的情况。该数组中有100个元素，初始值都为0。数组中的每个元素都有一个索引（又称角标），要想访问数组中的元素可以通过"x[0]，x[1]，…，x[98]，x[99]"形式。需要注意的是，数组中最小的索引是0，最大的索引是"数组的长

度-1"。在Java中，为了方便获得数组的长度，提供了一个length属性，在程序中可以通过"数组名.length"方式获得数组的长度，即元素的个数。

图 3-29  内存状态图一　　　　　　图 3-30  内存状态图二

数组中元素会被自动赋予一个默认值，根据元素类型的不同，默认初始化的值也是不一样的。具体见表3-2。

表 3-2　元素默认值

| 成员变量类型 | 初 始 值 | 成员变量类型 | 初 始 值 |
| --- | --- | --- | --- |
| byte | 0 | double | 0.0D |
| short | 0 | char | 空字符，'\u0000' |
| int | 0 | boolean | false |
| long | 0L | 引用数据类型 | null |
| float | 0.0F | | |

在Java中，因为数组是引用类型，使用数组之前都会对其进行初始化，声明数组只是声明一个引用类型的变量，并不是数组对象本身，只要让数组变量指向有效的数组对象，程序中就可使用该数组变量访问数组元素。

静态初始化是指在初始化数组时为数组每个元素赋值，由系统决定数组的长度。数组的静态初始化有两种方式，具体示例如下：

```
array = new int[]{1,2,3,4,5};              // 静态初始化
```

动态初始化是指由程序员在初始化数组时指定数组的长度，由系统为数组元素分配初始值。数组动态初始化的具体示例如下：

```
int[] array = new int[10];                 // 动态初始化
```

2. 二维数组

二维数组是一维数组的扩展，可以把二维数组看作特殊的一维数组，其每个元素是一个一维数组。二维数组的定义格式如下：

数组元素类型 [][] 数组名 =new 数组元素类型 [长度1][长度2];

杨辉三角是个二维图形，可以视为一个无限大的二维数组，其中每个数字都是它上方两个数字的和，用二维数组很容易解决杨辉三角问题，如例3-17所示。

例3-17　YangHuiTriangle.java

```
1  public class YangHuiTriangle {
2      public static void main(String[] args) {
3          int rows = 5;    // 定义杨辉三角形的行数
4          int[][] yangHui = new int[rows][];
5          // 初始化杨辉三角形的每一行
```

```
6        for (int i = 0; i < rows; i++) {
7            yangHui[i] = new int[i + 1];
8            // 每一行的第一个和最后一个数字都是1
9            yangHui[i][0] = yangHui[i][i] = 1;
10       }
11       // 计算杨辉三角形的其余数字
12       for (int i = 2; i < rows; i++) {
13           for (int j = 1; j < i; j++) {
14               yangHui[i][j] = yangHui[i - 1][j - 1] + yangHui[i - 1][j];
15           }
16       }
17       // 打印杨辉三角形
18       for (int i = 0; i < rows; i++) {
19           for (int j = 0; j <= i; j++) {
20               System.out.print(yangHui[i][j] + " ");
21           }
22           System.out.println();    // 每打印完一行后换行
23       }
24   }
25 }
```

在上述代码中，int[rows][]定义的二维数组，表示该二维数组的第一维数组的大小是rows，第二维数组的大小是可变的，可以有不同数量的元素。根据杨辉三角形特性，利用for循环为前两行和后面的各行填充元素，最后再次使用for循环遍历数组元素并打印，其运行结果如图3-31所示。

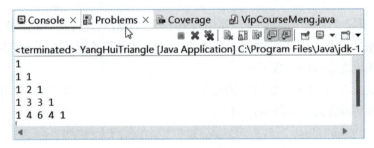

图3-31　杨辉三角形

### 3.4.6　数组的常见操作

在编写程序时数组应用非常广泛，灵活地使用数组对实际开发很重要。接下来针对数组的常见操作（如数组的遍历、最值的获取、数组的排序等）进行详细讲解。

1. 数组的遍历

在操作数组时，经常需要依次访问数组中的每个元素，这种操作称为数组的遍历。接下来通过一个案例学习使用for each 循环结构遍历数组，如例3-18所示。

例3-18　ArrayTraversalExample.java

```
1 public class ArrayTraversalExample {
2     public static void main(String[] args) {
3         // 定义一个数组，并初始化一些数据
4         int[] numbers = { 2, 5, 6, 7, 0 };
5         // 使用 for each 循环结构遍历数组
6         for (int number : numbers) {
```

```
7             // 选择结构，根据数组中的元素进行不同的操作
8             if (number % 2 == 0) {
9                 System.out.println("偶数：" + number);
10            } else {
11                System.out.println("奇数：" + number);
12            }
13        }
14    }
15 }
```

在上述代码中，使用for each循环结构遍历该数组。然后通过选择结构对每个元素判断其是否为偶数，其运行结果如图3-32所示。

图 3-32  for each 遍历数组

2. 最值的获取

在各类数据处理的过程中，获取最值是较为常见且重要的操作，在一组同类型数据中，使用数组能便捷地实现其应用。首先将该组数据的第一个数赋值给变量max和min，分别表示最大值和最小值，再依次判断数组其他数值的大小，即可得到该组数据的最大和最小值，如例3-19所示。

例3-19　ArrayGetMinMax.java

```
1  public class ArrayGetMinMax {
2      public static void main(String[] args) {
3          int[] array = {10, 20, 30, 40, 50};
4          int min = array[0];
5          int max = array[0];
6          for (int i = 1; i < array.length; i++) {
7              if (array[i] > max) {
8                  max = array[i];
9              }
10             if (array[i] < min) {
11                 min = array[i];
12             }
13         }
14         System.out.println("最小值：" + min);
15         System.out.println("最大值：" + max);
16     }
17 }
```

在上述代码中，将数组的第一个元素值分别赋值给max和min，使用for循环遍历数组，分别与max和min比较，当前值大于max，则赋值给max，当前值小于min则赋值给min，最后打印出max和min的值，其运行结果如图3-33所示。

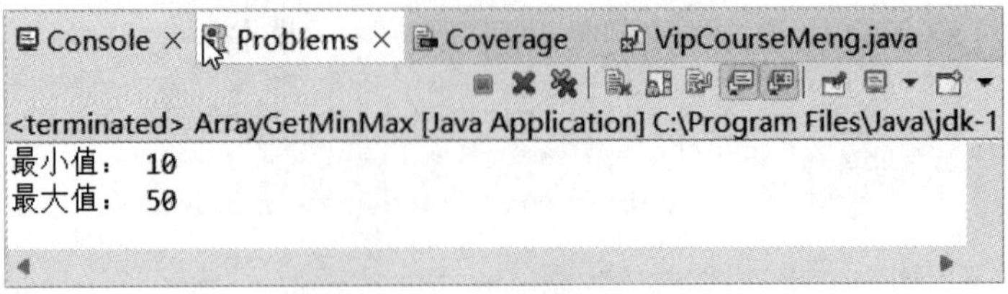

```
最小值：10
最大值：50
```

图 3-33　数组最值的获取

### 3. 数组的排序

数组的排序主要用于将数组的元素按照一定的顺序（通常是升序或降序）重新排列。在Java中，常用的排序方法包括使用Arrays.sort()方法、冒泡排序、选择排序等。Arrays.sort()方法、冒泡排序、选择排序的用法如例3-20所示。

例3-20　ArraySort.java

```java
import java.util.Arrays;
public class ArraySort {
    public static void main(String[] args) {
        int[] arr = { 256, 257, 31, 28 ,29};
        System.out.println("原始数组：");
        printArray(arr);
        bubbleSortDescending(arr);
        System.out.println("冒泡排序（降序）后的数组：");
        printArray(arr);

        selectionSortAscending(arr);
        System.out.println("选择排序（升序）后的数组：");
        printArray(arr);

        Arrays.sort(arr);
        System.out.println("Arrays.sort()排序后的数组：");
        printArray(arr);
    }
    // 打印数组的方法
    public static void printArray(int[] arr) {
        for (int i : arr) {
            System.out.print(i + " ");
        }
        System.out.println();
    }
    // 冒泡排序（降序）方法
    public static void bubbleSortDescending(int[] arr) {
        for (int i = 0; i < arr.length - 1; i++) {
            for (int j = 0; j < arr.length - 1 - i; j++) {
                // 如果前一个元素小于后一个元素，则交换位置
                if (arr[j] < arr[j + 1]) {
                    int temp = arr[j];
                    arr[j] = arr[j + 1];
                    arr[j + 1] = temp;
                }
            }
        }
    }
    // 选择排序（升序）方法
```

```
40      public static void selectionSortAscending(int[] arr) {
41          for (int i = 0; i < arr.length - 1; i++) {
42              int minIndex = i;                // 记录最小值的下标
43              for (int j = i + 1; j < arr.length; j++) {
44                  // 如果当前元素小于最小值,则更新最小值的下标
45                  if (arr[j] < arr[minIndex]) {
46                      minIndex = j;
47                  }
48              }
49              // 如果最小值的下标不等于当前下标,则交换位置
50              if (minIndex != i) {
51                  int temp = arr[i];
52                  arr[i] = arr[minIndex];
53                  arr[minIndex] = temp;
54              }
55          }
56      }
57  }
```

在上述代码中,演示冒泡排序(降序)、选择排序(升序)和Arrays.sort()方法对整数数组的排序。冒泡排序是通过相邻元素的比较和交换实现降序排列,选择排序是通过找到最小值并放到正确的位置实现升序排列,而Arrays.sort()方法是Java内置的排序方法,默认为升序排列。其运行结果如图3-34所示。

图 3-34　数组排序

## 任务实现

**实施步骤**

(1)使用for循环遍历数组并打印燃气罐的类型和价格、让用户可以选择的燃气罐品类。
(2)使用两个一维数组分别定义燃气罐的类型和价格。
(3)使用while循环,用户不断购买,直到用户输入"q"为止。
(4)在循环中,使用input.matches("\\d+")检测用户输入的是否为整数;使用跳转语句和标签来处理用户输入无效的情况,直接重新开始循环。
(5)结束购买后,输出用户购买的燃气罐类型、数量和总价。

**代码实现**

GasPurchaseSystem.java

```
1  import java.util.Scanner;
2  public class GasPurchaseSystem {
```

```java
3      public static void main(String[] args) {
4          Scanner scanner = new Scanner(System.in);
5          String[] gasTypes = {"小型", "中型", "大型"};
6          int[] prices = {50, 100, 150};
7          int total = 0;
8          int[] quantities = new int[3];      // 记录每种燃气罐的数量
9          // 打印燃气罐类型和价格
10         System.out.println("燃气罐类型和价格:");
11         for (int i = 0; i < gasTypes.length; i++) {
12             System.out.println((i + 1) + ". " + gasTypes[i] + " (" + prices[i] + "元)");
13         }
14         outerLoop:
15         while (true) {
16             System.out.println("请输入燃气罐类型编号购买, 输入 'q' 结束购买:");
17             String input = scanner.nextLine();
18             // 判断是否结束购买
19             if ("q".equalsIgnoreCase(input)) {
20                 break;
21             }
22             // 判断用户输入的编号是否有效
23             int type;
24             if (input.matches("\\d+")) {  // 使用正则表达式判断输入是否为数字
25                 type = Integer.parseInt(input) - 1;
26                 if (type < 0 || type >= gasTypes.length) {
27                     System.out.println("无效的燃气罐类型编号, 请重新输入! ");
28                     continue outerLoop;
29                 }
30             } else {
31                 System.out.println("无效的燃气罐类型编号, 请重新输入! ");
32                 continue outerLoop;
33             }
34             // 获取用户购买数量
35             System.out.println("请输入购买数量: ");
36             int quantity;
37             if (scanner.hasNextInt()) {    // 判断输入是否为整数
38                 quantity = scanner.nextInt();
39                 scanner.nextLine();
40                 if (quantity <= 0) {
41                     System.out.println("无效的购买数量, 请重新输入! ");
42                     continue outerLoop;
43                 }
44             } else {
45                 System.out.println("无效的购买数量, 请重新输入! ");
46                 scanner.nextLine();
47                 continue outerLoop;
48             }
49             // 计算总价并记录数量
50             total += prices[type] * quantity;
51             quantities[type] += quantity;
52         }
53         // 输出购买的燃气罐类型、数量和总价
54         if (total > 0) {
55             System.out.println("购买结束! ");
56             for (int i = 0; i < gasTypes.length; i++) {
57                 if (quantities[i] > 0) {
58                     System.out.println(gasTypes[i] + "燃气罐 x " + quantities[i]);
```

```
59                  }
60              }
61              System.out.println("总价为：" + total + "元");
62          } else {
63              System.out.println("没有购买任何燃气罐，欢迎下次光临！");
64          }
65      }
66  }
```

首先定义两个一维数组，表示燃气罐类型和价格，然后遍历打印各自的元素；购买菜单使用while和标签设成死循环，除非接收"q"指令，才退出循环，在循环中记录用户购买过的燃气类型和数量，在退出时打印购买的燃气罐类型、数量和总价。其运行结果如图3-35所示。

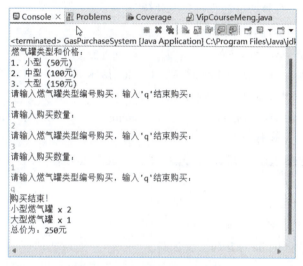

图 3-35　购买餐饮罐装燃气

## 小　结

本单元的学习内容主要围绕程序设计的逻辑结构基础展开，逐步讲解了Java语言中的顺序结构、选择结构、循环结构以及方法与数组的概念和使用方法。通过学习本单元内容，能够依据程序设计需求和逻辑熟练使用顺序结构、选择结构、循环结构以及方法与数组，将一个复杂的程序简化成若干个方法来实现；如遇到需要定义多个相同类型的变量时，可以使用数组。逐步引导学习者深入理解程序设计的逻辑结构。

## 习　题

一、填空题

1. 在Java程序中，最基本的程序设计结构是_____结构，它按照代码的先后顺序执行。

2. 在if…else选择结构中，如果_____条件为真，则执行if语句块，否则执行else语句块。

3. 在 while 循环中，当＿＿＿＿为 true 时，循环体内的代码会重复执行。

4. 在 for 循环中，初始化语句通常用来＿＿＿＿，条件表达式用来判断循环是否继续，迭代语句用来更新循环变量。

5. Java 中的数组是一种＿＿＿＿，它可以存储多个相同类型的数据。

## 二、选择题

1. 以下关键字用于定义一个选择结构的是（　　）。
   A. if　　　　B. switch　　　　C. while　　　　D. for

2. 下列关于多重 if 选择结构的说法正确的是（　　）。
   A. 如果有一个条件为真，则后面的条件不再判断
   B. 所有条件都会被判断
   C. 只有第一个条件为真的代码块会被执行
   D. 所有条件为真的代码块都会被执行

3. 以下循环至少执行一次的是（　　）。
   A. while 循环　　B. do...while 循环　　C. for 循环　　D. for each 循环

4. 在 Java 中，用于跳出当前循环的关键字是（　　）。
   A. break　　　　B. continue　　　　C. return　　　　D. exit

5. 以下是数组常见操作的是（　　）。
   A. 初始化数组　　B. 访问数组元素　　C. 修改数组元素　　D. 所有以上选项

## 三、简答题

1. 简述顺序结构在 Java 程序中的作用。

2. 简述 if...else 选择结构的使用场景。

3. 简述 for 循环和 while 循环的主要区别。

## 四、编程题

1. 编写一个 Java 程序实现数字反转，接收用户输入的一个正整数，然后反转这个数字并输出。例如，输入 12345，输出 54321。

2. 编写一个 Java 程序实现素数判断，接收用户输入的一个正整数，判断这个数是否为素数，并输出结果。素数是指大于 1 的自然数，除了 1 和它本身外，不能被其他自然数整除的数。

# 单元 4

# 面向对象编程基础

## 单元内容

面向对象编程（object-oriented programming，OOP）是一种编程范式，本质是：以对象的形式封装数据，以类的方式组织代码，来设计应用程序。本单元将介绍面向对象的基本概念，包括类、对象、继承、多态、异常、包的使用等，从而更深入地理解面向对象程序开发的理念和方法，逐步建立面向对象程序设计的编程思想与编程方法。

面向对象编程基础

## 学习目标

【知识目标】
- 理解面向对象编程的基本概念。
- 掌握类的定义和对象的使用。
- 学会构造方法的重载和封装的实现。
- 了解继承和多态的实现机制。
- 理解异常的概念，掌握异常处理的基本方法。
- 理解抽象类和接口的定义及其使用。
- 理解包的概念，掌握包构建项目的基本方法。

【能力目标】
- 能够创建和使用类与对象。
- 能够编写构造方法并实现封装。
- 能够实现类的继承和多态。
- 能够编写异常处理的语句块，捕获并处理异常。
- 能够定义和使用抽象类和接口。
- 能够使用包构建和管理项目结构和代码。

【素质目标】
◎ 培养学生的抽象思维能力。
◎ 提高学生解决问题的能力。
◎ 增强学生的代码组织和设计能力。

## 任务4.1 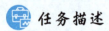 在线课程管理系统——设计课程类

### 任务描述

阅读并理解Java编程中，面向对象编程的基本概念、其优势和封装、继承、多态基本原则，理解类与对象的概念和关系，使用类成员变量、类成员方法、构造方法设计在线课程管理系统的课程类，包含课程的课程名、教师名、时长、价格等基本信息，并在控制台输出课程信息。

### 相关知识

## 4.1 面向对象编程概述

### 4.1.1 面向对象编程的定义

面向对象编程（OOP）是将数据和操作封装在一起的编程方法，通过对象和类来组织代码。比如需要编写一个车辆驾驶的程序。在面向过程编程中，需要编写一系列函数来控制车辆的操作，如启动引擎()、加速()、刹车()等。而在面向对象编程中，则需创建一个"小轿车"对象，使其拥有自己的属性（颜色、型号、速度）和方法（启动引擎、加速、刹车）。

为了更好地理解 OOP，下面将其与传统的"面向过程编程"做个比较：

1. 面向过程编程
   - 将程序视为一系列指令的集合，按顺序执行。
   - 关注的是程序的功能"如何做"，即步骤和流程。
   - 容易导致代码冗余，难以维护和扩展。
2. 面向对象编程
   - 将程序视为相互作用的"对象"的集合。
   - 关注的是程序的功能"谁来做"，即对象及其职责。
   - 提高代码重用性，更易维护和扩展。

### 4.1.2 面向对象编程的优势

面向对象编程（OOP）是Java语言的核心，它提供了一种强大的方法来组织和管理代码，使开发更易于维护、扩展和理解。Java中面向对象编程的主要优势如下：

1. 模块化和代码重用性

模块化和代码重用性是提高开发效率和维护性的关键。模块化将程序分解为独立的模块，提高了代码的可读性和可维护性，并允许并行开发和单独测试。这通过包和类的组织实现。而代码重用性减少了重复劳动，节省了开发时间，降低了错误引入的可能性，确保了功能的一致性。在Java中，代码重用通过继承、接口、方法和类的合理使用来实现。这些原则共同提升了程序的稳定性和一致性，是高效软件开发的重要基础。

2. 代码可维护性和可扩展性

松散耦合：OOP鼓励创建松散耦合的模块，这意味着不同模块之间的依赖性较低。这使得修改或扩展一个模块而不影响其他模块变得更加容易。

易于调试：由于OOP将代码组织成独立的模块，因此更容易隔离和修复错误。

代码可读性：OOP通过使用类、对象和方法等概念，使代码更易于阅读和理解，即使对于大型项目也是如此。

3. 数据安全性和可靠性

数据隐藏：OOP的封装特性可以保护数据免受意外修改。通过将数据隐藏在类的内部，可以确保数据只能通过定义良好的接口进行访问和修改。

代码安全性：OOP的封装和继承特性可以提高代码的安全性，防止恶意代码访问或修改敏感数据。

4. 更接近现实世界的建模

对象和类：OOP允许使用对象和类来对现实世界进行建模，使代码更直观易懂。

抽象：OOP的抽象特性允许开发人员专注于对象的本质特征，而忽略不必要的细节，从而简化问题建模。

5. 大规模项目的优势

团队合作：OOP允许将大型项目分解成更小的模块，方便团队成员分工合作，提高开发效率。

设计模式：OOP支持使用设计模式，这是一种解决常见软件设计问题的模板，可以帮助开发人员构建更健壮和可维护的应用程序。

### 4.1.3 面向对象编程的基本原则：封装、继承、多态

OOP的基本原则包括封装、继承和多态。这些原则帮助我们在编程时更好地模拟现实世界中的对象和关系。

1. 封装

封装（encapsulation）是面向对象编程的核心原则之一。它指的是将数据和操作数据的方法组合在一起，隐藏内部实现细节，只暴露给外部有限的接口。这样，外部只能通过这些接口来访问和修改对象的状态，而不能直接访问和修改对象的内部数据。封装的目的是保护数据的完整性，防止外部直接干扰，确保对象的状态一致性。在Java中，通过将成员变量设置为私有（private）来实现封装，并提供公共（public）方法来访问和修改这些变量。这样，外部只能通过这些公共方法与对象交互，而无法直接访问对象的内部状态。

2. 继承

继承（inheritance）是面向对象编程的一个重要特性，它允许用户定义一个新的类（子

类)来继承另一个类(父类)的属性和方法。子类可以添加新的属性和方法,或者覆盖父类的方法。继承的目的是代码重用和扩展。通过继承,子类可以重用父类的代码,从而实现代码的复用。同时,子类可以根据需要添加新的属性和方法,或者覆盖父类的方法,从而实现代码的扩展。

#### 3. 多态

多态(polymorphism)是面向对象编程的另一个重要特性,它允许使用一个接口或父类来引用其子类的对象。这意味着可以编写更通用的代码,它可以在不同的对象上工作,只要这些对象实现了相同的接口或继承了相同的父类。这使得代码更加灵活和可扩展性更好。

面向对象编程的核心思想是将现实世界中的对象抽象成类,类定义了对象的属性和行为。通过创建类的实例,可以创建多个具有相同属性和行为的对象。这种编程范式适用于解决复杂的问题,并且能够提高代码的可复用性和可维护性。

## 4.2 类与对象

对象是面向对象程序设计的核心概念,即类和对象。我们放眼所及的物理实体均可以视为对象,楼宇、车辆、植物、行人等都可以看作对象。其中,类是对某一类事物的抽象描述,而对象用于表示现实中该类事物的个体。比如把所有能够进行光合作用的生物都称为植物,可使用图例来抽象描述类与对象的关系,如图4-1所示。

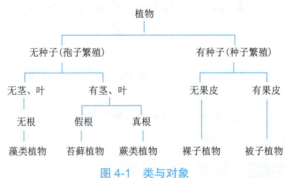

图 4-1 类与对象

在图4-1中,植物作为一个统称,可看成为类,底层节点可看作对象,从植物类别的关系便可以看出类与对象之间的关系。类用于描述多个对象的共同特征,它是对象的模板。对象用于描述现实中的个体,它是类的实例。从图4-1中可以明显看出对象是根据类创建的,并且一个类可以对应多个对象。

### 4.2.1 类(class)

在Java中,对象(object)是现实存在的具体实体,具有明确的特征(属性)和行为,现实世界中任何一个具体的物理实体,都可以看作一个对象。类是具有相同属性和行为的一组对象的集合。

类用于描述多个对象的共同特征,它是对象的模板。对象用于描述现实中的个体,它是类的实例。

一般可以理解为：
- 类就是对现实事物的一种描述。
- 类是对现实生活中一类具有共同属性和行为的事物的抽象。
- 类是对象的数据类型，类是具有相同属性和行为的一组对象的集合。

### 4.2.2 类的定义

若需在程序中创建对象，首先需要定义一个类。类中可以定义成员变量和成员方法，其中成员变量用于描述对象的特征，又称属性，成员方法用于描述对象的行为，简称方法。

类是由属性和行为两部分组成：
- 属性：在类中通过成员变量来体现（类中方法外的变量）。
- 行为：在类中通过成员方法来体现（和前面的方法相比去掉static关键字即可）。

定义类可分如下三步完成：
- 定义类名。
- 编写类的成员变量。
- 编写类的成员方法。

定义类的语法格式如下：

```
public class 类名 {
    // 成员变量
    变量1的数据类型 变量1;
    变量2的数据类型 变量2;
    …
    // 成员方法
    方法1;
    方法2;
}
```

语法格式说明：
- class前的public修饰符可以没有，也可以有多个，用来限定类的使用方式或范围。
- class是Java关键字，表明其后定义的是一个类。类名是用户为该类所起的名字，它应该是一个合法的标识符，并尽量遵从命名约定（如类名的第一个字母一般为大写）。
- Java类定义格式包括类声明和类主体两部分。类主体中的每个变量要声明其类型；方法不仅要进行声明，还要定义其实现。

接下来通过定义植物分类名和编号案例来学习如何定义类，如例4-1所示。

例4-1  Plant.java

```
1  public class plant {
2      String name;
3      int number;
4      void callback() {
5          System.out.println("分类名" + name + "分类编号" + number);
6      }
7  }
```

上述代码定义了一个植物分类。其中，plant是类名，name、number是成员变量，callback()是成员方法。成员方法和成员变量的使用方法后续内容中进行讲解。

### 4.2.3 成员变量与局部变量

成员变量（又称实例变量或属性）是定义在类中的变量，它们用于存储类的状态或信息。每个类的实例（即类的对象）都可以有自己的成员变量值。类成员变量可以是基本数据类型（如int、double、boolean等）或引用类型（如String、ArrayList等）。类成员变量是类的组成部分，定义成员变量的语法格式如下：

> 访问修饰符 数据类型 变量名；

类成员变量可以通过访问控制符来定义其访问权限，Java提供了以下访问控制符：
- public：公共访问权限，允许在任何地方访问。
- private：私有访问权限，只能在类内部访问。
- protected：受保护的访问权限，可以在同一个包内或子类中访问。
- 默认（无修饰符）：默认访问权限，可以在同一个包内访问。

局部变量仅作用在局部区域中，从定义开始到大括号或return结束，作用的范围结束时变量空间会自动释放，生命周期短。局部变量可以先定义再初始化，也可以定义的同时初始化，局部变量没有默认初始值，必须要初始化值后才能使用。

成员变量和局部变量的区别见表4-1。

表 4-1 成员变量和局部变量的区别

| 区 别 | 成 员 变 量 | 局 部 变 量 |
| --- | --- | --- |
| 作用域 | 整个类 | 在其所属的方法、构造函数或代码块内 |
| 存储位置 | 堆内存 | 栈内存 |
| 生命周期 | 与对象相同，当对象被销毁时才会释放 | 仅限于其所属方法、构造函数或代码块的执行期间 |
| 类中声明的位置 | 类中方法外 | 通常在方法中 |
| 默认值 | 有默认初始值（如 int 类型为 0） | 没有默认初始值，必须初始化后才能使用 |

接下来通过一个案例来学习如何定义成员变量和局部变量，如例4-2所示。

例4-2　MyClass.java

```
1  public class MyClass {
2      private int myInt;          // 私有整型变量
3      private String myString;    // 私有字符串变量
4      public double myDouble;     // 公共双精度浮点变量
5      public void myMethod() {
6          int num = 10;           // 局部变量
7          System.out.println(num);
8      }
9  }
```

在上述代码中，定义了一个名为 MyClass的Java类，该类包含了三个成员变量，myInt、myString和myDouble；myInt、myString为类的私有变量，只能在MyClass类的内部被访问和修改；myDouble与前两个变量不同，它是公共变量，因此它不仅限于MyClass类的内部使用，可以在任何地方被访问和修改。在myMethod()方法中，定义了一个局部变量num，该变量只能在myMethod()方法中使用。

### 4.2.4 成员方法

类成员方法是指在类内部定义的函数，用于执行操作。类成员方法可以返回值，也可以不返回值。它们是类的操作或行为的体现。方法名是方法的名称，用于标识这个方法。参数列表是指传递给方法的变量列表，它们用于接收传递给方法的值。方法体是方法执行的代码块，包含方法的具体操作。成员方法的返回类型是指方法执行后返回值的类型，可以是基本数据类型或引用数据类型。

定义类成员方法的语法格式如下：

```
访问修饰符 数据类型 变量名 (// 参数列表){
    //局部变量
    //方法体
}
```

成员方法内部也可以定义变量，这个变量称为局部变量，局部变量在方法被执行时创建，在程序执行结束时被销毁，局部变量在使用时必须进行赋值操作或被初始化，否则会出现编译错误，类成员方法也可以通过访问控制符来定义其访问权限。

接下来通过一个加法计算案例来学习如何使用成员方法，如例4-3所示。

**例4-3** Calculator.java

```
1  public class Calculator {
2      private int result; // 私有变量，表示计算结果
3      // 定义一个方法用于执行加法操作
4      public void add(int num1, int num2) {
5          result = num1 + num2;
6          // 输出计算结果
7          System.out.println("计算结果为：" + result);
8      }
9  }
```

在上述代码中，result为类的私有变量，接收加法计算结果，void add(int num1, int num2)为一个公共的成员方法实现加法计算，并将计算结果输出到控制台。

### 4.2.5 创建对象

一套实用型的应用程序必须具备完整的业务功能，仅依托类是不够的，还需要根据类创建实例对象。在Java程序中创建对象是通过使用new关键字和类的构造方法实现的。当创建一个对象时，Java虚拟机会给这个对象分配内存空间，并调用构造方法来初始化对象的属性。具体语法格式如下：

```
类名 对象名称 = new 类名 ();
```

创建Person类的实例对象代码如下：

```
Person p = new Person();
```

在 Main 函数中，使用new关键字创建Course对象的代码如下：

```
1  public class Main {
2      public static void main(String[] args) {
```

```
3            Course course1 = new Course(1, "Java 编程基础", "张老师", 199.9);
4            System.out.println(course1.getCourseInfo());
5        }
6    }
```

### 4.2.6 访问对象的属性和方法

在创建Person对象后，可以通过对象的引用来访问对象所有的成员，具体语法格式如下：

```
对象引用.对象成员;
对象名.成员方法();
```

上述语法格式中的"."是成员运算符，它把对象名和成员名连接起来，指明是哪个对象的哪个成员。在所有的运算符中"."运算符的优先级别最高。

接下来通过一个案例来学习如何访问对象的属性和方法，如例4-4所示。

例4-4  Student.java

```
1  public class Student {
2      // 成员变量
3      String name;
4      String subject;
5      // 成员方法
6      public void study() {
7          System.out.println(name + "学习的是Java程序设计课程。");
8      }
9      public void doSomething() {
10         System.out.println(subject + "的阶段性成绩优秀。");
11     }
12     // 访问学生
13     public static void main(String[] args) {
14         // 创建对象
15         Student s = new Student();
16         // 使用对象
17         s.name = "林*霞";
18         s.subject = "软件应用技术";
19         System.out.println(s.name + "," + s. subject);
20         s.study();
21         s.doSomething();
22     }
23 }
```

在上述代码中，定义了两个类，Student类为实体类，共有两个字符型成员变量name和subject，用来描述实体的属性和行为；Student为主类，其中包含一个main()方法，该方法创建了一个Student类对象，并打印出学习和成绩状态的学习信息。两个类可以分别存放在两个源程序文件中，也可以存放在同一个文件中。运行结果如图4-2所示。

图4-2  学习信息

## 4.2.7 构造方法

构造方法是类的一个特殊成员，它会在类实例化对象时被自动调用，用于创建对象并初始化其成员变量。每个类都有至少一个构造函数，当使用new关键字创建一个类的实例时，Java虚拟机会调用相应的构造函数为对象分配内存空间，并设置成员变量的初始值。

定义构造函数的语法格式如下：

```
访问修饰符 类名 (// 参数列表) {
    // 构造函数体
}
```

在一个类中定义的方法如果同时满足以下三个条件，该方法称为构造方法，具体如下：
- 方法名与类名相同。
- 在方法名的前面没有返回值类型的声明。
- 构造方法可以被重载（即可以有多个构造方法，只要它们的参数列表不同）。
- 在方法中不能使用return语句返回一个值，但是可以单独写return语句作为方法的结束。

### 1. 无参构造方法

不带任何参数的构造方法称为无参构造方法。如果一个类没有显式地定义任何构造方法，那么编译器会自动为它提供一个无参构造方法。但是，一旦类中显式地定义了任何构造方法（无论是有参还是无参），编译器就不会再自动提供无参构造方法，例如：

```
1  public class MyClass {
2      private int value;
3      // 无参构造方法
4      public MyClass() {
5          this.value = 0; // 初始化 value 为 0
6      }
7  }
```

### 2. 有参构造方法

有参构造方法接收一个或多个参数，并在创建对象时用于初始化对象的状态。通过有参构造方法，可以在创建对象时直接设置其属性，而无须创建后再进行额外的设置，例如：

```
1  public class MyClass {
2      private int value;
3      // 有参构造方法
4      public MyClass(int value) {
5          this.value = value;  // 使用传入的参数初始化 value
6      }
7  }
```

### 3. 构造方法重载

在Java中允许在一个类中定义多个构造方法，与普通方法一样，构造方法也可以重载，它们具有相同的名称（即类名）但不同的参数列表。在创建对象时，可以通过调用不同的构造方法创建类的实例，为不同的属性进行赋值，例如：

```
1  public class Person {
2      private String name;
3      private int age;
4      // 无参构造方法
```

```
5      public Person() {
6          this.name = "Unknown";
7          this.age = 0;
8      }
9      // 带一个参数的构造方法
10     public Person(String name) {
11         this.name = name;
12         this.age = 0; // 或者设置为某个默认值
13     }
14     // 带两个参数的构造方法
15     public Person(String name, int age) {
16         this.name = name;
17         this.age = age;
18     }
19     // 其他方法和属性
20 }
```

接下来通过一个算术计算案例演示如何在类中定义构造方法，如例4-5所示。

例4-5  Calculator.java

```
1  public class Calculator {
2      // 定义成员变量用于存储加法和减法的结果
3      private int sum;
4      private int difference;
5      // 构造函数，用于创建 Calculator 对象时初始化属性
6      public Calculator(int num1, int num2) {
7          // 计算加法结果
8          sum = num1 + num2;
9          // 计算减法结果
10         difference = num1 - num2;
11         // 输出计算结果
12         System.out.println("加法结果: " + sum);
13         System.out.println("减法结果: " + difference);
14     }
15     // 主方法，用于测试 Calculator 类
16     public static void main(String[] args) {
17         // 创建 Calculator 对象
18         Calculator calculator = new Calculator(5, 3);
19     }
20 }
```

在上述案例中，Calculator类中定义了两个私有成员变量sum和difference，分别用于存储加法和减法的结果。并定义了一个构造函数，它接收两个整数参数num1和num2，并在构造函数中执行加法和减法计算，然后输出到控制台。其运行结果如图4-3所示。

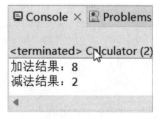

图4-3  算术计算

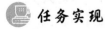

（1）创建OnlineCourse类，声明包含课程的课程名、教师、时长、价格等信息的成员变量。

（2）定义无参构造方法，初始化默认课程信息，定义有参构造方法，使用参数初始化课程信息。

（3）定义displayCourseInfo()方法，输出课程信息。

（4）在main()方法中创建OnlineCourse对象。

（5）使用无参构造方法和有参构造方法创建OnlineCourse对象，调用displayCourseInfo()方法输出课程信息。

OnlineCourse.java

```
1   public class OnlineCourse {
2       String name;
3       String teacher;
4       int duration;
5       double price;
6       // 无参构造方法
7       public OnlineCourse() {
8           this.name = "默认课程";
9           this.teacher = "默认讲师";
10          this.duration = 0;
11          this.price = 0.0;
12      }
13      // 有参构造方法
14      public OnlineCourse(String name, String teacher, int duration, double price) {
15          this.name = name;
16          this.teacher = teacher;
17          this.duration = duration;
18          this.price = price;
19      }
20      // 输出课程信息
21      public void displayCourseInfo() {
22          System.out.println("课程名称：" + name);
23          System.out.println("讲师姓名：" + teacher);
24          System.out.println("课程时长：" + duration + " 分钟");
25          System.out.println("课程价格：" + price + " 元");
26      }
27      public static void main(String[] args) {
28          // 使用无参构造方法创建对象
29          OnlineCourse course1 = new OnlineCourse();
30          course1.displayCourseInfo();
31
32          System.out.println("----------------------");
33
34          // 使用有参构造方法创建对象
35          OnlineCourse course2 = new OnlineCourse("Java 基础入门", "张老师", 120, 99.0);
36          course2.displayCourseInfo();
37      }
38  }
```

在上述代码中，使用面向对象编程的方式，通过OnlineCourse类封装课程信息，并使用构造方法和成员方法创建和管理课程信息。最后通过displayCourseInfo()方法将课程信息输出到控制台。运行结果如图4-4所示。

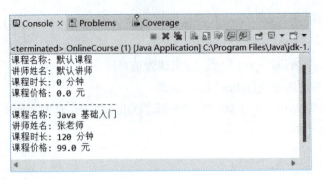

图 4-4　课程信息

## 任务4.2　在线课程管理系统——课程选课

### 任务描述

在线课程管理系统中，已经添加了若干门在线课程，并对公众开放。设计一个单例模式的课程购物车，在课程购物车中实现包含课程列表、选择课程、购买结算等功能。

### 相关知识

## 4.3　this 关键字

this关键字在Java中总是引用当前对象。在类的内部可以使用this作前缀引用成员变量、调用成员方法和构造方法。

如果局部变量与成员变量重名，则局部变量优先，同名的成员变量被隐藏。如果需要引用方法中隐藏的成员变量，可通过关键字this实现。

### 4.3.1　引用成员变量

方法中定义和成员变量同名的变量时，为了区分成员变量和局部变量，在成员变量前加上前缀this，调用被隐藏的成员变量，其语法格式如下：

```
this.成员变量名
```

### 4.3.2　调用成员方法

在一个类的方法中调用另一个方法时，可以使用this来引用当前对象，其语法格式如下：

```
this.成员方法名（参数列表）
```

### 4.3.3　调用构造方法

在一个构造方法中调用另一个构造方法，以减少代码重复和提高代码的可读性，其语法格式如下：

```
this.构造方法名（参数列表）
```

this关键字调用构造方法时：
- 在构造方法中使用this关键字时，必须作为构造方法的第一条语句。
- 只能在构造方法中使用this关键字来调用所在类中的其他构造方法。
- 只能使用this关键字调用其他构造方法，而不能使用方法名直接调用构造方法。

接下来，利用this调用类中的属性、调用成员方法、调用构造方法修改个人姓名的案例，演示this关键字的使用方法，如例4-6所示。

**例4-6** ThisPersonDemo.java

```java
public class ThisPersonDemo {
    // 实例变量
    private String name;
    private int age;
    // 构造方法1
    public ThisPersonDemo(String name, int age) {
        // 使用this调用另一个构造方法
        this(name);
        // 设置age
        this.age = age;
    }
    // 构造方法2
    public ThisPersonDemo(String name) {
        // 使用this引用实例变量name
        this.name = name;
        // 这里不设置age，因为只有一个参数的构造方法通常用于部分初始化
    }

    // 成员方法
    public void introduce() {
        // 使用this引用实例变量name和age
        System.out.println("姓名: " + this.name + "   年龄: " + this.age);
    }

    // 另一个成员方法，用于修改name
    public void setName(String newName) {
        // 使用this引用实例变量name并修改它
        this.name = newName;
    }
    public static void main(String[] args) {
        // 创建Person对象，使用两个参数的构造方法
        ThisPersonDemo person = new ThisPersonDemo("章*敏", 30);
        // 调用introduce()方法
        person.introduce();
        // 修改name并再次调用introduce()方法
        person.setName("张*敏");
        person.introduce();
    }
}
```

在上述代码中，有两个实例变量，即name和age；两个构造方法，一个接收两个参数（name和age），另一个只接收一个参数（name）；在接收两个参数的构造方法中，使用this(name)来调用接收一个参数的构造；在introduce()方法中，使用this.name和this.age来引用实例变量，并打印出自我介绍；在setName()方法中，使用this.name来引用实例变量并修改

它；在main()方法中，创建了一个Person对象，并调用了其方法，以演示this关键字在类中的使用方法，其运行结果如图4-5所示。

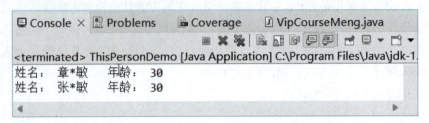

图 4-5 this 关键字的使用方法

## 4.4 static 关键字

在Java中，static关键字用于修饰类的成员，如成员变量、成员方法以及代码块，使其属于类本身，而不是类的实例。被static修饰的成员具备一些特殊性，这意味着静态成员可以在不创建类的实例的情况下被访问，并且所有类的实例共享相同的静态成员。

### 4.4.1 静态变量

静态变量（static fields）是类级别的变量，它们属于类本身，而不是类的实例。所有类的实例共享同一个静态变量。

➢ 定义：使用static关键字定义的变量称为静态变量。
➢ 访问：静态变量可以通过类名直接访问，而不需要创建类的实例。
➢ 初始化：静态变量在类加载时被初始化，它们在程序运行期间一直存在。
➢ 内存分配：静态变量在方法区中分配内存，而不是在堆中。

静态变量可以使用"类名.变量名"的形式来访问，其用法如例4-7所示。

例4-7　StaticvarCourse.java

```
1   public class StaticvarCourse {
2       public String courseName;
3       public double price;
4       public static int courseCount = 0;      // 静态变量，用于跟踪课程数量
5       public StaticvarCourse(String courseName, double price) {
6           this.courseName = courseName;
7           this.price = price;
8           courseCount++;                       // 每次创建对象时，课程数量增加
9       }
10      public static void main(String[] args) {
11          StaticvarCourse cs = new StaticvarCourse("java", 25);
12          StaticvarCourse cs2 = new StaticvarCourse("java", 25);
13          System.out.println("创建了 " + courseCount + " 个 NewCourse 对象。");
14      }
15  }
```

在上述代码中，定义了一个Course类，包含三个属性：courseName、price和一个静态变量courseCount，用来跟踪创建的课程数量。每次创建Course类的实例时，构造函数都会被调用，courseCount会递增，其运行结果如图4-6所示。

图 4-6 静态变量

### 4.4.2 静态方法

在实际开发时,如需要在不创建对象的情况下使用某个方法,可用static关键字修饰该类,通常称这种方法为静态方法。

- 静态方法又称类方法,它属于类本身,而不是类的任何实例。
- 静态方法不能访问实例变量,因为它不与任何特定实例相关联。
- 静态方法可以通过类名直接调用,无须创建类的实例。

同静态变量一样,静态方法可以使用"类名.方法名"的方式来访问,也可以通过类的实例使用对象来访问静态方法,其用法如例4-8所示。

**例4-8** StaticmothCourse.java

```java
1  public class StaticmothCourse {
2      public String courseName;
3      public double price;
4      public static int courseCount = 0;      // 静态变量,用于跟踪课程数量
5      public StaticmothCourse(String courseName, double price) {
6          this.courseName = courseName;
7          this.price = price;
8          courseCount++;                      // 每次创建对象时,课程数量增加
9      }
10     // 静态方法
11     public static void printCount() {
12         System.out.println("创建了 " + courseCount + " 个 NewCourse 对象。");
13     }
14     public static void main(String[] args) {
15         StaticmothCourse cs = new StaticmothCourse("java", 25);
16         StaticmothCourse cs2 = new StaticmothCourse("java", 25);
17         StaticmothCourse.printCount();
18     }
19 }
```

上述代码中,包含一个静态变量courseCount和一个静态方法printCount()。printCount()方法用于打印创建的Course对象的数量。由于courseCount是一个静态变量,它被所有Course对象共享,因此无论创建多少个Course对象,courseCount的值都会增加。其运行结果与图4-6一致。

### 4.4.3 静态代码块

在Java类中,使用一对大括号包围起来的若干行代码称为一个代码块,用static关键字修饰的代码块称为静态代码块。当类被加载时,静态代码块会执行,由于类只加载一次,因此静态代码块只执行一次。在程序中,通常会使用静态代码块来对类的成员变量进行初始化。

➢ 静态代码块在类加载时执行，且只执行一次。

➢ 静态代码块通常用于初始化静态变量或执行其他一次性操作。

接下来通过一个案例来了解使用对象如何访问静态代码块，如例4-9所示。

例4-9　StaticblockCOurse.java

```java
1  public class StaticblockCOurse {
2      private String name;
3      private double price;
4      // 课程总数，使用 static 关键字修饰，属于类变量
5      private static int totalCourses;
6      // 静态代码块，在类加载时执行一次，用于初始化课程总数
7      static {
8          System.out.println("初始化课程系统...");
9          totalCourses = 0;
10     }
11     // 构造函数，创建课程对象时，课程总数递增
12     public StaticblockCOurse(String name, double price) {
13         this.name = name;
14         this.price = price;
15         totalCourses++;
16     }
17     public static int getTotalCourses() {
18         return totalCourses;
19     }
20     public static void main(String[] args) {
21         StaticblockCOurse course1 = new StaticblockCOurse("Java ", 99);
22         StaticblockCOurse course2 = new StaticblockCOurse("Python ", 120);
23         StaticblockCOurse course3 = new StaticblockCOurse("Web ", 799);
24         System.out.println("总课程数：" + StaticblockCOurse.getTotalCourses());
25     }
26 }
```

在上述代码中，静态代码块（static{...}）在StaticblockCOurse类加载时执行一次，用于初始化 totalCourses变量为0，并输出"初始化课程系统..."信息。构造函数和getTotalCourses()方法与之前示例代码相同，构造函数用于创建课程对象，并在每次创建时递增totalCourses计数。getTotalCourses()方法用于获取当前所有课程信息和课程总数，其运行结果如图4-7所示。

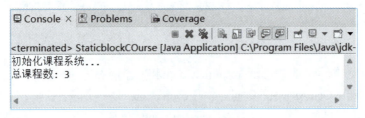

图4-7　静态代码块

 任务实现

**实施步骤**

（1）在主类中使用while、for循环实现主菜单和显示课程列表功能，允许用户多次执行选课系统的操作，使用switch语句处理用户的选择，根据不同的选项调用相应的功能。

（2）定义课程类，包含课程的名称（name）、授课教师（teacher）和价格（price），以及获取课程信息的方法（getCourseInfo()），用于在课程列表和购物车中显示课程信息。

（3）定义购物车类，购物车使用单例模式，应用程序中只有一个购物车实例并限定购物车中课程总量；使用数组和变量实现用户选择课程并记录课程数量和总价。

（4）添加课程到购物车，根据所选择课程列表中课程编号，将课程编号信息添加到购物车中。

（5）显示购物车，打印购物车中已选课程信息。

（6）结算，打印购物车中的课程清单，并清空购物车。

CourseCart.java

```java
import java.util.Scanner;
public class CourseCart {
    public static void main(String[] args) {
        // 课程信息
        Course[] courses = {
            new Course("Java 编程基础 ", " 张老师 ", 199.9),
            new Course("Python 数据分析 ", " 李老师 ", 299.9),
            new Course(" 数据结构与算法 ", " 王老师 ", 150.0)
        };
        ShoppingCart cart = ShoppingCart.getInstance();
        Scanner scanner = new Scanner(System.in);
        while (true) {
            System.out.println("\n 欢迎来到选课系统！ \n 请选择操作: ");
            System.out.println("1. 查看课程列表 ");
            System.out.println("2. 添加课程到购物车 ");
            System.out.println("3. 查看购物车 ");
            System.out.println("4. 结算 ");
            System.out.println("5. 退出 ");
            int choice = scanner.nextInt();
            scanner.nextLine();
            switch (choice) {
                case 1:
                    showCourseList(courses);
                    break;
                case 2:
                    cart.addCourse(courses, scanner);
                    break;
                case 3:
                    cart.showCart();
                    break;
                case 4:
                    cart.checkout();
                    break;
                case 5:
                    System.out.println(" 感谢您的光临! 再见! ");
                    scanner.close();
                    return;
                default:
                    System.out.println(" 无效的选择, 请重新输入。");
            }
        }
```

```java
42        }
43        // 显示课程列表
44        private static void showCourseList(Course[] courses) {
45            System.out.println("\n课程列表: ");
46            for (int i = 0; i < courses.length; i++) {
47                System.out.println((i + 1) + ". " + courses[i].getCourseInfo());
48            }
49        }
50  }
51  // 课程类
52  class Course {
53        private String name;
54        private String teacher;
55        private double price;
56        public Course(String name, String teacher, double price) {
57            this.name = name;
58            this.teacher = teacher;
59            this.price = price;
60        }
61        public String getName() {
62            return name;
63        }
64        public String getTeacher() {
65            return teacher;
66        }
67        public double getPrice() {
68            return price;
69        }
70        public String getCourseInfo() {
71            return "课程名: " + name + ", 授课教师: " + teacher + ", 价格: " + price;
72        }
73  }
74  // 购物车类 (单例模式)
75  class ShoppingCart {
76        private static final int MAX_COURSES = 3;              // 最大课程数量
77        private static ShoppingCart instance = null;
78        private Course[] selectedCourses;
79        private int courseCount;
80        private double totalPrice;
81        private ShoppingCart() {
82            selectedCourses = new Course[MAX_COURSES];
83            courseCount = 0;
84            totalPrice = 0;
85        }
86        public static ShoppingCart getInstance() {
87            if (instance == null) {
88                instance = new ShoppingCart();
89            }
90            return instance;
91        }
92        // 添加课程到购物车
93        public void addCourse(Course[] courses, Scanner scanner) {
94            if (courseCount < MAX_COURSES) {
95                System.out.print("请输入要添加的课程编号: ");
96                int courseIndex = scanner.nextInt() - 1;
97                scanner.nextLine();
```

```
98                 if (courseIndex >= 0 && courseIndex < courses.length) {
99                     selectedCourses[courseCount++] = courses[courseIndex];
100                    totalPrice += courses[courseIndex].getPrice();
101                    System.out.println("已将课程 '" + courses[courseIndex].getName() + "' 添加到购物车。");
102                } else {
103                    System.out.println("无效的课程编号。");
104                }
105            } else {
106                System.out.println("购物车已满,无法添加更多课程。");
107            }
108        }
109        // 显示购物车
110        public void showCart() {
111            if (courseCount == 0) {
112                System.out.println("购物车为空。");
113            } else {
114                System.out.println("\n购物车中的课程:");
115                for (int i = 0; i < courseCount; i++) {
116                    System.out.println(selectedCourses[i].getCourseInfo());
117                }
118                System.out.println("总价: " + totalPrice);
119            }
120        }
121        // 结算
122        public void checkout() {
123            if (courseCount == 0) {
124                System.out.println("购物车为空,无须结算。");
125            } else {
126                System.out.println("\n您已选择的课程:");
127                for (int i = 0; i < courseCount; i++) {
128                    System.out.println(selectedCourses[i].getCourseInfo());
129                }
130                System.out.println("总价: " + totalPrice);
131                System.out.println("感谢您的选课! ");
132
133                // 清空购物车
134                courseCount = 0;
135                totalPrice = 0;
136            }
137        }
138 }
```

在上述代码中,主要包括三个类:Course、ShoppingCart和CourseCart。Course类表示课程信息,包括课程名、授课教师和价格等属性,以及获取这些属性的方法。ShoppingCart类表示购物车,使用单例模式实现,确保整个程序中只有一个购物车实例。购物车中可以存储最多三门课程,提供添加课程、显示购物车内容和结算等功能。CourseCart主类,首先创建一组课程信息,然后创建一个购物车实例和购物车主菜单及主菜单的操作功能处理。其运行结果如图4-8所示。

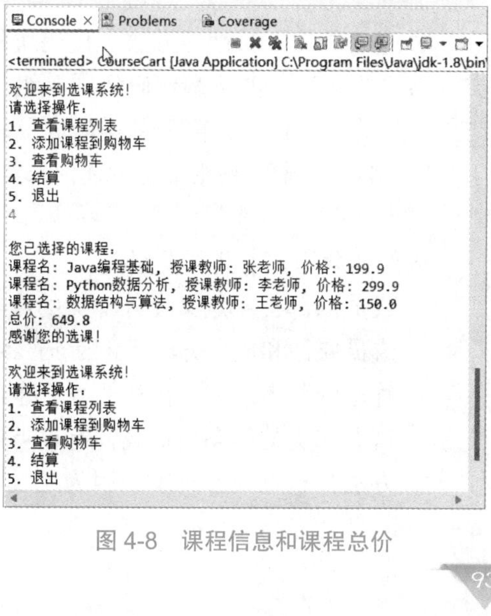

图 4-8  课程信息和课程总价

## 任务4.3 在线课程管理系统——课程信息封装应用

### 任务描述

学习封装的概念,并使用访问控制符保护课程信息类。利用外部类存储在线课程信息,内部类用于存储课程评价信息,使用封装、内部类和外部类的基本操作修改教师姓名和课程价格,并在控制台输出。

### 相关知识

## 4.5 封装和访问控制

### 4.5.1 封装的概念

#### 1. 封装的定义

封装(encapsulation)是面向对象编程(OOP)的核心概念之一,它指的是将数据(属性)和方法(行为)封装在一起,使得外部无法直接访问和修改对象的内部状态。在Java中,封装是通过访问控制符实现的,它将类成员的访问权限控制在一定的范围内。

封装的作用主要体现在以下几个方面:

- 提高代码的安全性:通过封装,可以防止外部直接访问和修改对象的内部状态,从而保护数据的安全性和完整性。
- 提高代码的可维护性:封装使得代码的组织更加清晰,便于理解和维护。
- 提高代码的可扩展性:封装使得类的设计更加模块化,方便后续的扩展和修改。

所谓类的封装是指在定义一个类时,使用private关键字对类中的属性进行私有化修饰,私有属性只能在其所在类中被访问,如果外界想要访问私有属性,需要设计一个或多个使用public修饰的公有方法,其中包括用于获取属性值的getter方法和设置属性值的setter方法。

#### 2. 内部类和外部类

类的成员除了属性、方法、代码块外,还可以有内部类。内部类也就是定义在类中的类,与类的属性、方法和代码块同等级。相对内部类,定义该内部类的类称为外部类。它与外部类关联,可以访问外部类的成员。内部类可以提高代码的封装性和组织性,通常用于实现封装和隐藏实现细节。创建内部类对象的语法格式如下:

```
外部类名.内部类名 引用变量名=new 外部类名().new 内部类名()
```

内部类分为如下几种类型:

- 成员内部类:定义在外部类的成员位置,成员内部类可以无条件访问外部类的所有成员属性和成员方法(包括private成员和静态成员)。
- 静态内部类:定义在外部类的静态成员位置。静态内部类是不需要依赖于外部类的,这点和类的静态成员属性有点类似,并且它不能使用外部类的非static成员变量或者方法,这点很好理解,因为在没有外部类的对象情况下,可以创建静态内部类的对象，如果允许访问外部类的非static成员就会产生矛盾，因为外部类的非static成员必须依附于具体的对象。
- 匿名内部类：没有名字的内部类，通常用于实现接口或继承抽象类。
- 局部内部类：定义在方法内部。成员内部类的区别在于局部内部类的访问仅限于方法内或者该作用域内。

封装访问的基本用法如例4-10所示。

**例4-10** OuterClass.java

```
1   public class OuterClass {
2       private int price = 257;   // 外部类的私有成员
3       public class InnerClass {
4           // 内部类的方法可以直接访问外部类的成员
5           void accessOuterField() {
6               System.out.println("内部类访问外部类的私有成员: " + price);
7           }
8       }
9       public static void main(String[] args) {
10          OuterClass outer = new OuterClass();       // 创建外部类对象
11           // 创建内部类对象
12          OuterClass.InnerClass inner = outer.new InnerClass();
13          inner.accessOuterField();                  // 调用内部类方法访问外部类私有成员
14      }
15  }
```

在上述代码中，定义了一个名为OuterClass的外部类，其中包含一个私有成员变量price和一个内部类InnerClass。InnerClass中定义了accessOuterField()方法，该方法可以直接访问外部类的私有成员变量price并打印输出。在main()方法中创建OuterClass的对象outer，然后通过outer对象创建InnerClass的对象inner，最后调用inner对象的accessOuterField()方法来访问外部类的私有成员变量price并打印输出。其运行结果如图4-9所示。

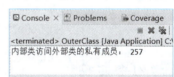

图4-9 封装访问

### 4.5.2 封装实现

通过访问控制符来限制外部对类成员的直接访问，从而保护数据的安全性和完整性。以下是封装实现的基本操作方法和步骤：

1. 使用访问控制符

使用访问控制符（public、private、protected）来控制类成员的访问权限。

public：允许在任何地方访问。

private：只能在类内部访问。

protected：可以在同一个包内或子类中访问。

2. 定义私有成员变量

在类内部，将属性声明为私有（private），以限制外部对它们的直接访问。

```
private int age;
private String name;
```

### 3. 提供公共的 getter 和 setter 方法

为了允许外部访问和修改私有成员变量的值,需要提供公共的getter和setter方法。

```
public int getAge() {
    return age;
}
public void setAge(int age) {
    this.age = age;
}
public String getName() {
    return name;
}
public void setName(String name) {
    this.name = name;
}
```

### 4. 封装内部实现细节

如果类中包含内部实现细节,可以将这些细节封装在一个内部类中,以提高代码的模块性和可维护性。

```
private class InternalClass {
    // 内部类成员变量和方法
}
```

### 5. 构造方法初始化

在构造方法中初始化私有成员变量的值,确保对象创建时具有初始状态。

```
public MyClass(int age, String name) {
    this.age = age;
    this.name = name;
}
```

 **任务实现**

 实施步骤

(1)创建外部类和外部类构造方法,定义一个名为OnlineCourse的外部类,用于存储课程信息和初始化课程信息及获取和设置课程名、教师名和价格的公共方法。

(2)定义私有属性,在OnlineCourse类中定义三个私有属性:课程名、教师名和价格。

(3)创建内部类,在OnlineCourse类内部,定义一个名为CourseEvaluation的内部类和构造方法,用于存储课程评价信息和初始化评价信息。

(4)内部类方法:在CourseEvaluation类中定义getEvaluation()和setEvaluation()两个方法,分别用于获取和设置评价信息。其中,getEvaluation()方法返回一个新的CourseEvaluation对象,setEvaluation()方法只允许设置好评。

(5)在main()方法中,创建一个OnlineCourse对象,使用封装、内部类和外部类的基本操作修改教师姓名和课程价格,并在控制台打印修改后的信息。

代码实现

**OnlineCoursePacking.java**

```
1  // 外部类:用于存储在线课程信息
2  public class OnlineCoursePacking {
```

```java
3       // 私有属性：课程名、教师名、价格
4       private String courseName;
5       private String teacherName;
6       private double price;
7       // 内部类：用于存储课程评价信息
8       private class CourseEvaluation {
9           private String evaluation;
10          // 构造方法：初始化评价信息
11          public CourseEvaluation(String evaluation) {
12              this.evaluation = evaluation;
13          }
14          // 获取评价的方法
15          public String getEvaluation() {
16              return evaluation;
17          }
18          // 设置评价的方法
19          public void setEvaluation(String evaluation) {
20              this.evaluation = evaluation;
21          }
22      }
23      // 构造方法：初始化课程信息
24      public OnlineCourse(String courseName, String teacherName, double price) {
25          this.courseName = courseName;
26          this.teacherName = teacherName;
27          this.price = price;
28      }
29      // 获取课程名的方法
30      public String getCourseName() {
31          return courseName;
32      }
33      // 设置课程名的方法
34      public void setCourseName(String courseName) {
35          this.courseName = courseName;
36      }
37      // 获取教师名的方法
38      public String getTeacherName() {
39          return teacherName;
40      }
41      // 设置教师名的方法
42      public void setTeacherName(String teacherName) {
43          this.teacherName = teacherName;
44      }
45      // 获取价格的方法
46      public double getPrice() {
47          return price;
48      }
49      // 设置价格的方法
50      public void setPrice(double price) {
51          this.price = price;
52      }
53      // 获取评价的方法
54      public CourseEvaluation getEvaluation() {
55          return new CourseEvaluation("好评");
56      }
57      // 设置评价的方法
58      public void setEvaluation(String evaluation) {
```

```
59              // 只能设置好评
60              if ("好评".equals(evaluation)) {
61                  new CourseEvaluation(evaluation);
62              }
63          }
64          // 主方法
65          public static void main(String[] args) {
66              OnlineCourse course = new OnlineCourse("Java基础", "张王", 99.99);
67              System.out.println("课程名：" + course.getCourseName());
68              System.out.println("教师名：" + course.getTeacherName());
69              System.out.println("价格：" + course.getPrice());
70              System.out.println("评价：" + course.getEvaluation().getEvaluation());
71              // 使用封装、内部类和外部类的基本操作修改教师姓名和课程价格
72              course.setTeacherName("李四");
73              course.setPrice(120.00);
74              System.out.println("修改后的教师名：" + course.getTeacherName());
75              System.out.println("修改后的价格：" + course.getPrice());
76              System.out.println("修改后的评价：" + course.getEvaluation().getEvaluation());
77          }
78      }
```

上述代码展示了如何使用封装、内部类和外部类的基本操作来组织代码，提高代码的可维护性和可扩展性。通过外部类OnlineCourse，可以存储和管理在线课程的信息。内部类CourseEvaluation用于存储课程评价信息，并提供了获取和设置评价信息的方法。Main()方法用于创建OnlineCourse对象，并演示了如何使用这些方法来获取和修改课程信息，其运行结果如图4-10所示。

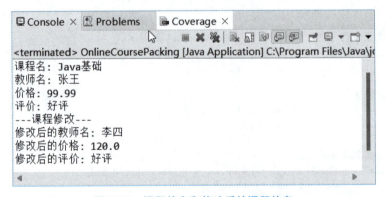

图4-10　课程信息和修改后的课程信息

## 任务4.4　模拟银行理财存款

### 任务描述

理解"银行存款"的设计思路，使用包、封装、继承、多态等面向对象的编程思想设计程序架构，实现不同银行的存款和计算本息过程和结果，并根据各家银行存款金额和计算本息的不同规则，在控制台输出客户在不同银行的存款、利率和利息等账单信息。

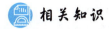相关知识

## 4.6 继承

在现实世界中，比如我们今天使用的汉字就是继承甲骨文演变而来的。在Java中，"继承"就像孩子通过基因继承父母的特点，子类可以继承父类的属性和方法，也能扩展新的属性和方法。Java继承是使用已存在的类的定义作为基础建立新类的技术，新类的定义可以增加新的数据或新的功能，也可以用父类的功能，但不能选择性地继承父类。

### 4.6.1 继承的机制

在Java中，继承是根据现有类创建新的类，由继承而得到的新类称为子类或派生类，被继承的类称为父类或者基类。Java是单继承，也就是只有一个父类，系统默认该类继承Object类。也就是Java中所有的类都是Object类的子类。

类继承的语法格式如下：

```
修饰符 class 子类名 extends 父类名 {
    类成员；
}
```

下面运用Java继承机制来改进任务4-3中的OnlineCourse类，定义一个新的VIPCourse类，代码如下。

```java
public class VIPCourse extends OnlineCourse  {
    private String extraBenefit;                    // VIP课程的额外福利
    // 构造方法：初始化VIP课程信息
    public VIPCourse(String courseName, String teacherName, double price, String extraBenefit) {
        super(courseName, teacherName, price);      // 调用父类的构造方法
        this.extraBenefit = extraBenefit;
    }
    // 其他
}
```

### 4.6.2 super关键字

在Java中，super关键字用于访问父类的成员，包括构造方法、方法和变量。当子类继承父类时，super关键字用来调用父类的构造方法、方法和变量。

super关键字主要有以下两种用途：

➢ 调用父类的构造器：

```
super(参数);
```

➢ 访问隐藏的成员：

```
super.属性名;super.方法名();
```

this和super两者的区别见表4-2。

表 4-2  this 和 super 两者的区别

| 比较项 | this 关键字 | Super 关键字 |
|---|---|---|
| 成员变量 | 访问本类中的成员变量，如果没有则从父类中继续查找 | 直接访问父类中的成员变量 |
| 构造方法 | 调用本类的构造方法，必须放在构造方法的首行 | 调用父类的构造方法，必须放在子类构造方法的首行 |
| 成员方法 | 访问本类中的成员方法，如果没有则从父类中继续查找 | 直接访问父类中的成员方法 |

下面以上述OnlineCourse类为基础，使用super关键字定义VIP课程示例，代码如例4-11所示。

例4-11  VIPOnlineCourse.java

```
1  public class VIPOnlineCourse extends OnlineCourse {
2      // 有参构造方法
3      public VIPOnlineCourse(String name, String teacher, int duration, double price) {
4          super(name, teacher, duration, price);
5      }
6      // 输出课程信息
7      @Override
8      public void displayCourseInfo() {
9          super.displayCourseInfo();
10     }
11     public static void main(String[] args) {
12         // 使用有参构造方法创建 VIPCourse 对象
13         VIPOnlineCourse vipCourse = new VIPOnlineCourse("Java微服务应用开发 ", "李老师", 240, 199.0);
14         vipCourse.displayCourseInfo();
15     }
16 }
```

在上述代码中，定义了一个VIPCourse类，该类继承自OnlineCourse类。使用super关键字调用了父类OnlineCourse的构造方法，以便在创建VIPCourse对象时可以设置课程名称、讲师姓名、课程时长和课程价格。通过这种方式，实现了VIP课程对普通课程的继承，并且可以在子类中添加新的属性和方法。其运行结果如图4-11所示。

图 4-11  VIP 课程信息

### 4.6.3  方法重写

在继承关系中，子类会自动继承父类中定义的方法，但有时在子类中需要对继承的方法进行一些修改，即对父类的方法进行重写。方法重写（override）要求子类的方法类型与父类方法类型相同或者是父类子类型，并且该方法的名字、参数与父类相同。子类中重写父类中的方法，相当于替换掉了父类的方法，在子类中不增加方法。子类可以通过方法重写来改进继承来的方法，以便满足自己的要求。使用方法重写时应该注意以下事项：

➢ 子类不能重写父类的final方法。
➢ 子类不能重写父类的私有方法。
➢ 子类重写的方法必须具有相同的访问权限或更宽松的访问权限。

下面是以上述OnlineCourse类为基础，使用重写父类的方式重写VIP课程好评，如例4-12所示。

例4-12    VIPCourseOverride.java

```
1  public class VIPCourseOverride extends OnlineCourse {
2      String evaluation;
3      double vipPrice;
4      // 有参构造方法
5      public VIPCourseOverride(String name, String teacher, int duration,
   double price, String evaluation, double vipPrice) {
6          super(name, teacher, duration, price);
7          this.evaluation = evaluation;
8          this.vipPrice = vipPrice;
9      }
10     // 输出课程信息
11     @Override
12     public void displayCourseInfo() {
13         super.displayCourseInfo();
14         System.out.println("课程评价: " + evaluation);
15         System.out.println("VIP 会员价格: " + vipPrice + " 元");
16     }
17     public static void main(String[] args) {
18         // 使用有参构造方法创建 VIPCourseOverride 对象
19         VIPCourseOverride vipCourse = new VIPCourseOverride("Python 数据分析 ",
   "王老师", 340, 210.0, "非常好", 180.0);
20         vipCourse.displayCourseInfo();
21     }
22 }
```

在上述代码中，定义了VIPCourseOverride类，该类继承自OnlineCourse类。并在VIPCourseOverride类中重写了构造方法，增加课程评价（String类型）和会员价格（double类型）参数，最后重写课程信息显示方法displayCourseInfo()，显示修改后的VIP课程信息，其运行结果如图4-12所示。

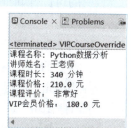

图 4-12  VIP 课程信息显示方法重写

### 4.6.4  final 关键字

在Java中，final关键字用于限定类、方法和变量，以实现不可变性和限制继承，因此被final修饰的类、变量和方法将具有以下特性：

➤ final修饰的类不能被继承。其语法格式如下：

```
final class FinalClass {
    // 类体
}
```

➤ final修饰的方法不能被子类重写。其语法格式如下：

```
public final void finalMethod() {
    // 方法体
}
```

➤ final修饰的变量（成员变量和局部变量）是常量，只能赋值一次。其语法格式如下：

```
final int finalVariable = 10;
```

被final关键字修饰的类、方法、变量为不可变性和限制继承，子类不能对该方法进行重写。正是由于final的这种特性，当在父类中定义某个方法时，如果不希望被子类重写，就可以使用final关键字修饰该方法。

以下是final关键字的一些常用应用场景：

### 1. 类

- 不可变类：如果一个类不需要被继承，那么可以将其声明为final。这样可以确保该类的实现细节不会被修改，提高代码的安全性和稳定性。
- 内部类：如果一个内部类不需要被外部类之外的代码使用，可以将其声明为final，以避免外部代码意外地继承或修改内部类的实现。
- 辅助类：如果一个类只包含静态方法和静态变量，并且不需要被继承，可以将其声明为final，以提高代码的可读性和维护性。

### 2. 方法

- 私有方法：如果一个方法是私有的，并且不需要被重写，可以将其声明为final，以避免子类意外地覆盖该方法。
- 工具方法：如果一个方法是工具类中的静态方法，并且不需要被重写，可以将其声明为final，以提高代码的可读性和维护性。
- 效率考虑：在某些情况下，如果重写方法会导致性能问题，可以将其声明为final，以避免子类无意中重写该方法。

### 3. 变量

- 常量：如果一个变量在程序运行期间不会改变，可以将其声明为final，以提高代码的可读性和维护性。
- 不可变对象：如果一个对象在创建后不会改变，可以将其声明为final，以提高代码的安全性和稳定性。
- 避免修改：在某些情况下，如果变量在程序运行期间不应该被修改，可以将其声明为final，以提高代码的安全性和稳定性。

下面使用final定义一个特价课程的课程信息，如例4-13所示。

例4-13　FinalCourse.java

```java
public final class FinalCourse {
    private final String name;
    private final String teacher;
    private final int duration;
    private final double price;
    private final double specialPrice;
    // 有参构造方法
    public FinalCourse(String name, String teacher, int duration, double price, double specialPrice) {
        this.name = name;
        this.teacher = teacher;
        this.duration = duration;
        this.price = price;
        this.specialPrice = specialPrice;
    }
    // 输出课程信息
    public void displayCourseInfo() {
        System.out.println("课程名称：" + name);
        System.out.println("讲师姓名：" + teacher);
        System.out.println("课程时长：" + duration + " 分钟");
        System.out.println("原价：" + price + " 元");
```

```
21              System.out.println("特价: " + specialPrice + " 元");
22      }
23      public static void main(String[] args) {
24          // 使用有参构造方法创建特价课程对象
25          FinalCourse finalCourse = new FinalCourse("特价Java 基础入门", "
   张老师", 120, 99.0, 59.0);
26          finalCourse.displayCourseInfo();
27      }
28  }
```

在上述代码中，FinalCourse类被final关键字修饰，这意味着它不能被继承。FinalCourse类包含了一个final关键字修饰的specialPrice变量，表示特价课程的价格是不可变的，其运行结果如图4-13所示。

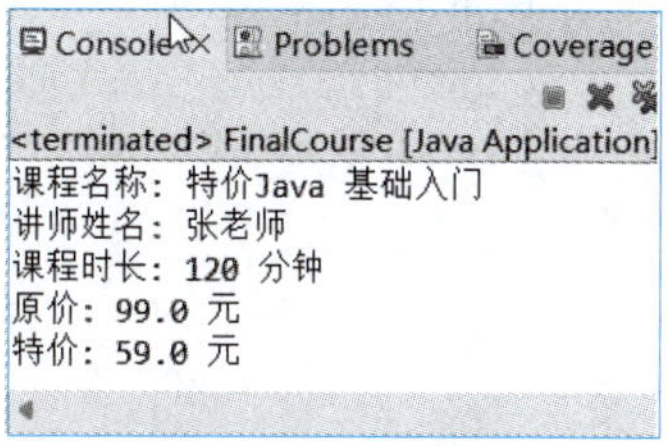

## 4.7 多态

图 4-13 特价课程

在设计一个方法时，通常希望该方法具备一定的通用性。在Java中，为了实现多态，允许使用一个父类类型的变量来引用一个子类类型的对象，根据被引用子类对象特征的不同，得到不同的运行结果。"多态"就像同名的物体在不同情况下有不同的形态和意义，比如当今"乘用车"可以是传统的燃油车或新能源车，具体是什么类型车取决于驱动车辆的能源类型。

### 4.7.1 抽象类

Java中提供了abstract关键字表示抽象。抽象类（abstract class）是Java中用于定义一组抽象方法的类，这些方法没有具体的实现。抽象类不能被实例化，只能被继承。子类必须实现抽象类中定义的所有抽象方法，否则子类也必须声明为抽象类。

实现抽象类的语法格式如下：

```
// 用 abstract 修饰抽象类
abstract class Parent {
    // abstract 修饰抽象方法，只有声明，没有实现
    public abstract void callback();
}
```

抽象类中可以有抽象方法和非抽象方法，抽象类不能用new关键字来构造对象。抽象类的子类可以重写父类的抽象方法（方法实现），也可以继承该抽象方法（还是抽象方法）。抽象类只关心操作，即方法名字、类型和参数，不关心这些操作具体是怎么实现的（不关心方法体）。抽象类是在抽象层次上考虑类的问题，表明方法的重要性。

在学习多态操作时，涉及将子类对象当作父类类型使用的情况，该类情况称为"向上转型"，其语法格式如下：

```
父类类型 对象名 = new 子类类型()
```

将子类对象当作父类使用时不需要任何显式声明，但此时不能通过父类变量去调用子类中的特有方法。

将一个子类对象经过向上转型之后当成父类方法使用，再无法调用子类的方法，但有

时候可能需要调用子类特有的方法,此时,将父类引用再还原为子类对象即可,该类情况称为"向下转型"。

在实际应用开发中向下转型的安全级别低,使用比较少,如果出现转换失败,程序运行时就会抛出异常。Java中为了提高向下转型的安全性,引入了instanceof,如果该表达式为true,则可以安全转换。

接下来以教师和学生的主要工作为例实现抽象类,如例4-14所示。

例4-14 AbstractPerson.java

```
1  public class AbstractPerson {
2      public static void main(String args[]) {
3          Teachers teacher = new Teachers();  //向上转型
4          Students Student= new Students();   //向上转型
5          teacher.work();
6          Student.work();
7      }
8  }
9  //定义抽象类 Person
10 abstract class Person {
11 //定义抽象方法 work()
12     abstract void work();                    // 抽象方法不能有方法体
13 }
14 //定义子类 Teachers 继承抽象类 Person
15 class Teachers extends Person {
16 //实现抽象方法
17     void work() {
18         System.out.println(" 教师主要任务是教书育人!");
19     }
20 }
21 //定义子类 Students 继承抽象类 Person
22 class Students extends Person {
23 //实现抽象方法
24     void work() {
25         System.out.println(" 学生主要任务是勤奋尚学!");
26     }
27 }
```

在上述代码中,利用向上转型使用父类类型的引用指向子类对象,并根据对象的类型调用对应的方法。抽象类体现的就是一种模板模式设计,抽象类作为多个子类的通用模板,子类在抽象类的基础上进行扩展实现具体功能。运行效果如图4-14所示。

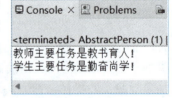

图 4-14 实现抽象类

### 4.7.2 接口

在Java中,接口(interface)是抽象方法和常量值的集合,是一种特殊的抽象类,它只包含抽象方法(没有方法体的方法)和静态常量。虽然Java只支持单继承,但是在实际的生活中和生成过程中多继承是事实存在的,接口的多重实现则解决了这个问题。需要注意的是,若一个类实现了接口,就要实现接口中所有方法,否则该类需定义为抽象类。

接口的特点:

➤ 抽象方法:接口中的所有方法都是抽象的,即没有具体的方法体,只有方法签名。

> 静态常量：接口可以包含静态常量，这些常量默认为public static final。
> 多继承：Java不支持类之间的多继承，但接口可以被多个类实现，实现接口的类可以继承多个接口。
> 默认方法：从Java 8开始，接口可以包含默认方法和静态方法，这些方法可以有具体的方法体。

抽象类与接口的主要区别见表4-3。

表 4-3 抽象类与接口的主要区别

| 比较项 | 抽象类 | 接口 |
| --- | --- | --- |
| 构造方法 | 有 | 无 |
| 成员变量 | 有，且可以被任何访问符修饰 | 只能被 public static final 修饰 |
| 访问控制 | 可以被任何访问符修饰 | 默认值为 public |
| 方法性质 | 具体方法和抽象方法 | 都是抽象的 |
| 实现方式 | 子类单继承 | 子类能实现多个接口 |
| 设计目的 | 主要用于代码复用 | 主要用于对类行为的约束 |

在定义接口时，需要使用interface关键字来声明，其语法格式如下：

```
[public] interface 接口名 [extends 接口1,接口2...]{
    [public] [static] [final] 数据类型 常量名 = 常量值;
    [public] [abstract] 返回值 抽象方法名（参数列表）;
}
class 类名 [extends 父类] implements 接口名称 {
    // 重写接口中的抽象方法
}
```

接口中定义的常量默认使用public static final进行修饰，即为静态常量；方法都默认使用public abstract进行修饰，即为抽象方法。同样，接口不是类，也不能用来实例化一个对象。

接下来以教师和学生的主要工作为例实现接口，如例4-15所示。

例4-15　WorkerDemo.java

```
1  public class WorkerDemo {
2      public interface Worker {
3          String name = "";     // 接口中的变量默认是public static final
4          void work();
5      }
6      class Teacher implements Worker {
7          String name;
8          public Teacher(String name) {
9              this.name = name;
10         }
11         @Override
12         public void work() {
13             System.out.println(name + " 是教师，主要任务是教书育人！");
14         }
15     }
16     class Student implements Worker {
17         String name;
```

```
18          public Student(String name) {
19              this.name = name;
20          }
21          @Override
22          public void work() {
23              System.out.println(name + " 是学生，主要任务是勤奋尚学！");
24          }
25      }
26      public static void main(String[] args) {
27          WorkerDemo workerDemo = new WorkerDemo(); // 创建 WorkerDemo 实例
28          Teacher teacher = workerDemo.new Teacher("张老师");
                                                // 使用 WorkerDemo 实例创建 Teacher 对象
29          Student student = workerDemo.new Student("王明月");
                                                // 使用 WorkerDemo 实例创建 Student 对象
30          teacher.work();
31          student.work();
32      }
33  }
```

在上述代码中，使用接口Worker来定义工作者的行为抽象方法work()及其姓名name，并通过实现接口的类来创建教师和学生的角色，重写方法work()描述其主要任务，实现了多态。运行效果如图4-15所示。

图 4-15　实现接口

## 4.8　异常

在Java中，异常就是在程序运行过程中所发生的不正常的事件，比如文件找不到、网络连接不通或中断、算术运算出错（被0除）、数组下标越界、加载一个不存在的类、对null对象操作等。异常会中断正在运行的程序。异常的引入是为了提高程序的健壮性和可维护性，使得程序能够在遇到错误时能够优雅地处理，而不是程序直接崩溃。

### 4.8.1　异常类

Java提供比较完备的异常处理类，异常的父类为Throwable类。Throwable有两个重要的子类，即Exception、Error类，Throwable类的继承体系如图4-16所示。Error类表示错误，比如内存溢出、程序无法恢复不需要程序处理。Exception类表示程序可能恢复的异常，其子类名均以Exception为后缀。RuntimeException是运行时异常，是由于程序自身的问题引起的，比如除法运算中被0除则会引起的程序中断错误。

通过异常类对象，可以获取程序发生异常的信息，以便对异常进行处理。Error异常表示严重问题，通过代码无法处理，如内存溢出。Exception称为异常类，表示程序本身可以处理的问题，Exception类提供了两个常用方法：getMessage()方法返回该异常的详细描述字符串；printStackTrace()方法输出该异常的跟踪栈信息。还可以调用Exception 类继承的

toString()方法，输出异常类信息。

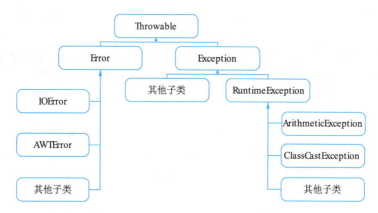

图 4-16　Throwable 类的继承体系

## 4.8.2　异常处理机制

对出现异常的代码进行处理称为异常处理。异常处理的能力，也是判定一门编程语言程序设计能力的重要标准，Java语言提供了强大的异常处理机制。异常处理机制可以让程序具有更好的容错性，程序更加健壮。

**1. try...catch**

Java中提供了一种对异常进行处理的方式——异常捕获。异常捕获通常使用try...catch语句捕获和处理try块中抛出的异常，具体语法格式如下：

```
try{
    //程序代码块
}catch(ExceptionType(Exception 类及其子类) e){
    // 对 ExceptionType 的处理
}
```

接下来以捕获算术运算出现的异常为例演示try...catch语句用法，如例4-16所示。

例4-16　TestTryCath.java

```
1  import java.util.Scanner;
2  public class TestTryCath {
3      public static void main(String[] args) {
4          try {
5              Scanner scanner = new Scanner(System.in);
6              System.out.print("请输入被除数:");
7              int number1 = scanner.nextInt();
8              System.out.print("请输入除数:");
9              int number2 = scanner.nextInt();
10             System.out.println(number1 + "/" + number2 + "=" + number1 / number2);
11             System.out.println("感谢使用本程序!");
12             scanner.close();
13         } catch (Exception e) {
14             System.err.println("出现错误：被除数和除数必须是整数," + "除数不能为零。");
15             e.printStackTrace();
16         }
17     }
18  }
```

上述代码中，如果try块中的所有语句正常执行完毕，不会发生异常，那么catch块中的所有语句都将被忽略。当在控制台输入两个合理的整数时，程序中的try 语句块将正常执行，不会执行catch语句块中的代码，运行结果如图4-17所示。

如果在程序运行时，被除数输入的是非整数，则程序会抛出Input-MismatchExcaption异常。由于Input-MismatchExcaption是Excaption的子类，程序将忽略try块中后续的代码直接执行catch语句块，运行结果如图4-18所示。

图 4-17 算术运算

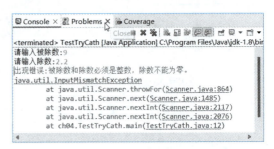
图 4-18 Input-MismatchExcaption 异常

如果输入除数为0，运行结果如图4-19所示。

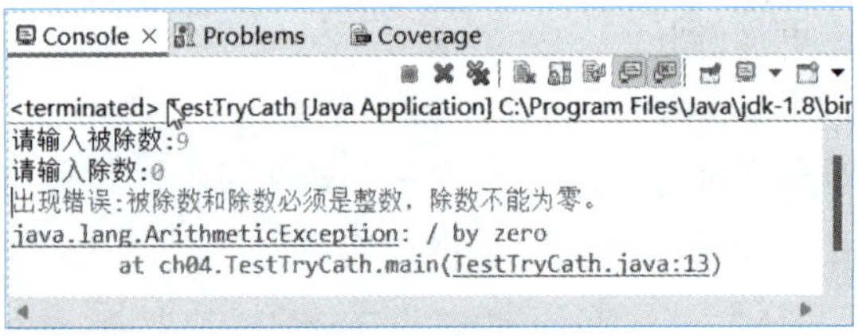

图 4-19 除数为 0

### 2. try...catch...finally

try...catch...finally和try...catch是两种常用的异常处理机制，finally块通常用于确保某些代码在try块执行完毕后，无论是否发生异常一定会被执行。finally块通常用于释放资源，如关闭文件、数据库连接、网络流等，具体语法格式如下：

```
try{
    //程序代码块
}catch(ExceptionType(Exception 类及其子类) e){
    // 对 ExceptionType 的处理
} finally{
    //异常发生，方法返回之前，总是要执行的代码
}
```

接下来以捕获算术运算出现的异常为例演示try...catch…finally语句的用法，如例4-17所示。

**例4-17** TestTryCathFinally.java

```
1  import java.util.Scanner;
2  public class TestTryCathFinally {
3      public static void main(String[] args) {
4          try {
5              Scanner scanner = new Scanner(System.in);
6              System.out.print("请输入被除数:");
```

```
 7              int number1 = scanner.nextInt();
 8              System.out.print("请输入除数:");
 9              int number2 = scanner.nextInt();
10              System.out.println(number1 + "/" + number2 + "=" + number1 / number2);
11              scanner.close();
12          } catch (Exception e) {
13              System.err.println("出现错误:被除数和除数必须是整数," + "除数不能为零。");
14              System.out.println(e.getMessage());
15          } finally {
16              System.out.println("感谢使用本程序!");
17          }
18      }
19  }
```

在上述代码中,程序运行逻辑与例4-16基本一致,try块中所有语句执行完毕,finally块就会被执行。运行结果如图4-20所示。

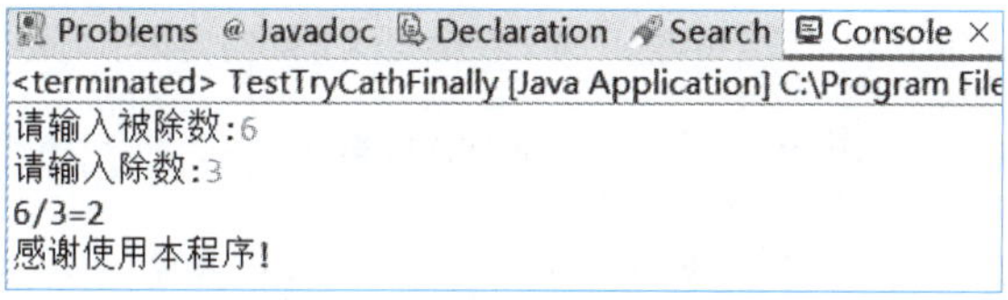

图 4-20　算术运用

如果try语句块在执行过程中遇到异常,无论这种异常能否被catch语句块捕获到,都将执行finally语句块中的代码。例如,被除数输入是非整数或0时,try语句将抛出异常,进入catch语句块,最后fianlly语句块中的代码也将被执行。其运行结果分别如图4-21和图4-22所示。

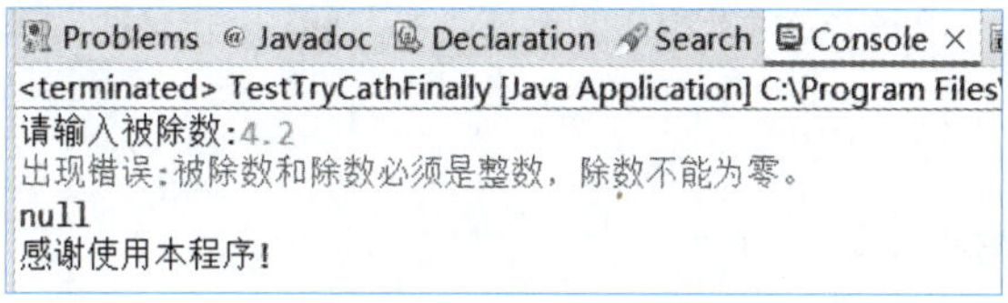

图 4-21　除数输入是非整数 　　　　图 4-22　除数为 0

多个catch处理异常时,遵循从上往下的原则,上面如果有catch可以处理,下面将不再执行后续的代码,所以在设计程序时应当将小的异常放在上面,大的异常放在下面。

### 3. throws 关键字

在Java中,允许在方法的后面使用throws关键字对外声明该方法有可能发生的异常,该方法产生的异常抛出(throws)由上一级调用者去处理。这样调用者在调用方法时,就明确地知道该方法有异常,并且必须在程序中对异常进行处理,否则编译无法通过。

throws关键字声明抛出异常的语法格式如下:

```
修饰符 返回类型 方法名(参数列表) throws 异常类型1,异常类型2, ... {
    // 方法体
}
```

从上述语法格式中可以看出,throws关键字需要写在方法声明的后面,throws后面需要声明方法中发生异常的类型,通常将这种做法称为方法声明抛出一个异常。

异常对象包含关于异常的有价值的信息，可以通过Throwable类中的实例方法获取有关异常信息，见表4-4。

表4-4 Throwable 类实例方法有关异常信息

| 方 法 名 称 | 描 述 | 返回值类型 |
| --- | --- | --- |
| getMessage() | 返回一个字符串，描述异常的原因 | String |
| getLocalizedMessage() | 返回一个字符串，描述异常的原因，该字符串可能包含本地化信息 | String |
| getStackTrace() | 返回一个栈跟踪数组，每个元素都是一个StackTraceElement 对象，表示异常的调用栈 | StackTraceElement[] |
| getCause() | 返回导致当前异常发生的原因 | Throwable |
| initCause(Throwable cause) | 初始化当前异常的原因，如果当前异常已经被初始化，则抛出 IllegalStateException | void |
| getSuppressed() | 返回一个异常数组，这些异常被当前异常抑制 | Throwable[] |
| addSuppressed(Throwable exception) | 将一个异常添加到当前异常的抑制异常列表中 | void |
| setStackTrace(StackTraceElement[] stackTrace) | 设置当前异常的栈跟踪数组 | void |

接下来通过一个案例来演示throws的用法，如例4-18所示。

**例4-18** ThrowsTest.java

```
1  public class ThrowsTest {
2      // 该方法可能产生异常，但是不处理异常，而是直接抛出异常，由调度者去处理
3      public static int div(int a, int b) throws Exception {
4          return (a / b);        // b为0，产生异常
5      }
6      public static void main(String[] args) {
7          try {
8              // 调用可能抛出异常的方法，需要进行异常处理
9              div(9, 0);
10         } catch (Exception e) {
11             System.out.println(e);
12             System.out.println("除数不能为 0");
13         }
14     }
15 }
```

上述代码在div()方法中使用throws Exception声明可能抛出的异常类型。在main()方法中，使用try语句块调用div()方法，随后在catch语句块中捕获到该异常，输出异常信息，并打印"除数不能为0"提示信息。运行结果如图4-23所示。

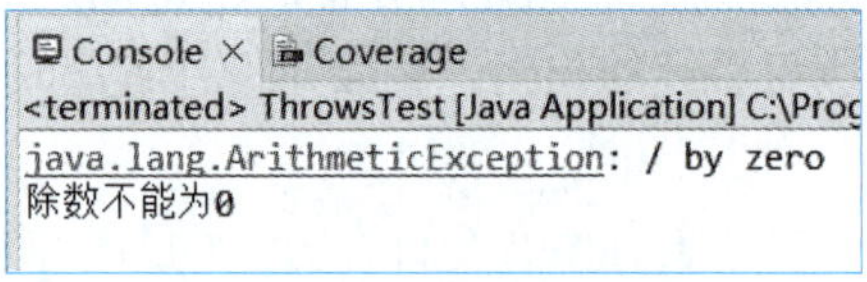

图 4-23 throws 的用法

**4. throw 关键字**

除了可以通过throws关键字抛出已检查异常外，还可以使用throw关键字在方法体内明确引发异常。与throws不同，throw用于手动创建并引发异常对象，而不是在方法签名中声明异常。

在使用throw关键字抛出异常后，通常需要使用throws关键字将异常向方法外部传播，或使用try...catch块来捕获和处理异常。需要注意的是，如果使用throw关键字引发的是Error、

RuntimeException或它们的子类异常对象，通常无须使用throws关键字或try...catch块来处理异常。

使用throw关键字抛出异常的语法格式如下。

```
throw new 异常对象();
```

接下来通过一个案例来演示throw的用法，如例4-19所示。

例4-19  ThrowTest.java

```java
1  public class ThrowTest {
2      public static void main(String[] args) {
3          try {
4              // 调用方法，可能会抛出异常
5              checkAge(17);
6          } catch (Exception e) {
7              // 捕获并处理异常
8              System.out.println("异常: " + e.getMessage());
9          }
10     }
11     public static void checkAge(int age) throws Exception {
12         if (age < 18) {
13             // 如果年龄小于18，抛出异常
14             throw new Exception("年龄不能小于18岁");
15         } else {
16             System.out.println("年龄正确");
17         }
18     }
19 }
```

在上述代码中，定义了一个checkAge()方法，该方法接收一个年龄参数。如果年龄小于18，就使用throw抛出一个异常。在main()方法中，调用了checkAge()方法，并使用try...catch语句捕获并处理可能抛出的异常。运行结果如图4-24所示。

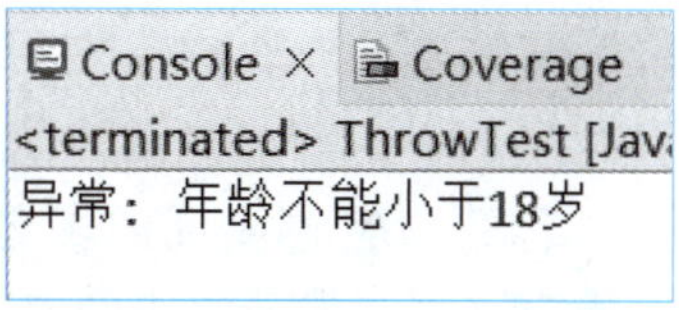

图 4-24  throw 的用法

### 4.8.3  自定义异常

除了系统自动抛出异常外，在实际生产过程中，可能需要描述程序中特有的异常情况，比如年龄不在正常范围内、手机号格式错误、邮箱格式错误等，此时需要程序员自行抛出异常，并把问题提交给调用者去解决。在Java中允许用户自定义异常，但自定义的异常类必须继承自Exception或其子类。接下来通过一个案例学习如何自定义异常，如例4-20所示。

例4-20  CustomException.java

```java
1  import java.util.Scanner;
2  public class CustomException {
3      public static void main(String[] args) {
4          Scanner input = new Scanner(System.in);
5          double radius = 0, area = 0;
6          System.out.print("请输入半径值:");
7          try {
8              radius = input.nextDouble();
9              if (radius < 0) {
10                 throw new Exception("半径值不能小于0。");
```

```
11              } else {
12                  area = Math.PI * radius * radius;
13                  System.out.println("圆的面积是:" + area);
14              }
15          } catch (Exception e) {
16              System.out.println(e.getMessage());
17              input.close();
18          }
19      }
20  }
```

上述代码中,在main()方法中定义了一个try...catch语句,用于捕获抛出的异常。如输入一个负数,程序会抛出一个自定义异常CustomException,该异常被捕获后最终被catch代码块处理,并打印出异常信息。其运行结果如图4-25所示。

## 4.9 包(package)

图4-25 自定义异常

Java程序编译后,每个类和接口都会生成一个独立的class类文件,对于一个功能复杂的大型程序而言,类和接口的数量也会相应增加,如果将它们全放在一起,往往会显得杂乱无章、难于管理。在开发过程中编写的大量类也会出现同名的情况。为了解决类的命名冲突和分类管理问题,Java中引入了包机制,提供了类的多层命名。Java语言通过package和import关键字进行有关包的操作。同时,开发者可以根据包的命名和组织方式更轻松地管理和提高代码的可维护性。

### 4.9.1 创建包

包的命名遵循反向域名命名法。这意味着包的名称应该与开发者组织的域名相对应,但顺序是相反的。例如,如果组织域名是example.com,那么包名应该是com.example。例如,在Eclipse中新建图4-26所示的项目结构,其操作步骤如下:

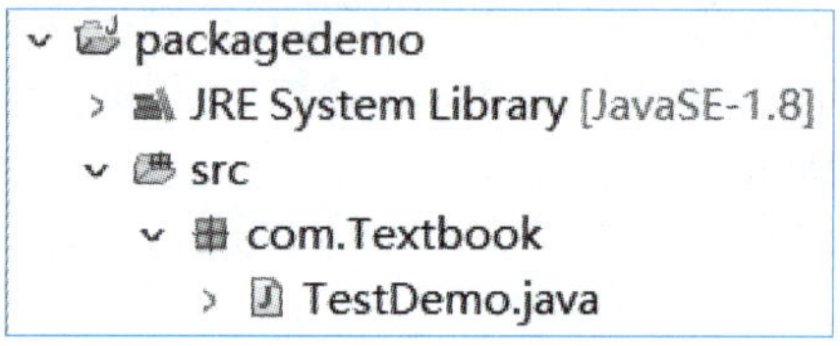

图4-26 项目结构

(1)在eclipse中,新建一个Java项目,并命名为packagedemo。

(2)在项目视图的packagedemo中,新建一个包并命名为com.Textbook。

(3)在com.Textbook包中,新建一个类TestDemo。

图4-26所示的项目结构和命名方式可以帮助其他开发者轻松地识别包的来源,并避免命名冲突。

### 4.9.2 package关键字

在Java中,将一组功能相关的类放在同一个包下,从而组成逻辑上的类库单元。包声明语句只能位于源文件的第一行(注释除外),使用package语句声明包,一旦Java源文件中使用了package语句,就意味着该源文件中定义的所有类都属于这个包,位于包中的每个类的完整类名都应该是包名和类名的组合,如com.Textbook.TestDemo。

使用package声明包的语法格式如下：

```
package com.Textbook           // 声明包
public class TestDemo {        // 定义类
}
```

### 4.9.3 import 关键字

有了包机制，当在程序中需要使用不同包中的类或接口时，需要使用类的全称，即"包名.类名"的形式。为了简化编程，Java引入了import关键字，import可以向某个Java文件中导入指定包层次下某个类或全部类。在导入时，import语句要位于一个Java源文件的package语句之后、类的定义之前，一个Java源文件只能有一个package语句，但是可以拥有多个import语句，可将多个java类导入当前Java源文件中，如例4-21所示。

**例4-21** TestDemo.java

```
1  package com.Textbook;
2  import com.sun.javafx.*;
3  import com.Textbook.tools.Book;
4  public class TestDemo {
5
6  }
```

在上述代码中，第2行导入了com.sun.javafx包中的所有类，第3行导入了com.Textbook.tools包中的Book类。

在实际开发中，应该确保导入的包和类是存在的，并且有权限使用它们。如果导入的包或类不存在，编译器会报错，提示找不到相应的包或类。如果权限不够，通常会提示Cannot resolve symbol错误。

### 4.9.4 包的访问控制

在Java中，包的访问控制主要涉及两个概念：可见性和可访问性。可见性是指一个类或接口是否对其他类或接口可见；而可访问性是指一个类或接口是否可以被其他类或接口使用。通过合理地设置包的访问控制，可以确保代码的安全性和模块化。

包的访问控制主要有private、default、protected和public。这四种访问控制级别由低到高如图4-27所示。

图 4-27 访问控制级别

图4-27展示了Java中的四种访问控制级别，具体介绍如下：

- **private**：私有级别的访问控制，表示该类或接口只能被其所在的类访问，其他类无法访问和继承。通常，不会将整个类设置为私有级别，而是将类中的某些方法和属性设置为私有级别。
- **protected**：这是相对严格的访问控制级别。受保护级别的访问控制，表示该类或接口只对其所在包内的类和子类是可见和可访问的。如果一个类的成员被protected修饰，那么这个成员可以被不同包下的派生类继承，但不能在这个派生类中直接访问。对于同一个包中的情况，protected和default访问级别是完全相同的。
- **public**：这是最宽松的访问控制级别。公共级别的访问控制，表示该类或接口对所有其他类和接口都是可见和可访问的。如果一个类或者类的成员被public访问控制符修饰，那么不管访问类与被访问类是否在同一个包中，这个类或者类的成员能被所有的类访问。
- default（无修饰符）：默认级别的访问控制，表示该类或接口只对其所在包内的类是可见和可访问的。这个类或者类的成员只能被本包中的其他类访问。

这四种访问控制级别的直观表示见表4-5。

表 4-5 访问控制级别的直观表示

| 访问范围 | private | default | protected | public |
|---|---|---|---|---|
| 同一类中 | 可访问 | 可访问 | 可访问 | 可访问 |
| 同一包中 |  | 可访问、可继承 | 可访问、可继承 | 可访问、可继承 |
| 不同包的派生类 |  |  | 不可访问、可继承 | 可访问、可继承 |
| 不同包的非派生类 |  |  |  | 可访问、可继承 |
| 全局范围 |  |  |  | 可访问、可继承 |

## 任务实现

### 实施步骤

（1）分析任务要求，设计图4-28所示程序结构，使用包来组织代码，并使用子包model和main分别存放类和主程序。

（2）定义Bank抽象类，定义银行的基本属性和抽象方法；并在派生类BCBank和ICBCBank使用抽象方法，实现存款计息。

（3）定义Customer类，包含Bank类型的引用成员变量，用于存储客户持有的银行账单。

（4）编写测试类，在测试类中模拟创建客户，运用多态技术为客户创建账户，并模拟银行存款、计息等结算过程，输出账单。

图 4-28  程序结构

### 代码实现

#### 1. Bank 抽象类——Bank.java

```
1  package com.sinobank.model;
2  public abstract class Bank {
3      // 定义私有属性 bankName，用于存储银行名称
4      protected String bankName;
5      // 定义私有属性 interestRate，用于存储存款利率
6      protected double interestRate;
7      // 定义私有属性 depositAmount，用于存储存款金额
8      protected double depositAmount;
9      // 定义私有属性 interest，用于存储利息
10     protected double interest;
11     // 构造方法，用于初始化银行名称、存款利率和存款金额
12     public Bank(String bankName, double interestRate, double depositAmount) {
13         this.bankName = bankName;
14         this.interestRate = interestRate;
15         this.depositAmount = depositAmount;
16         this.interest = 0;      // 利息初始为 0
17     }
```

```java
18      // 获取银行名称的方法
19      public String getBankName() {
20          return bankName;
21      }
22      // 获取存款利率的方法
23      public double getInterestRate() {
24          return interestRate;
25      }
26      // 获取存款金额的方法
27      public double getDepositAmount() {
28          return depositAmount;
29      }
30      // 获取利息的方法
31      public double getInterest() {
32          return interest;
33      }
34      // 抽象方法：存款
35      // 该方法由子类实现，用于处理存款操作
36      public abstract void deposit(double amount);
37      // 抽象方法：计算本息
38      // 该方法由子类实现，用于计算利息
39      public abstract void calculateInterest();
40      // 获取银行信息的方法
41      public String getBankInfo() {
42          return "银行名称：" + bankName + "，存款利率：" + interestRate +
43                  "，存款金额：" + depositAmount + "，利息：" + interest;
44      }
45  }
```

2. 定义 BCBank 类——BCBank.java

```java
1   package com.sinobank.model;
2   public class BCBank extends Bank {
3       // 构造方法，用于初始化 BC 银行的名称、存款利率和存款金额
4       public BCBank(String bankName, double interestRate, double depositAmount) {
5           super(bankName, interestRate, depositAmount);  // 调用父类的构造方法
6       }
7       // 重写父类的 deposit() 方法，用于处理 BC 银行的存款操作
8       @Override
9       public void deposit(double amount) {
10          // 存款金额增加，超过10 000元部分加息1%
11          if (amount > 10000) {
12              depositAmount += amount * 1.01;
13          } else {
14              depositAmount += amount;
15          }
16          System.out.println(bankName + " 存款成功，当前存款金额：" + depositAmount);
17      }
18      // 重写父类的 calculateInterest() 方法，用于计算 BC 银行的利息
19      @Override
20      public void calculateInterest() {
21          // 利息计算，加息 3%
22          interest = depositAmount * interestRate * 1.03;
23          System.out.println(bankName + " 计算利息成功，利息：" + interest);
24      }
25  }
```

### 3. 定义ICBCBank类——ICBCBank.Java

```java
package com.sinobank.model;
public class ICBCBank extends Bank {
    // 构造方法,用于初始化ICBC银行的名称、存款利率和存款金额
    public ICBCBank(String bankName, double interestRate, double depositAmount){
        super(bankName, interestRate, depositAmount); // 调用父类的构造方法
    }
    // 重写父类的deposit()方法,用于处理ICBC银行的存款操作
    @Override
    public void deposit(double amount) {
        // 存款金额增加,超过10 000元部分加息3%
        if (amount > 10000) {
            depositAmount += amount * 1.03;
        } else {
            depositAmount += amount;
        }
        System.out.println(bankName + " 存款成功,当前存款金额:" + depositAmount);
    }
    // 重写父类的calculateInterest()方法,用于计算ICBC银行的利息
    @Override
    public void calculateInterest() {
        // 利息计算,加息6%
        interest = depositAmount * interestRate * 1.06;
        System.out.println(bankName + " 计算利息成功,利息:" + interest);
    }
}
```

### 4. 定义Customer类——Customer.java

```java
package com.sinobank.model;
public class Customer {
    // 定义私有属性customerName,用于存储客户姓名
    private String customerName;
    // 定义私有属性bankAccount,用于存储银行账户
    private Bank bankAccount;
    // 构造方法,用于初始化客户姓名和银行账户
    public Customer(String customerName, Bank bankAccount) {
        this.customerName = customerName;
        this.bankAccount = bankAccount;
    }
    // 获取客户姓名的方法
    public String getCustomerName() {
        return customerName;
    }
    // 获取银行账户的方法
    public Bank getBankAccount() {
        return bankAccount;
    }
    // 存款方法,用于让客户在银行账户中存款
    public void deposit(double amount) {
        bankAccount.deposit(amount);              // 调用银行账户的存款方法
    }
    // 计算利息方法,用于让客户在银行账户中计算利息
    public void calculateInterest() {
        bankAccount.calculateInterest();          // 调用银行账户的计算利息方法
    }
```

```
28        // 获取客户信息的方法
29        public String getCustomerInfo() {
30            return "客户姓名: " + customerName + ", " + bankAccount.getBankInfo();
31        }
32    }
```

### 5. 定义 main 测试类——main.java

```
1  package com.sinobank.main;
2  // 导入必要的包
3  import com.sinobank.model.BCBank;
4  import com.sinobank.model.Customer;
5  import com.sinobank.model.ICBCBank;
6  // 主类 Main 的定义
7  public class Main {
8      // 主方法,程序的入口点
9      public static void main(String[] args) {
10         // 创建 BC 银行账户
11         BCBank bcBank = new BCBank("中国银行", 0.025, 20000);
12         // 创建客户对象,并关联 BC 银行账户
13         Customer customer1 = new Customer("张王", bcBank);
14         customer1.deposit(5000);              // 存款操作
15         customer1.calculateInterest();        // 计算利息操作
16         // 输出客户信息
17         System.out.println(customer1.getCustomerInfo());
18         System.out.println("***************");
19         // 创建 ICBC 银行账户
20         ICBCBank icbcBank = new ICBCBank("中国工商银行", 0.023, 2000);
21         // 创建客户对象,并关联 ICBC 银行账户
22         Customer customer2 = new Customer("李赵", icbcBank);
23         customer2.deposit(15000);             // 存款操作
24         customer2.calculateInterest();        // 计算利息操作
25         // 输出客户信息
26         System.out.println(customer2.getCustomerInfo());
27     }
28 }
```

在上述的代码中,在抽象类Bank中实现其私有属性、获取银行信息构造方法、存款和计息的抽象方法;然后在BCBank和ICBCBank类中重写Bank类中的存款和计息方法,实现特定的存款和计息;在Customer类中使用构造方法实现在银行存款和计息、用户信息等;在main()方法中,创建了两个银行账户(BCBank和ICBCBank),每个账户代表一家不同的银行。然后,为每家银行创建了一个客户对象,并将相应的银行账户与客户对象关联起来。模拟了客户在银行账户中存款和计算利息的操作,并输出了客户的信息。运行主程序,银行理财存款运行结果如图4-29所示。

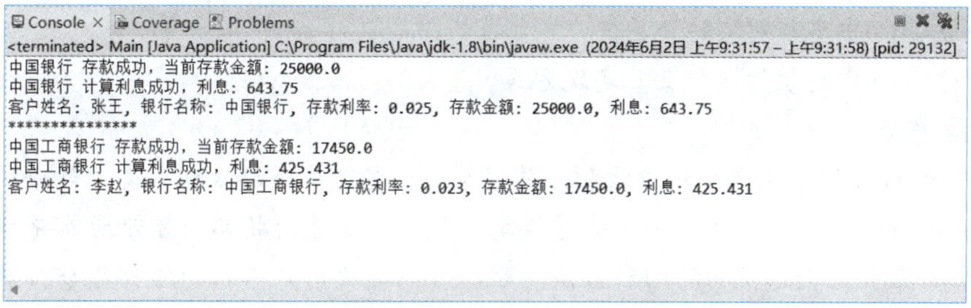

图 4-29 银行理财存款

## 小 结

本单元详细介绍了面向对象的基础知识。首先介绍了面向对象的思想，然后介绍了类与对象之间的关系，构造方法的定义与重载，this 和 static 关键字的使用，类的封装、继承、接口、异常、包等概念和使用方法，并通过任务巩固学习与使用。熟练掌握好这些知识，对深入理解面向对象的编程思想和以后实际开发大有裨益。

## 习 题

### 一、填空题

1. 在 Java 中，面向对象编程的基本原则包括_____和_____。
2. 一个 Java 类由_____、_____、_____和_____组成。
3. 在类的定义中，用来定义类成员可见性的关键字有_____、_____和_____。
4. 构造方法是一种特殊的方法，它的名字必须与_____相同。
5. 在 Java 中，使用_____关键字可以定义静态变量或方法。

### 二、选择题

1. 面向对象编程的基本特征是（　　）。
   A. 封装　　　　B. 继承　　　　C. 多态　　　　D. 所有以上
2. 在 Java 中，使用（　　）关键字声明一个类的成员变量。
   A. var　　　　B. let　　　　C. const　　　　D. static
3. 下列关于构造方法的说法正确的是（　　）。
   A. 构造方法可以有返回类型　　B. 构造方法可以重载
   C. 构造方法必须与类名不同　　D. 构造方法不能有参数
4. 在 Java 中，使用（　　）关键字定义一个接口。
   A. interface　　B. abstract　　C. class　　　　D. extends
5. 下列关于异常处理的说法正确的是（　　）。
   A. try 块中可以抛出多个异常
   B. catch 块必须捕获 try 块中抛出的所有异常
   C. finally 块中的代码一定会被执行
   D. throws 关键字用于声明一个方法可能抛出的异常

### 三、简答题

1. 简述面向对象编程的基本原则及其重要性。
2. 简述 Java 中类与对象的关系。
3. 简述 Java 中封装的概念及其实现方式。

### 四、编程题

编写一个 Java 程序实现手机游戏积分兑换系统，定义一个游戏积分类，包含玩家的积分和兑换物品的信息，然后定义一个积分兑换类，包含添加兑换物品、显示所有兑换物品、根据积分兑换物品和删除兑换物品四种方法。程序可以接收用户输入的操作指令，然后执行相应操作。

# 单元 5

# 面向对象编程进阶

## 单元内容

Java程序设计高级篇将带领读者深入探索Java语言的强大功能，提升编程能力。学习Java常用API，如包装类、String类、日期时间类、Math类等。同时，深入讲解了集合框架、泛型、枚举类型、IO流，以及Lambda表达式的概念及应用方法，掌握面向对象编程的高阶技能。

视频

面向对象编程进阶

## 学习目标

【知识目标】

- 熟悉 Java API 中常用类如（StringBuffe、Math、Random等）的功能。
- 掌握包装类的使用方法。
- 理解并掌握集合、泛型、枚举类的使用方法。
- 理解Lambda表达式并能够使用 Lambda 表达式简化代码。
- 掌握IO流操作文件的使用方法。

【能力目标】

- 能够使用集合类存储和操作数据，如添加、删除、查找、遍历等。
- 能够使用迭代器遍历集合元素。
- 能够使用 foreach 循环遍历集合、枚举。
- 能够使用泛型定义和使用集合类，提高代码的可读性和安全性。
- 能够熟练使用集合框架进行数据组织和管理，包括列表、集合和映射。
- 能够使用IO流进行基本的文件操作，如读取、写入和文件管理。

【素质目标】

- 培养良好的编程习惯，能够根据实际需求选择合适的集合类。
- 发展逻辑思维和问题解决能力，提高代码的效率和可读性。
- 培养数据安全意识，增强代码的安全性，避免类型错误。

## 任务5.1 乐自助餐饮订单

### 任务描述

乐自助餐饮,为提高就餐群体和翻台率,在菜单上增加了每个菜品制作的预计时间,并随机赠送一个结算折扣。用户可根据自己的口味选择菜品。系统根据选择的菜品打印会员ID、菜品名、下单时间、折扣和预计制作时间等信息。

### 相关知识

## 5.1 Java 常用 API

Java API(application programming interface)指的是应用程序编程接口,是Java标准库的一部分,它提供了丰富的功能,比如,用于处理字符串、系统、数学运算、日期和时间、数据类型包装、函数式编程等。掌握这些知识点对于Java编程至关重要,可以提高代码的质量和效率。

### 5.1.1 包装类

在Java中"一切皆对象",很多方法都需要引用类型的对象,但是8种基本数据类型却不是面向对象的,这在实际使用时会存在很多不便,Java中8种基本数据类型存在其对应类的类型,也就是把基本数据类型包装成类。基本类型对应的包装类见表5-1。

表 5-1 基本类型对应的包装类

| 基本数据类型 | 包 装 类 | 基本数据类型 | 包 装 类 |
| --- | --- | --- | --- |
| int | Integer | byte | Byte |
| char | Character | long | Long |
| float | Float | short | Short |
| double | Double | boolean | Boolean |

在表5-1中,列举了8种基本数据类型及其对应的包装类。除了Integer和Character类外,其他对应包装类的名称都与其基本数据类型一致,只不过首字母需要大写。

在包装类和基本数据类型进行转换时,需引入自动装箱(autoboxing)和自动拆箱(autounboxing)的概念,其中自动装箱是指将基本数据类型的变量赋值给对应的包装类变量;反之,拆箱是指将包装类对象类型直接赋值给一个对应的基本数据类型变量。

接下来以Integer和Character包装类为例,演示装箱、拆箱操作,如例5-1所示

例5-1 AutoboxingUnboxingDemo.java

```
1  public class AutoboxingUnboxingDemo {
2      public static void main(String[] args) {
3          // 自动装箱示例 - 基本类型转换为包装类对象
4          Integer intObject = 100;         // int 被自动装箱为 Integer
5          Character charObject = 'A'; // char 被自动装箱为 Character
```

```
6          // 输出装箱后的对象
7          System.out.println("Integer 对象: " + intObject);
8          System.out.println("Character 对象: " + charObject);
9          // 自动拆箱示例 - 包装类对象转换为基本类型
10         int intPrimitive = intObject;            // Integer被自动拆箱为 int
11         char charPrimitive = charObject; // Character被自动拆箱为 char
12         // 输出拆箱后的基本类型
13         System.out.println("int 基本类型: " + intPrimitive);
14         System.out.println("char 基本类型: " + charPrimitive);
15         Integer nullInteger = null;
16         // null 处理，抛出 NullPointerException
17         if (nullInteger != null) {
18             int safeIntPrimitive = nullInteger.intValue();
19             System.out.println("安全的 int 基本类型: " + safeIntPrimitive);
20         } else {
21             System.out.println("Integer 对象是 null，无法拆箱 ");
22         }
23     }
24 }
```

在上述代码中，首先演示了自动装箱，将基本类型的int和char值分别赋值给Integer和Character类型的变量，编译器会自动进行装箱操作。接着，演示了自动拆箱，将Integer和Character类型的对象赋值给基本类型的变量，编译器会自动进行拆箱操作。

**注意**：如果包装类对象是null，直接进行拆箱将会抛出NullPointerException。为了避免这个问题，在进行拆箱前应该检查对象是否为null，然后进行拆箱处理。装箱拆箱操作的运行结果如图5-1所示。

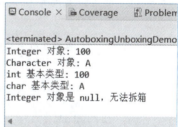

图 5-1 装箱拆箱操作

## 5.1.2 String 类、StringBuffer 和 StringBuilder 类

在Java中，String、StringBuffer和StringBuilder是用于处理字符串的三个主要类。String用于表示不可变的字符序列，一旦创建，字符串的内容就不能改变；StringBuffer、StringBuilder类用于表示可变的字符序列，字符串的内容可以在运行时改变。

在实际开发过程中，当操作不涉及多线程且操作简单时，通常选择StringBuilder类以获得更好的性能；当操作涉及多线程或需要确保线程安全时，选择StringBuffer类；对于不可变的字符序列，总是使用String类。

### 1. String 类

String是字符串常量类，在使用String类时，首先需要对String类进行初始化操作，可通过以下两种方式对String类进行初始化，具体如下：

（1）使用字符串常量直接初始化一个String对象，具体代码如下：

```
String str = "is string";
```

这种方法创建字符串对象时，不一定分配内存，如果内存中已经存在常量"is string"，则str直接引用即可，不存在时才创建。

（2）使用String的构造方法初始化字符串对象，String类的构造方法见表5-2。

表 5-2　String 类的构造方法

| 方 法 声 明 | 功 能 描 述 |
|---|---|
| String() | 创建一个内容为空的字符串对象 |
| String(String value) | 根据指定的字符串内容创建对象 |
| String(char[] value) | 根据指定的字符数组创建对象 |
| String(char[] int startIndex, int numChars) | 根据指定的字符数组，以字符串数组中 startIndex 位置开始的 numChars 个字符，创建对象 |
| String(byte[] bytes) | 根据指定的字节数组创建对象 |
| String(byte[] bytes, int offset,int length) | 根据指定的字节数组，以字节数组 offset 位置开始的 length 个字节，创建对象 |

表5-2中，列出了String类的6种构造方法，通过调用不同参数的构造方法便可完成String类的初始化。接下来通过一个案例来学习String类的使用，如例5-2所示。

例5-2　StringDemo.java

```
1  public class StringDemo {
2      public static void main(String[] args) {
3          // TODO Auto-generated method stub
4          // 直接赋值
5          String str1 = "Hello, World!";
6          System.out.println("直接赋值:" + str1);
7          // 使用字符串变量赋值
8          String str2 = new String("Hello, World!");
9          System.out.println("字符串变量赋值:" + str2);
10         // 使用字符数组赋值
11         char[] charArray = { 'H', 'e', 'l', 'l', 'o', ',', ' ', 'W', 'o', 'r', 'l', 'd', '!' };
12         String str3 = new String(charArray);
13         System.out.println("字符数组赋值:" + str3);
14         // 使用字符数组的一部分赋值
15         String str4 = new String(charArray, 0, 5);
16         System.out.println("字符数组的一部分赋值:" + str4);
17         // 使用字节数组赋值
18         byte[] byteArray = { 72, 101, 108, 108, 111, 44, 32, 87, 111, 114, 108, 100, 33 };
19         String str5 = new String(byteArray);
20         System.out.println("字节数组赋值:" + str5);
21         // 使用字节数组的一部分赋值
22         String str6 = new String(byteArray, 0, 8);
23         System.out.println("字节数组的一部分赋值:" + str6);
24     }
25 }
```

上述代码中分别使用直接赋值和构造方法创建字符串对象，演示了String类的用法，运行结果如图5-2所示。

在实际应用开发中，字符串的基本操作有连接、替换和删除等，见表5-3。

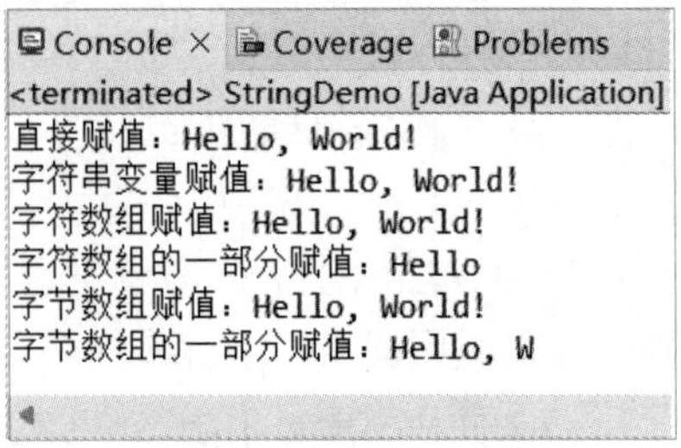

```
Console × Coverage Problems
<terminated> StringDemo [Java Application]
直接赋值:Hello, World!
字符串变量赋值:Hello, World!
字符数组赋值:Hello, World!
字符数组的一部分赋值:Hello
字节数组赋值:Hello, World!
字节数组的一部分赋值:Hello, W
```

图 5-2　String 类的用法

表 5-3　字符串的基本操作

| 操　　作 | 说　　明 |
| --- | --- |
| 连接字符串 | 使用 + 运算符或 String.concat() 方法连接两个或多个字符串 |
| 替换字符串 | 使用 replace() 方法替换字符串中的子串 |
| 删除字符串 | 使用 delete() 方法删除字符串中的子串 |
| 插入字符串 | 使用 insert() 方法在字符串的指定位置插入字符串 |
| 反转字符串 | 使用 reverse() 方法反转字符串中的字符顺序 |
| 获取字符串长度 | 使用 length() 方法获取字符串的长度 |
| 获取字符串子串 | 使用 substring() 方法获取字符串的子串 |
| 比较字符串 | 使用 equals() 方法比较两个字符串是否相等，使用 compareTo() 方法比较两个字符串的大小 |
| 查找字符串 | 使用 indexOf() 和 lastIndexOf() 方法查找字符串中的子串或字符 |
| 分割字符串 | 使用 split() 方法根据指定分隔符将字符串分割成数组 |
| 转换大小写 | 使用 toLowerCase() 和 toUpperCase() 方法将字符串转换为小写或大写 |
| 字符串与数值的转换 | 使用 valueOf() 方法将数值转换为字符串，使用 Integer.parseInt() 等方法将字符串转换为数值 |

接下来通过一个简单的程序，使用字符串的连接、替换、删除和分割等基本操作对一个字符串进行处理，如例5-3所示。

**例5-3**　StringProcessingDemo.java

```java
public class StringBasicOperationsDemo {
    public static void main(String[] args) {
        // TODO Auto-generated method stub
        // 初始字符串
        String originalString = "Hello, World!";
        // 连接字符串
        String concatenatedString = originalString + " 新的征程即将开始。";
        System.out.println("连接后的字符串：" + concatenatedString);
        // 替换字符串
        String replacedString = concatenatedString.replace("World", "Java");
        System.out.println("替换后的字符串：" + replacedString);
        // 删除字符串
        String deletedString = replacedString.replace("Java", "");
        System.out.println("删除后的字符串：" + deletedString);
        // 分割字符串
        String[] splitStrings = deletedString.split(",");
        System.out.println("分割后的字符串数组：");
        for (String s : splitStrings) {
            System.out.println(s);
        }
    }
}
```

上述代码演示了字符串的连接、替换、删除和分割的基本用法，其运行结果如图5-3所示。

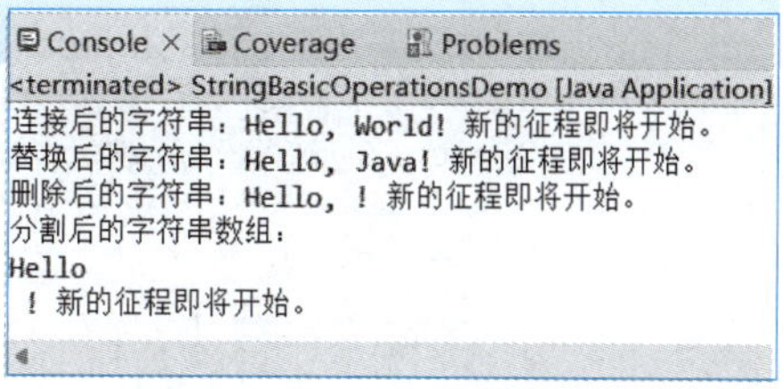

### 2. StringBuffer 和 StringBuilder 类

StringBuffer和StringBuilder类均表示可变字符串，在用法上也基本相同，这些操作都不会创建新的

图 5-3　字符串的基本用法

对象，而是在原对象上进行修改。两者的主要区别在于线程安全性：
- StringBuilder类不是线程安全的，它是单线程环境下使用的一个高效选择。在单线程环境中，使用StringBuilder类可以避免同步的开销，从而提高性能。
- StringBuffer类是线程安全的，它可以在多线程环境中安全地被共享和修改。当操作需要被多个线程访问时，使用StringBuffer类可以防止并发修改时可能抛出ConcurrentModificationException。

StringBuffer和StringBuilder类提供了一系列方法，具体见表5-4。

表5-4 StringBufferStringBuffer 和 StringBuilder 类常用方法

| 方 法 | 说 明 |
| --- | --- |
| append(String str) | 将指定的字符串追加到当前字符串末尾 |
| append(char[] str) | 将指定的字符数组中的字符追加到当前字符串末尾 |
| append(char[] str, int offset, int len) | 将指定字符数组中的子数组追加到当前字符串末尾 |
| insert(int offset, String str) | 在指定位置插入指定的字符串 |
| insert(int offset, char[] str) | 在指定位置插入指定的字符数组 |
| insert(int offset, char[] str, int fromIndex, int toIndex) | 在指定位置插入指定字符数组中的子数组 |
| delete(int start, int end) | 删除指定位置之间的字符串 |
| deleteCharAt(int index) | 删除指定位置的字符 |
| replace(int start, int end, String str) | 替换指定位置之间的字符串 |
| reverse() | 反转字符串中的字符顺序 |
| setCharAt(int index, char ch) | 设置指定位置的字符 |
| substring(int start) | 返回从指定位置开始的子字符串 |
| substring(int start, int end) | 返回从指定位置开始到指定位置结束的子字符串 |
| toString() | 返回当前字符串的 String 对象表示 |
| length() | 返回当前字符串的长度 |
| charAt(int index) | 返回指定位置的字符 |

在表5-3中，字符串追加、替换、删除、插入、反转较为常用，接下来以StringBuffer类为例，通过一个案例演示StringBuffer类的常见操作，如例5-4所示。

例5-4　StringBufferDemo.java

```
1   public class StringBufferDemo {
2       public static void main(String[] args) {
3           StringBuffer newstr = new StringBuffer("新的征程，必有新的光辉");
4           // 追加
5           newstr.append("！").append(" ").append("加油！");
6           System.out.println("追加后："  + newstr);
7           // 替换
8           newstr.replace(0, 2, "炫丽");
```

```
9        System.out.println("替换后:" + newstr);
10       // 删除
11       newstr.delete(13, 17);
12       System.out.println("删除后:" + newstr);
13       // 插入
14       newstr.insert(10, "的 ");
15       System.out.println("插入后:" + newstr);
16       // 反转
17       newstr.reverse();
18       System.out.println("反转后:" + newstr);
19   }
20 }
```

上述代码分别对指定的字符串进行追加、替换、删除、插入、反转操作，其运行结果如图5-4所示。

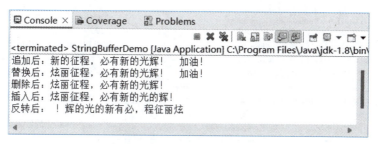

图 5-4　StringBuffer 类的常见操作

## 5.1.3　日期时间类

在实际开发中经常会遇到与日期、时间相关的功能应用，例如，在线考试系统中，设置一场考试的起始时间和结束时间、判断考试的作答时长，交卷时间等，Java 8引入了一个全新的日期和时间处理API，取代了之前的java.util.Date和java.util.Calendar类。例如，在新的java.time包中的LocalDate、LocalTime、LocalDateTime类，这些类分别表示日期、时间和日期加时间；DateTimeFormatter类用于格式化和解析日期和时间；Duration和Period类分别表示以年月日，秒和纳秒为单位两个时间点之间的时间间隔。

1. 日期时间和时区类基础

1）LocalDate类

LocalDate类是一个不可变的日期时间类，它包含年、月、日三个属性。LocalDate类可以使用LocalDate.of(int year, int month, int dayOfMonth)静态方法，传入年、月、日的整数值来创建一个LocalDate实例，也可以使用LocalDate.now()方法获取当前日期。

其语法格式如下：

```
// 使用静态方法创建 LocalDate 实例
LocalDate date1 = LocalDate.of(2024, 8, 15);
// 获取当前日期
LocalDate date2 = LocalDate.now();
```

2）LocalTime类

LocalTime类是一个不可变的时间类，用于表示一个具体的时间，如上午9点30分。LocalTime类可以使用LocalTime.of(int hour, int minute, int second)静态方法，传入小时、分、秒的整数值来创建一个LocalTime实例，可以使用LocalTime.now()方法获取当前时间。

其语法格式如下：

```
// 获取当前时间
LocalTime time1=LocalTime.now();
// 使用静态方法创建 LocalTime 实例
LocalTime time2=LocalTime.of(23, 8, 15);
```

LocalTime类可以用于时间加减、比较、计算时差、格式化与解析时间等操作方法，详见表5-5。

表 5-5  LocalTime 类常用方法

| | 方法声明 | 功能描述 |
| --- | --- | --- |
| 时间加减 | LocalTime.plusHours(long hours) | 将时间增加指定的小时数 |
| | LocalTime.minusHours(long hours) | 将时间减少指定的小时数 |
| | LocalTime.plusMinutes(long minutes) | 将时间增加指定的分钟数 |
| | LocalTime.minusMinutes(long minutes) | 将时间减少指定的分钟数 |
| | LocalTime.plusSeconds(long seconds) | 将时间增加指定的秒数 |
| | LocalTime.minusSeconds(long seconds) | 将时间减少指定的秒数 |
| 获取时间 | LocalTime.getHour() | 获取小时 |
| | LocalTime.getMinute() | 获取分钟 |
| | LocalTime.getSecond() | 获取秒 |
| 格式化与解析 | LocalTime.format(DateTimeFormatter formatter) | 将 LocalTime 对象格式化为字符串 |
| | LocalTime.parse(CharSequence text) | 将字符串解析为 LocalTime 对象 |
| 计算时差 | LocalTime.until(LocalTime endExclusive, ChronoUnit unit) | 使用指定的两个时间，计算时差 |
| 比较 | LocalTime.isBefore(LocalTime other) | 判断当前时间是否早于另一个时间 |
| | LocalTime.isAfter(LocalTime other) | 判断当前时间是否晚于另一个时间 |
| | LocalTime.isEqual(LocalTime other) | 判断当前时间是否等于另一个时间 |
| | LocalTime.isBefore(LocalTime other) | 判断当前时间是否早于另一个时间 |
| | LocalTime.isAfter(LocalTime other) | 判断当前时间是否晚于另一个时间 |
| | LocalTime.isEqual(LocalTime other) | 判断当前时间是否等于另一个时间 |

3）LocalDateTime类

LocalDateTime类是一个不可变的时间类，用于表示一个具体的日期和时间，该类实际上是LocalDate类和LocalTime类的组合。LocalDateTime类可以使用LocalTime.of(LocalDate date, LocalTime time)静态方法，传入日期和时间的整数值来创建一个LocalDateTime实例，可以使用LocalDateTime.now()方法获取当前日期和时间。

LocalDateTime类可以用于时间加减、比较、计算时差、格式化与解析时间等操作方法，详见表5-6。

表5-6  LocalDateTime 类常用方法

| 方 法 声 明 | 功 能 描 述 |
| --- | --- |
| LocalDateTime.plusDays(long days) | 将日期时间增加指定天数 |
| LocalDateTime.minusDays(long days) | 将日期时间减少指定天数 |
| LocalDateTime.plusHours(long hours) | 将日期时间增加指定小时数 |
| LocalDateTime.minusHours(long hours) | 将日期时间减少指定小时数 |
| LocalDateTime.plusMinutes(long minutes) | 将日期时间增加指定分钟数 |
| LocalDateTime.minusMinutes(long minutes) | 将日期时间减少指定分钟数 |
| LocalDateTime.plusSeconds(long seconds) | 将日期时间增加指定秒数 |
| LocalDateTime.minusSeconds(long seconds) | 将日期时间减少指定秒数 |
| LocalDateTime.toLocalDate() | 获取日期部分 |
| LocalDateTime.toLocalTime() | 获取时间部分 |
| LocalDateTime.getYear() | 获取年份 |
| LocalDateTime.getMonth() | 获取月份 |
| LocalDateTime.getDayOfMonth() | 获取一个月中的第几天 |
| LocalDateTime.getHour() | 获取小时 |
| LocalDateTime.getMinute() | 获取分钟 |
| LocalDateTime.getSecond() | 获取秒 |
| LocalDateTime.format(DateTimeFormatter formatter) | 将 LocalDateTime 对象格式化为字符串 |
| LocalDateTime.parse(CharSequence text) | 将字符串解析为 LocalDateTime 对象 |
| LocalDateTime.until(LocalDateTime endExclusive, ChronoUnit unit) | 使用指定的两个日期和时间，计算时差 |
| LocalDateTime.isBefore(LocalDateTime other) | 判断当前日期时间是否早于另一个日期时间 |
| LocalDateTime.isAfter(LocalDateTime other) | 判断当前日期时间是否晚于另一个日期时间 |
| LocalDateTime.isEqual(LocalDateTime other) | 判断当前日期时间是否等于另一个日期时间 |

（其中"时间加减"对应前8行，"获取日期时间"对应接下来9行，"格式化与解析"对应接下来2行，"计算时差"对应1行，"比较"对应最后3行）

### 4）ZoneId类

ZoneId类用于表示特定的时区标识符，为日期时间对象提供时区信息，如"Asia/Shanghai"或"America/New_York"，也可以代表一个时区偏移量，如"+08:00"。也可以将ZoneId对象从一个时区转换为另一个时区。

其语法格式如下：

```
// 指定时区 ID 来获取 ZoneId
ZoneId.of("Asia/Shanghai")
// 通过 ZoneOffset 对象获取 ZoneId
ZoneId.ofOffset("+08:00", ZoneOffset.of("+08:00"))
```

5）ZonedDateTime类

ZonedDateTime类包含了时区和日期时间的组合，用于表示特定时区中的日期和时间。可以用于跨时区的时间比较和操作。

其语法格式如下：

```
// 通过ZoneId对象来创建ZonedDateTime
ZonedDateTime.of(LocalDateTime.now(), ZoneId.of("Asia/Shanghai"))
// 通过Instant对象和ZoneId对象来创建ZonedDateTime
ZonedDateTime.ofInstant(Instant.now(), ZoneId.of("Asia/Shanghai"))
```

接下来通过一个案例演示以上日期和时间类用法，如例5-5所示。

例5-5　TimeDemo.java

```
1  import java.time.LocalDate;
2  import java.time.LocalDateTime;
3  import java.time.LocalTime;
4  import java.time.ZoneId;
5  import java.time.ZonedDateTime;
6  import java.time.format.DateTimeFormatter;
7  public class TimeDemo {
8      public static void main(String[] args) {
9          // 获取当前日期和时间
10         LocalDate today = LocalDate.now();
11         LocalTime now = LocalTime.now();
12         LocalDateTime dateTime = LocalDateTime.now();
13         System.out.println("今天是：" + today);
14         System.out.println("现在是：" + now);
15         System.out.println("当前日期时间：" + dateTime);
16         // 创建指定日期和时间
17         LocalDate birthday = LocalDate.of(1999, 7, 1);
18         LocalTime meetingTime = LocalTime.of(10, 30);
19         System.out.println("生日：" + birthday);
20         System.out.println("会议时间：" + meetingTime);
21         // 日期计算
22         LocalDate tomorrow = today.plusDays(1);
23         System.out.println("明天是：" + tomorrow);
24         // 时区转换
25         ZoneId shanghaiZone = ZoneId.of("Asia/Shanghai");
26         ZonedDateTime shanghaiDateTime = LocalDateTime.now().atZone(shanghaiZone);
27         System.out.println("上海时间：" + shanghaiDateTime);
28         // 格式化日期时间
29         DateTimeFormatter formatter = DateTimeFormatter.ofPattern("yyyy-MM-dd HH:mm:ss");
30         String formattedDateTime = dateTime.format(formatter);
31         System.out.println("格式化日期时间：" + formattedDateTime);
32         // 解析日期时间
33         LocalDateTime parsedDateTime = LocalDateTime.parse("2024-06-06 10:30:30", formatter);
34         System.out.println("解析指定日期时间：" + parsedDateTime);
35     }
36 }
```

上述代码中，首先导入程序所需的java.time包中的类，然后使用Java中的日期和时间类来获取当前日期和时间、创建特定日期和时间、进行日期计算、时区转换、格式化和解析日期时间，日期时间类操作运行结果如图5-5所示。这些类和方法提供了简洁和强大的日期时间处理方式，有助于提高代码的质量和效率。

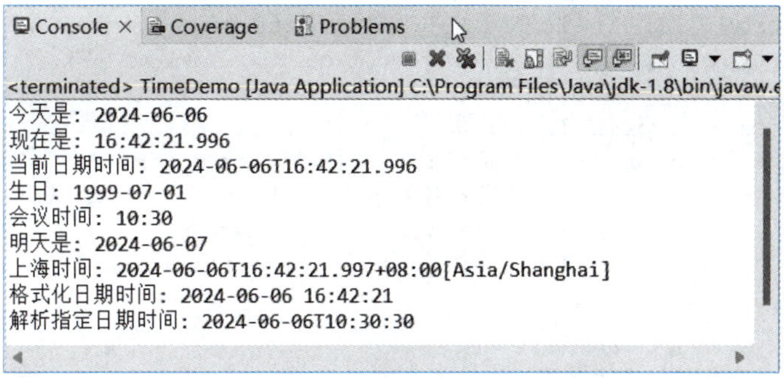

图 5-5　日期时间类操作

### 5.1.4　Math 类和 Random 类

1）Math类

在Java中，除了基本的算术运算，还提供了Math类用于执行基本的数学运算，如取绝对值、取整、计算最大值和最小值、计算幂、生成随机数等。此外，它还提供了三角函数和角度与弧度之间的转换方法，方便进行更复杂的数学计算。Math类位于java.lang包中，由JVM自动将该包中的类导入应用程序中。

Math类中，大致可以分为三类，一类表示常量，如Math.PI；一类表示计算用途的方法，如floor(double a)、pow(double a, double b)；一类用于转换操作，如toRadians(double angdeg)。

Math类的构造方法是私有的，因此它不能被实例化，另外，Math类是用final修饰的，因此不能有子类。Math类常用方法见表5-7。

表 5-7　Math 类常用方法

| 方 法 声 明 | 功 能 描 述 |
| --- | --- |
| static int abs(int a) | 返回绝对值 |
| static double ceil(double a) | 返回大于或等于参数的最小整数 |
| static double floor(double a) | 返回小于或等于参数的最大整数 |
| static int max(int a, int b) | 返回两个参数的较大值 |
| static int min(int a, int b) | 返回两个参数的较小值 |
| random() | 生成一个大于或等于 0.0 且小于 1.0 的随机 double 值 |
| static long round(double a) | 返回四舍五入的整数值 |
| static double sqrt(double a) | 平方根函数 |
| static double pow(double a, double b) | 幂运算 |

接下来通过一个简单的数学计算案例演示Math类常用方法，如例5-6所示。

例5-6　MathDemo.java

```
1  public class MathDemo {
2      public static void main(String[] args) {
3          double number = 4.0;           // 基本数学运算
```

```
4              // 输出结果
5              System.out.println("绝对值: " + Math.abs(number));
6              System.out.println("平方根: " + Math.sqrt(number));
7              System.out.println("幂: " + Math.pow(number, 2));
8              System.out.println("四舍五入: " + Math.round(number));
9              System.out.println("正弦: " + Math.sin(Math.PI / 2));
10             System.out.println("正切: " + Math.tan(Math.PI / 4));
11             System.out.println("自然对数: " + Math.log(Math.E));
12             System.out.println("指数: " + Math.exp(Math.PI));
13             System.out.println("随机数: " + Math.random());
14         }
15     }
```

上述代码的运行结果如图5-6所示。

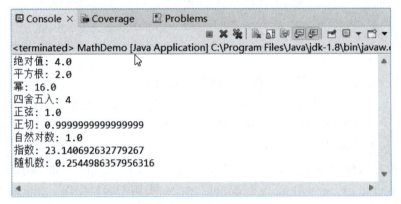

图 5-6　Math 类常用方法

### 2）Random 类

Random类是专门用于生成随机数的类，比Math类的random方法提供更多种随机数生成机制。Random类不仅可以生成浮点型随机数，而且可以生成整数型随机数，可以取得一指定范围的随机数。Random类常用方法见表5-8。

表 5-8　Random 类常用方法

| 方 法 申 明 | 功 能 描 述 |
| --- | --- |
| public boolean nextBoolean() | 生成一个随机的 boolean 值，true 和 false 值的概率相等 |
| public double nextDouble() | 生成一个随机的 double 值，数值介于 [0,1.0) 之间 |
| public int nextInt() | 生成一个随机的 int 区间值，即 $-2^{31} \sim 2^{31}-1$ |
| public int nextInt(int n) | 生成一个随机的 int 值，该值介于 [0,n) 的区间 |
| public void setSeed(long seed) | 重新设置 Random 对象中的种子数 |

接下来通过一个统计随机数出现次数的案例演示Random类的使用方法，如例5-7所示。

例5-7　RandomDemo.java

```
1  import java.util.Random;
2  public class RandomDemo {
3      public static void main(String[] args) {
```

```
4        int N = 100;  // 给定的整数 N
5        Random random = new Random();
6        int[] randomInts = new int[N];
7        int[] counts = new int[101];    // 数组大小为101，因为整数范围是1～100
8        // 生成N个随机整数并统计每个整数出现的次数
9        for (int i = 0; i < N; i++) {
10           int randomInt = random.nextInt(100) + 1;
                                            // 生成1～100的随机整数
11           randomInts[i] = randomInt;
12           counts[randomInt]++;
13       }
14       // 找出出现次数最多的前三个整数及其对应的次数
15       int maxCount = 0;
16       int[] topThree = new int[3];
17       for (int i = 1; i <= 100; i++) {
18           if (counts[i] > maxCount) {
19               maxCount = counts[i];
20               topThree[0] = i;
21               topThree[1] = 0;
22               topThree[2] = 0;
23           } else if (counts[i] == maxCount) {
24               if (topThree[2] == 0) {
25                   topThree[2] = i;
26               }
27           }
28       }
29       // 输出结果
30       System.out.println("本次运行出现次数最多的三个整数及其对应的次数：");
31       for (int i = 0; i < 3; i++) {
32           System.out.println(topThree[i] + " 出现次数：" + counts[topThree[i]]);
33       }
34   }
35 }
```

在上述代码中，使用了int[] randomInts来存储生成的随机整数，以及int[] counts来记录每个整数出现的次数。然后，使用一个循环来找出出现次数最多的前三个整数及其对应的次数。本次运行的结果如图5-7所示。

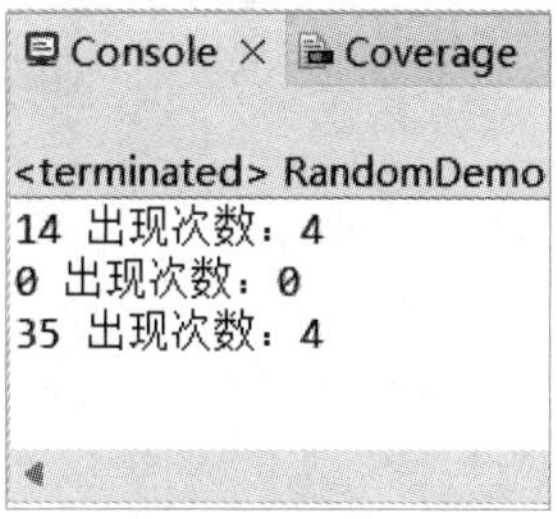

图 5-7 统计随机数出现次数

### 5.1.5 Lambda 表达式

Lambda表达式是一种匿名函数，没有名称，但可以像普通函数一样接收参数和返回值。它由箭头"->"连接一个或多个参数和一个表达式或代码块组成，支持函数式编程，允许把函数作为一个方法的参数（函数作为参数传递进方法中）。Lambda表达式可以用于集合操作、事件处理等各种场景。语法格式如下：

```
(parameters) -> expression
```

或

```
(parameters) ->{ statements; }
```

上述语法格式中，parameters是参数列表，expression或{ statements; }是Lambda表达式的主体。如果只有一个参数，可以省略括号；如果没有参数，也需要空括号。

例如，使用Lambda表达式计算两个数的和的代码如下：

```java
// 使用 Lambda 表达式计算两个数的和
MathOperation addition = (a, b) -> a + b;
// 调用 Lambda 表达式
int result = addition.operation(5, 3);
System.out.println("5 + 3 = " + result);
```

在上述代码中，MathOperation是一个函数式接口，它包含一个抽象方法operation，Lambda表达式(a, b) -> a + b实现了这个抽象方法，表示对两个参数进行相加操作。

接下来通过一个使用Lambda表达式操作数组的排序和打印案例，演示Lambda表达式的基本用法和函数式编程的用法，如例5-8所示。

**例5-8** LambdaSortAndPrintExample.java

```java
1  import java.util.Arrays;
2  public class LambdaSortAndPrintExample {
3      public static void main(String[] args) {
4          // 定义一个 Integer 数组
5          Integer[] numbers = {5, 2, 9, 1, 5, 6};
6          // 使用 Lambda 表达式和 Arrays.sort() 方法对数组进行排序
7          Arrays.sort(numbers, (a, b) -> a - b);    // 升序排序
8          // 使用 Arrays.stream() 方法和 forEach() 方法打印排序后的数组
9          Arrays.stream(numbers).forEach(System.out::println);
10         //降序排序，修改 Lambda 表达式为如下形式
11         Arrays.sort(numbers, (a, b) -> b - a);    // 降序排序
12         // 再次打印排序后的数组（降序）
13         System.out.println("降序排序后的数组：");
14         Arrays.stream(numbers).forEach(System.out::println);
15     }
16 }
```

上述代码的运行结果如图5-8所示。

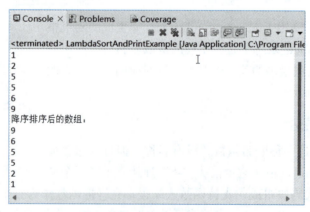

图 5-8  Lambda 表达式操作数组

 **任务实现**

**实施步骤**

（1）分别设计用户类、菜单类、订单类属性及获取属性的getter()方法。
（2）菜单类中包括菜品名称、价格、制作时间。

（3）订单类中包括用户ID、菜品名称、菜品价格、折扣率、最终价格、下单时间、预计准备时间。

（4）用户输入处理，用户ID只接收数字，错误输入后，可继续输入；点餐输入错误的菜品名称后可继续输入。

（5）菜单处理，使用数组和菜单类构建菜单。

（6）订单处理，用户点餐后，系统会根据菜品价格和折扣计算出最终价格，并使用Lambda表达式来简化订单处理逻辑。

RestaurantOrderSystem.java

```
1   import java.time.LocalDateTime;
2   import java.time.format.DateTimeFormatter;
3   import java.util.Random;
4   import java.util.Scanner;
5   public class RestaurantOrderSystem {
6       // 用户类
7       static class User {
8           private Integer id;
9           public User(Integer id) {
10              this.id = id;
11          }
12          public Integer getId() {
13              return id;
14          }
15      }
16      // 菜单类
17      static class Dish {
18          private String name;
19          private Double price;
20          private Integer preparationTime;    // 准备时间，单位为分钟
21          public Dish(String name, Double price, Integer preparationTime) {
22              this.name = name;
23              this.price = price;
24              this.preparationTime = preparationTime;
25          }
26          public String getName() {
27              return name;
28          }
29          public Double getPrice() {
30              return price;
31          }
32          public Integer getPreparationTime() {
33              return preparationTime;
34          }
35      }
36      // 订单类
37      static class Order {
38          private User user;
39          private Dish dish;
40          private Double finalPrice;          // 最终价格
41          private LocalDateTime orderTime;    // 订单时间
42          public Order(User user, Dish dish, Double discount) {
```

```java
43              this.user = user;
44              this.dish = dish;
45              this.orderTime = LocalDateTime.now();
46              this.finalPrice = dish.getPrice() * (1 - discount);
47          }
48          public void displayOrder() {
49              DateTimeFormatter formatter = DateTimeFormatter.ofPattern("yyyy-MM-dd HH:mm:ss");
50              System.out.println("订单详情:");
51              System.out.println("用户 ID: " + user.getId());
52              //System.out.println("用户名: " + user.getName());
53              System.out.println("菜品名称: " + dish.getName());
54              System.out.println("菜品价格: " + dish.getPrice());
55              System.out.println("折扣率: " + (1 - finalPrice / dish.getPrice()));
56              System.out.println("最终价格: " + finalPrice);
57              System.out.println("下单时间: " + orderTime.format(formatter));
58              System.out.println("预计准备时间: " + dish.getPreparationTime() + "分钟");
59          }
60      }
61      public static void main(String[] args) {
62          Scanner scanner = new Scanner(System.in);
63          // 创建用户
64          Integer userId = 0;
65          while (userId == 0) {
66              // 创建用户
67              System.out.println("请输入用户 ID(数字): ");
68              try {
69                  userId = scanner.nextInt();
70                  scanner.nextLine();          // 处理换行符
71              } catch (Exception e) {
72                  System.out.println("输入的不是有效的数字，请重新输入。");
73                  scanner.nextLine();          // 清除错误的输入
74              }
75          }
76          //System.out.println("请输入用户名: ");
77          //String userName = scanner.nextLine();
78          //User user = new User(userId, userName);
79          User user = new User(userId);
80          // 创建菜单
81          Dish[] menu = { new Dish("宫保鸡丁", 32.0, 20), new Dish("鱼香肉丝", 28.0, 15), new Dish("清炒时蔬", 22.0, 10),new Dish("红烧茄子", 26.0, 12) , new Dish("莲藕排骨", 48.0, 30), new Dish("蟠龙菜", 58.0, 30)};
82          // 显示菜单
83          System.out.println("-------- 菜单 --------");
84          for (Dish dish : menu) {
85              System.out.println(dish.getName() + " - 价格: " + dish.getPrice() + "元");
86          }
87          System.out.println("----------------------");
88          // 用户点餐
89          Dish selectedDish = null;
90          while (selectedDish == null) {
91              System.out.println("请选择菜品名称: ");
92              String dishName = scanner.nextLine();
93              // 检查是否选择了有效菜品
94              for (Dish dish : menu) {
95                  if (dish.getName().equals(dishName)) {
```

```
96                      selectedDish = dish;
97                      break;
98                  }
99              }
100             if (selectedDish == null) {
101                 System.out.println("无效的菜品名称，请重新输入。");
102             }
103         }
104         scanner.close();
105         // 随机生成折扣
106         Random random = new Random();
107         double discount = random.nextDouble() * 0.8; // 折扣率0-0.8
108         // 创建订单
109         Order order = new Order(user, selectedDish, discount);
110         // 显示订单信息
111         order.displayOrder();
112     }
113 }
```

上述代码中，因为用户、菜单、订单类均有不可修改的特性，所以代码中定义了三个静态内部类：User（用户类）、Dish（菜单类）和Order（订单类），可以使用构造方法的形式生产菜单。在 User 类中，id 属性用于标识用户。在 Dish 类中，name、price 和 preparationTime 属性分别表示菜品的名称、价格和准备时间。在 Order 类中，user、dish、finalPrice 和 orderTime 属性分别表示订单的用户、菜品、最终价格和订单时间。在主方法中如果用户和输入的餐单均为有效数据，则由random随机生成一个折扣率，最后displayOrder用于显示订单详情，其运行效果如图5-9所示。

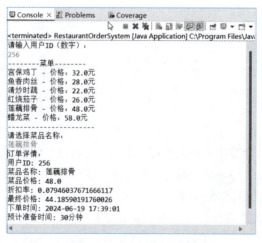

图 5-9　乐自助餐饮订单

## 任务5.2　乐自助食材备货

### 任务描述

中央主厨备货管理在餐饮行业中有重要地位，该任务主要实现主厨的食材备货管理，备货程序有"显示库存""食材备货""退出"三个菜单,当选择"显示库存"时,如果没有食材信息,则提示请及时补库;当选择"食材备货"时,输入备货的食材名称、数量、单价、食材产地,并计算当前单品食材的采购价格等信息,如果要结束本次备货可输入"done",在控制台输出本次备货清单和采用的总费用,返回主菜单。当输入"退出"时,则退出程序。

 相关知识

## 5.2 集合

Java集合框架(Java collection framework)存放在java.util包中,是一个用来存放对象的容器。集合框架中常用的实现类有ArrayList、LinkedList、Vector、HashSet、HashMap等。接下来将围绕List集合、Set集合、Map集合,以及它们的常用实现类对Java集合框架进行详细介绍。

### 5.2.1 集合简介

Java集合框架主要由一组性能高效、使用简单、可用来操作对象的接口和类组成。Java集合框架位于java.util包中,其中包括接口、接口实现类、具有静态方法的工具类等。Java中的集合类是一种工具类,就像容器,可存储任意数量的具有共同属性的对象。Java集合的体系结构如图5-10所示。

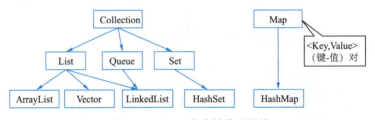

图5-10 Java集合的体系结构

在图5-10中,Java集合类主要由两个根接口Collection和Map派生出来,Collection派生出了三个子接口:List、Set、Queue,因此Java集合大致也可分成List、Set、Queue、Map四种接口体系(注意:Map不是Collection的子接口)。

List代表了有序可重复集合,可直接根据元素的索引来访问;Set代表无序不可重复集合,只能根据元素本身来访问;Queue是队列集合;Map代表的是存储〈Key, Value〉(键-值对)的集合,可根据元素的Key来访问Value。其中List接口的常用实现类为ArrayList、LinkedList、Vector;Set接口的常用实现类为HashSet;Map接口的常用实现类为HashMap。

### 5.2.2 Collection接口

Collection集合中存储的是一组元素对象,接口本身并不提供直接实现,具体的操作通过子接口来实现。Set接口、List接口和Queue接口都是Collection的子接口。在Collection中定义的通用方法既可用于操作Set集合,也可用于操作List集合和Queue集合。Collection接口的方法及功能见表5-9。

表 5-9　Collection 接口的方法及功能

| 方　　法 | 功　　能 |
|---|---|
| boolean add(Object obj) | 向集合添加一个 obj 元素 |
| boolean addAll(Collection c) | 将指定集合中所有元素添加到该集合 |
| void clear() | 清空集合中所有元素 |
| boolean contains(Object obj) | 判断集合中是否包含某个元素 |
| boolean containsAll(Collection c) | 判断集合中是否包含指定集合中所有元素 |
| boolean equals(Collection c) | 比较此集合与指定对象是否相等 |
| int hashCode() | 返回此集合的哈希码值 |
| Iterator iterator() | 返回在此集合的元素上进行迭代的迭代器 |
| boolean remove(Object o) | 删除该集合中的指定元素 |
| boolean removeAll(Collection c) | 删除指定集合中所有元素 |
| boolean retainAll(Collection c) | 仅保留此集合中那些也包含在指定集合 c 中的元素 |
| Object[] toArray() | 返回包含此集合中所有元素的数组 |
| boolean isEmpty() | 如果此集合为空，则返回 true |
| int size() | 返回此集合中元素个数 |

接下来通过创建、添加、删除等操作演示表5-9中Collection方法的使用，如例5-9所示。

例5-9　CollectionDemo.java

```
1   import java.util.ArrayList;
2   import java.util.Collection;
3   public class CollectionDemo {
4       public static void main(String[] args) {
5           // 创建一个集合
6           Collection<String> collection = new ArrayList<>();
7           // 添加元素
8           collection.add("纯电动汽车");
9           collection.add("混合动力电动汽车");
10          collection.add("燃料电池电动汽车");
11          collection.add("氢发动机汽车");
12          collection.add("其他新能源");
13          // 添加后的集合
14          System.out.println("添加元素后，集合内容:" + collection);
15          // 删除指定元素
16          collection.remove("其他新能源");
17          // 创建新集合并添加删除后的元素
18          Collection<String> newCollection = new ArrayList<>(collection);
19          System.out.println("删除元素后，集合内容:" + newCollection);
20          // 输出新集合中元素的个数
21          System.out.println("新集合中元素的个数:" + newCollection.size());
22      }
23  }
```

上述代码首先创建了一个ArrayList集合，并向其中添加、打印添加后的集合；然后，使用remove删除了集合中的"其他新能源"元素，并将删除"其他新能源"后的集合添加到新集合中。最后打印新集合中元素的内容和个数。其运行结果如图5-11所示。

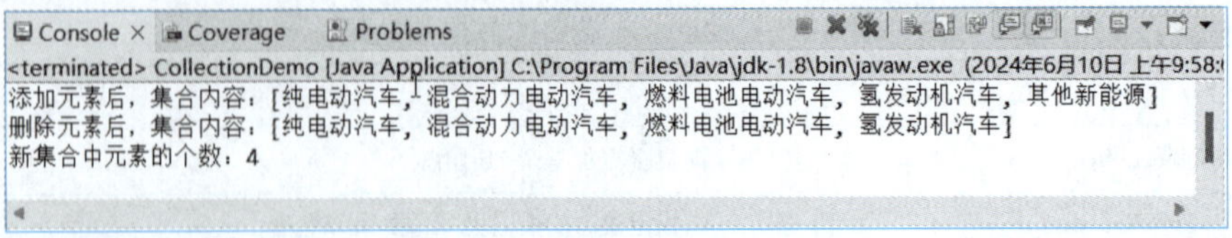
Console × Coverage Problems
<terminated> CollectionDemo [Java Application] C:\Program Files\Java\jdk-1.8\bin\javaw.exe (2024年6月10日 上午9:58:
添加元素后，集合内容：[纯电动汽车，混合动力电动汽车，燃料电池电动汽车，氢发动机汽车，其他新能源]
删除元素后，集合内容：[纯电动汽车，混合动力电动汽车，燃料电池电动汽车，氢发动机汽车]
新集合中元素的个数：4

图 5-11　Collection 方法的使用

### 5.2.3　List 接口

List集合中元素是有序的且可重复的，相当于数学里面的数列，有序可重复。使用此接口能够精确地控制每个元素插入的位置，用户可以通过索引来访问集合中的指定元素，List集合还有一个特点就是元素的存入顺序与取出顺序一致。

List接口中大量地扩充了Collection接口，拥有了比Collection接口中更多的方法定义，其中有些方法还比较常用，见表5-10。

表 5-10　List 接口常用方法及功能

| 方　法 | 功　能 |
|---|---|
| void add(int index, Object element) | 在 index 位置插入 element 元素 |
| boolean addAll(int index, Collection c) | 将集合 c 中所有元素插入 List 集合的 index 处 |
| Object get(int index) | 得到 index 处的元素 |
| Object set(int index,Object element) | 用 element 替换 index 位置的元素 |
| Object remove(int index) | 移除 index 位置的元素，并返回该元素 |
| int indexOf(Object o) | 返回集合中第一次出现 o 的索引，若集合中不包含该元素，则返回 -1 |

表5-10中列出了List接口的常用方法，所有List实现类都可以通过调用这些方法对集合元素进行操作。

List接口的实现类包括ArrayList、LinkedList和Iterator。这些实现类提供了不同的性能特点，可以根据具体的使用场景选择合适的实现类。

#### 1. ArrayList

ArrayList是程序中最常见的一种集合。ArrayList使用动态数组存储元素，可以根据需要自动扩容，并支持快速的随机访问，索引范围是0～size()-1。

ArrayList集合的方法大部分是从父类Collection和List继承过来的，见表5-11。

表 5-11　ArrayList 类的方法及功能

| 方　法 | 功　能 |
|---|---|
| new ArrayList() 或 new ArrayList(int initialCapacity) | 创建一个 ArrayList |
| add(int index, E element) 或 add(E element) | 在指定索引位置上添加元素或将元素添加到集合的尾部 |
| get(int index) | 根据索引访问元素 |
| remove(int index) | 根据索引删除元素，删除成功为 true，失败为 false |

续表

| 方　　法 | 功　　能 |
|---|---|
| set(int index, E element) | 根据索引修改元素 |
| int size() | 获取集合元素个数 |

接下来通过创建、添加、删除等操作演示表5-11中ArrayList类的方法的使用，如例5-10所示。

**例5-10**　ArrayListDemo.java

```
1  import java.util.ArrayList;
2  public class ArrayListDemo {
3      public static void main(String[] args) {
4          ArrayList<String> list = new ArrayList<>();
5          list.add("燃油型汽车");
6          list.add("纯电型汽车");
7          list.add("固态电池型汽车");
8          list.add("混合动力型汽车");
9          System.out.println("新集合:" + list);
10         //void add(int index, E element) -> 在指定索引位置上添加元素
11         list.add(2,"氢燃料电池型汽车");
12         System.out.println("添加元素后，集合内容:" + list);
13         //boolean remove(Object o) -> 删除指定的元素，删除成功为true，失败为false
14         list.remove("氢燃料电池型汽车");
15         System.out.println("指定的元素删除后，集合内容:" + list);
16         //E remove(int index) -> 删除指定索引位置上的元素
17         String element = list.remove(0);
18         System.out.println("指定的索引删除后，集合内容:" + list);
19         //E set(int index, E element) -> 将指定索引位置上的元素修改成element元素
20         String element2 = list.set(0, "新能源动力汽车");
21         System.out.println("指定的索引修改后，集合内容:" +list);
22         //E get(int index) -> 根据索引获取元素
23         System.out.println("指定索引获取元素:" + list.get(0));
24         //int size()    -> 获取集合元素个数
25         System.out.println("集合元素个数:" + list.size());
26     }
27 }
```

上述代码中，演示了使用ArrayList类执行集合基本操作添加、删除、修改、获取元素和获取集合的大小。其运行结果如图5-12所示。

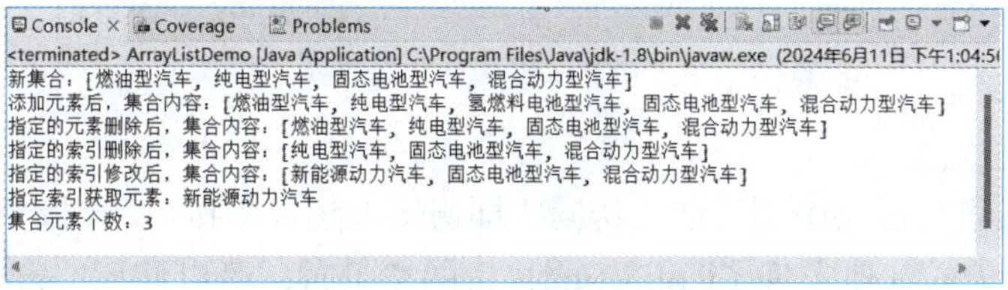

图 5-12　ArrayList 类执行集合基本操作

### 2. LinkedList

LinkedList基于双向链表实现，因此添加和删除元素的操作在链表的两端非常高效（常数时间复杂度）。但在访问指定位置的元素时，可能需要遍历链表，因此效率较低。其常见的操作见表5-12。

表 5-12　LinkedList 类的方法及功能

| 方　　法 | 功　　能 |
| --- | --- |
| new LinkedList() 或 new LinkedList(Collection<? extends E> c) | 创建一个 LinkedList |
| addFirst(E e)、addLast(E e)、add(int index, E element) | 在第一位、最后一位、索引位置添加元素 |
| getFirst()、getLast()、get(int index) | 根据索引访问元素 |
| removeFirst()、removeLast()、remove(int index) | 根据索引删除元素 |
| set(int index, E element) | 根据索引修改元素 |

LinkedList类的方法的使用与ArrayList类大体相似，接下来通过创建、添加、删除等操作演示表5-12中LinkedList类的方法的使用，如例5-11所示。

**例5-11**　LinkedListDemo.java

```
1  import java.util.LinkedList;
2  public class LinkedListDemo {
3      public static void main(String[] args) {
4          LinkedList<String> list = new LinkedList<>();
5          list.add("混动型汽车");
6          list.add("纯电型汽车");
7          list.add("氢燃料电池型汽车");
8          System.out.println("新集合：" + list);
9          list.addFirst("新能源汽车");          // 在列表开头添加元素
10         System.out.println("在集合头部添加元素后：" + list);
11         list.removeLast();                    // 移除列表最后一个元素
12         System.out.println("删除集合最后一个元素后：" + list);
13         System.out.println("获取指定索引的元素：" +list.get(1)); // 输出索引为1的元素
14     }
15 }
```

在上述代码中，演示了使用LinkedList类执行集合添加、删除、修改、获取元素等基本操作。其运行结果如图5-13所示。

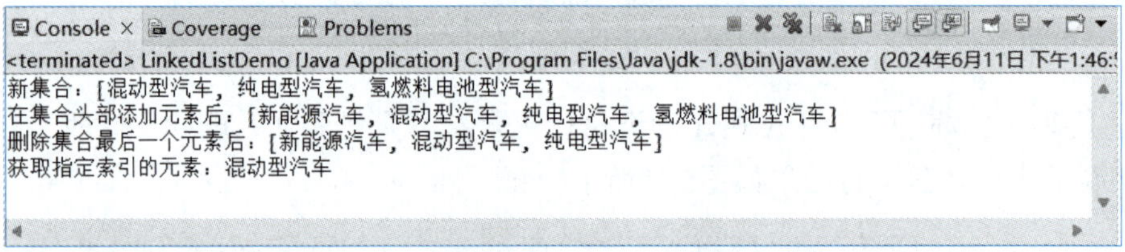

```
新集合：[混动型汽车, 纯电型汽车, 氢燃料电池型汽车]
在集合头部添加元素后：[新能源汽车, 混动型汽车, 纯电型汽车, 氢燃料电池型汽车]
删除集合最后一个元素后：[新能源汽车, 混动型汽车, 纯电型汽车]
获取指定索引的元素：混动型汽车
```

图 5-13　LinkedList 类执行集合基本操作

**3. Iterator**

Iterator是Java集合框架中用于迭代访问（即遍历）集合的接口，因此Iterator对象又称迭代器。当使用List（或其他实现了Collection接口的类）时，可以使用iterator()方法获取一个Iterator对象，然后通过该对象的hasNext()和next()方法遍历集合中的元素。

接下来通过集合遍历的案例演示Iterator类的使用，如例5-12所示。

**例5-12**　IteratorDemo.java

```
1  import java.util.*;
2  public class IteratorDemo {
```

```
3      public static void main(String[] args) {
4          ArrayList<String> list = new ArrayList<>();
5          list.add(" 新能源汽车 ");
6          list.add(" 燃油型汽车 ");
7          list.add(" 纯电型汽车 ");
8          list.add(" 固态电池型汽车 ");
9          list.add(" 混合动力型汽车 ");
10         // 获取迭代器对象
11         Iterator<String> iterator = list.iterator();
12         while (iterator.hasNext()) {
13             String element = iterator.next();
14             System.out.println(element);
15         }
16     }
17 }
```

在上述代码中，首先创建了一个LinkedList集合并添加了相应的元素，演示了使用Iterator类遍历集合。其运行结果如图5-14所示。

图 5-14  Iterator 类遍历集合

## 5.2.4 Set 接口

Set接口和List接口一样，同样继承自Collection接口，它与Collection接口中的方法基本一致。Set接口定义了一系列操作无序集合的方法，包括添加、删除、修改和查询元素等。Set接口的实现类包括HashSet、LinkedHashSet和TreeSet。

### 1. HashSet

HashSet类所包含的元素是无序不可重复的。在向HashSet集合中添加一个元素时，首先会调用该对象的hashCode()方法来计算其哈希值，从而确定元素在集合中的存储位置。如果此时发现存在哈希值相同的元素，则会进一步调用该对象的equals()方法来进行比较，以确保集合中不会存在重复的元素。下面通过一个案例来演示HashSet的用法，如例5-13所示。

例5-13  HashSetDemo.java

```
1  import java.util.*;
2  public class HashSetDemo {
3      public static void main(String[] args) {
4          HashSet<String> set = new HashSet<String>(); // 创建 HashSet 集合
5          set.add(" 纯电型汽车 ");
6          set.add(" 固态电池型汽车 ");
7          set.add(" 混合动力型汽车 ");
8          set.add(" 纯电型汽车 "); // 尝试添加一个重复元素
9          System.out.println("HashSet 中的元素数量：" + set.size());
10         Iterator<String> it = set.iterator();      // 获取 Iterator 对象
11         while (it.hasNext()) {        // 通过 while 循环，判断集合中是否有元素
12             // 如果有元素，就通过迭代器的 next() 方法获取元素
```

```
13              Object obj = it.next();
14              System.out.println(obj);
15          }
16      }
17 }
```

在上述代码中，使用add()方法依次添加4个元素，在程序运行后输出的元素顺序正好相反，如图5-15所示，证明了HashSet存储的无序性，但是如果多次运行，可以看到结果仍然不变，说明无序性、随机性。代码的第8行，尝试再次添加一个"纯电型汽车"元素，而运行结果中只有一个，也说明了HashSet元素的不可重复性，其运行结果如图5-15所示。

图 5-15　HashSet 的用法

#### 2. LinkedHashSet

LinkedHashSet类基于哈希表和链表实现。在向LinkedHashSet集合添加元素时，集合的元素保持添加的顺序且不可重复添加，并支持顺序访问，元素顺序不会因为元素的添加、删除或修改而改变。下面通过一个案例来演示LinkedHashSet的用法，如例5-14所示。

**例5-14**　LinkedHashSetDemo.java

```
1  import java.util.*;
2
3  public class LinkedHashSetDemo {
4      public static void main(String[] args) {
5          LinkedHashSet<String> set = new LinkedHashSet<String>();
                                                          // 创建 HashSet 集合
6          set.add(" 纯电型汽车 ");
7          set.add(" 固态电池型汽车 ");
8          set.add(" 混合动力型汽车 ");
9          set.add(" 纯电型汽车 ");           // 尝试添加一个重复元素
10         System.out.println("LinkedHashSet 中的元素数量：" + set.size());
11         Iterator<String> it = set.iterator();   // 获取 Iterator 对象
12         while (it.hasNext()) {          // 通过 while 循环，判断集合中是否有元素
13              // 如果有元素，就通过迭代器的 next() 方法获取元素
14              Object obj = it.next();
15              System.out.println(obj);
16         }
17     }
18 }
```

在上述代码中，使用add()方法依次添加4个元素，与HashSet类不一样的是集合的元素按添加顺序排序，与HashSet类一样的是不能添加重复元素。其运行结果如图5-16所示。

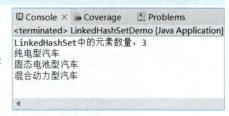

图 5-16　LinkedHashSet 类的用法

#### 3. TreeSet

TreeSet集合和HashSet集合都可以保证容器内元素的唯一性，但它们底层实现方式不同，TreeSet底层用自平衡的排序二叉树实现，所以它既能保证元素唯一性，又可以对元素进行排序。能够保障集合高效的顺序访问和批量删除操作，但不支持高效的随机访问。TreeSet类还提供一些特有的方法，见表5-13。

表 5-13　TreeSet 类常用方法及功能

| 方　法 | 功　能 |
|---|---|
| Comparator comparator() | 如果 TreeSet 集合采用定制排序，则返回定制排序所使用的 Comparator，如果 TreeSet 集合采用自然排序，则返回 null |
| Object first() | 返回集合中第一个元素 |
| Object last() | 返回集合中最后一个元素 |
| Object lower(Object o) | 返回集合中位于 o 之前的元素 |
| Object higher(Object o) | 返回集合中位于 o 之后的元素 |
| SortedSet subset(Object o1,Object o2) | 返回此 Set 的子集合，范围从 o1 到 o2 |
| SortedSet headset(Object o) | 返回此 Set 的子集合，范围小于元素 o |
| SortedSet tailSet(Object o) | 返回此 Set 的子集合，范围大于或等于元素 o |

在表 5-13 中，列举了 TreeSet 类的常用方法，接下来通过一个案例来演示这些方法的使用，如例 5-15 所示。

例 5-15　TreeSetDemo.java

```java
import java.util.TreeSet;
public class TreeSetDemo {
    public static void main(String[] args) {
        // 创建TreeSet集合
        TreeSet<Integer> tree = new TreeSet<Integer>();
        tree.add(256);                                 // 添加元素
        tree.add(2829);
        tree.add(301);
        System.out.println("新集合:" +tree);          // 打印集合
        // 打印集合中最后元素
        System.out.println("集合最后元素:" +tree.last());
        // 打印集合中大于 200 小于 400 的元素
        System.out.println("集合中大于200 小于 400 的元素:"+tree.subSet(200, 400));
    }
}
```

运行上述代码后，显示集合的元素并非按照添加顺序存储，是根据元素实际值的大小进行排序的，这说明 TreeSet 集合中元素是有序的。另外，输出结果还演示了打印集合中最后元素和大于 200 小于 400 的元素，也都是按排序机制输出元素。其运行结果如图 5-17 所示。

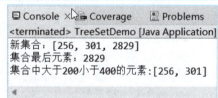

图 5-17　TreeSet 类的常用方法

### 5.2.5　Map 接口

Map 接口定义了基本的键值对操作规范，包括插入、删除、更新和查询，它与 Collection 接口是并列存在的，用于存储键值对（key-value）形式的元素，描述了由不重复的键到值的映射。它不保证映射的顺序，也不允许使用 null 作为键（除非具体实现类如 HashMap）。Map 接口的核心方法包括 put(key, value)、get(key)、remove(key) 和 containsKey(key) 等，Map 集合常用方法及功能表 5-14。

表 5-14　Map 集合常用方法及功能

| 方　法 | 功　能 |
| --- | --- |
| Object put(Object key, Object value) | 将指定的值与此映射中的指定键关联 |
| Object remove(Object key) | 如果存在一个键的映射关系，则将其从此映射中移除 |
| void putAll(Map t) | 从指定映射中将所有映射关系复制到此映射中 |
| void clear() | 从此映射中移除所有映射关系 |
| Object get(Object key) | 返回指定键所映射的值；如果此映射不包含该键的映射关系，则返回 null |
| boolean containsKey(Object key) | 如果此映射包含指定键的映射关系，则返回 true |
| boolean containsValue(Object value) | 如果此映射将一个或多个键映射到指定值，则返回 true |
| int size() | 返回此映射中的键 - 值映射关系数 |
| boolean isEmpty() | 如果此映射未包含键 - 值映射关系，则返回 true |
| Set keySet() | 返回此映射中包含的键的 Set 视图 |
| Collection values() | 返回此映射中包含的值的 Collection 视图 |
| Set entrySet() | 返回此映射中包含的映射关系的 Set 视图 |

在表5-14中，列出了一系列方法用于操作Map，其中put(Object key, Object value)和get(Object key)方法分别用于向Map中存入元素和取出元素；containsKey(Object key)和containsValue(Object value)方法分别用于判断Map中是否包含某个指定的键或值；keySet()和values()方法分别用于获取Map中所有的键和值。Map接口有很多实现类，其中最常用的是HashMap、TreeMap、LinkedHashMap和ConcurrentHashMap类，接下来会针对这4个类进行详细讲解。

### 1. HashMap

HashMap是Map接口的一个重要实现，它基于哈希表原理工作，提供了$O(1)$的平均时间复杂度进行插入、删除和查找操作。HashMap允许使用null键和null值，内部通过散列函数将键转换为数组索引，然后将值存储在对应的位置。但必须保证不出现重复的键，当多个键映射到同一索引（发生碰撞）时，HashMap使用链表或红黑树来解决冲突。

接下来通过一个生产线装配设备清单案例，演示HashMap的基本用法，如例5-16所示。

**例5-16**　HashMapDemo.java

```
1   import java.util.HashMap;
2   public class HashMapDemo {
3       public static void main(String[] args) {
4           // 创建一个 HashMap
5           HashMap<String, Integer> map = new HashMap<>();
6           // 添加键值对
7           map.put("工业相机", 10);
8           map.put("4 轴机械臂", 20);
9           map.put("AGV 搬运机器人", 30);
10          map.put("RFID 读写器", 30);
11          // 查询键对应的值
12          int cameraCount = map.get("工业相机");
13          System.out.println("工业相机的数量：" + cameraCount );
14          // 删除键值对
15          map.remove("RFID 读写器");
```

```
16      // 检查键是否在 HashMap 中
17      boolean containsCamera = map.containsKey("RFID读写器");
18      System.out.println("是否包含RFID读写器: " + containsCamera);
19      // 获取 HashMap 的大小
20      int size = map.size();
21      System.out.println("HashMap的大小: " + size);
22      // 遍历 HashMap
23      System.out.println("HashMap 中的元素: ");
24      for (String fruit : map.keySet()) {
25          int count = map.get(fruit);
26          System.out.println(fruit + " 的数量: " + count);
27      }
28    }
29 }
```

上述代码中，首先在创建的HashMap集合中添加了4个元素，然后按键值进行查找和删除，并判断删除键值后的元素是否存在及删除后集合的大小，最后迭代输出集合中所有元素，从集合元素输出结果也可见HashMap依赖于哈希值来决定元素的存储顺序。程序运行结果如图5-18所示。

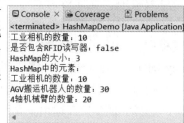

图 5-18  HashMap 的基本用法

### 2. LinkedHashMap

LinkedHashMap类是HashMap的子类，LinkedHashMap类可以维护Map的迭代顺序，迭代顺序与键值对的插入顺序一致，需要按插入顺序遍历或者实现一个简单的缓存时，LinkedHashMap非常实用。

接下来继续使用生产线装配设备清单案例演示LinkedHashMap的基本用法，如例5-17所示。

**例5-17** LinkedHashMapDemo.java

```
1  import java.util.LinkedHashMap;
2  import java.util.Map;
3  public class LinkedHashMapDemo {
4      public static void main(String[] args) {
5          // 创建一个 LinkedHashMap
6          LinkedHashMap<String, Integer> map = new LinkedHashMap<>();
7          // 添加键值对
8          map.put("工业相机", 10);
9          map.put("4轴机械臂", 20);
10         map.put("AGV搬运机器人", 30);
11         map.put("RFID读写器", 30);
12         // 查询键对应的值
13         int cameraCount = map.get("工业相机");
14         System.out.println("工业相机的数量: " + cameraCount);
15         // 删除键值对
16         map.remove("RFID读写器");
17         // 检查键是否在 LinkedHashMap 中
18         boolean containsArm = map.containsKey("4轴机械臂");
19         System.out.println("是否包含4轴机械臂: " + containsArm);
20         // 获取 LinkedHashMap 的大小
21         int size = map.size();
22         System.out.println("LinkedHashMap的大小: " + size);
23         // 遍历 LinkedHashMap
24         System.out.println("LinkedHashMap 中的元素: ");
25         for (Map.Entry<String, Integer> entry : map.entrySet()) {
```

```
26              String device = entry.getKey();
27              int count = entry.getValue();
28              System.out.println(device + "的数量: " + count);
29          }
30      }
31 }
```

以上代码中,对LinkedHashMap的操作除了遍历方法与HashMap的遍历方法不一致,其他操作方法基本一致。

在例5-16和例5-17中分别使用keySet()和entrySet()遍历方式。当使用keySet()时只能访问键,而使用entrySet()时可以同时访问键和值。在大多数情况下,使用keySet()遍历HashMap会比使用entrySet()更快,因为HashMap的键存储在单独的数组中,而值存储在另一个数组中,这样可以直接通过键来访问值,避免了在entrySet()中需要额外调用getValue()方法。实际开发过程中,若应用程序对性能有很高的要求,那么使用keySet()可能更合适。若需要同时访问键和值或者需要在迭代过程中修改集合,那么使用entrySet()可能是更好的选择。例5-17在输出集合元素的顺序与添加的顺序一致,其运行结果如图5-19所示。

图5-19 LinkedHashMap的基本用法

### 3. TreeMap

TreeMap使用红黑树数据结构存储键值对,因此天然有序,可以按照键的自然顺序或自定义比较器进行排序。TreeMap保证了键的排序,使得键值对可以按照键升序或降序遍历。

接下来通过学生名单排序的案例演示TreeMap的升序和降序遍历用法,分别如例5-18和例5-19所示。

**例5-18** TreeMapDemo.java

```
1  import java.util.Map;
2  import java.util.TreeMap;
3  public class TreeMapDemo {
4      public static void main(String[] args) {
5          // 创建一个 TreeMap 对象
6          Map<String, Integer> students = new TreeMap<>();
7          // 添加键值对
8          students.put("Charlie", 21);
9          students.put("Alice", 20);
10         students.put("Bob", 22);
11         students.put("David", 75);
12         // 迭代键值对,按照键的升序遍历
13         System.out.println("按照升序遍历 TreeMap:");
14         for (Map.Entry<String, Integer> entry : students.entrySet()) {
15             System.out.println("姓名: " + entry.getKey() + "  年龄: " + entry.getValue());
16         }
17     }
18 }
```

**例5-19** TreeMapDemo2.java

```
1  import java.util.Map;
2  import java.util.TreeMap;
```

```
3    import java.util.Comparator;
4    import java.util.Map.Entry;
5    public class TreeMapDemo2 {
6        public static void main(String[] args) {
7            // 创建一个 TreeMap 对象，并指定降序排序
8            Map<String, Integer> scoreMap = new TreeMap<>(Comparator.reverseOrder());
9            // 添加元素
10           scoreMap.put("Alice", 95);
11           scoreMap.put("Bob", 80);
12           scoreMap.put("Charlie", 90);
13           scoreMap.put("David", 75);
14           // 按照降序遍历 TreeMap
15           System.out.println("按照降序遍历 TreeMap:");
16           for (Entry<String, Integer> entry : scoreMap.entrySet()) {
17               System.out.println("姓名： "+ entry.getKey() + "  成绩： " + entry.getValue());
18           }
19       }
20   }
```

在例5-18和例5-19的代码中，两个案例的实现主要体现在集合创建和遍历过程中的Comparator 使用。按升序排序需求时，直接使用 TreeMap 创建集合，按降序排列需求时，在创建 TreeMap 对象时，传入一个自定义的 Comparator 对象用于指定降序排序规则，无论是升序创建还是降序创建的TreeMap，都可以使用entrySet()方法获取键值对的集合，并使用for-each循环遍历这些键值对。由于TreeMap在内部维护了键的排序顺序，所以输出结果也会保持相应的顺序。其运行结果如图5-20和图5-21所示。

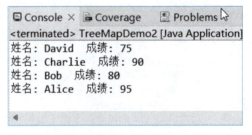

图 5-20  升序 TreeMap　　　　　　　图 5-21  降序 TreeMap

### 4. ConcurrentHashMap

ConcurrentHashMap是Java中的一个线程安全的Map实现，它用于在多线程环境下安全地存储键值对。它提供了与HashMap类似的高效性能，但增加了线程安全特性。与以上其他集合的区别见表5-15。

表 5-15  其他集合区别

| 特性 | HashMap | LinkedHashMap | TreeMap | ConcurrentHashMap |
| --- | --- | --- | --- | --- |
| 线程安全性 | 非线程安全 | 非线程安全 | 非线程安全 | 线程安全 |
| 排序 | 无序 | 保持插入顺序 | 按键排序 | 无序 |
| 性能 | 通常性能较高 | 性能稍低于 HashMap | 性能较低，但提供排序功能 | 并发性能较高，平衡了性能和安全性 |
| 允许 null 键值 | 允许 | 允许 | 键不允许 null，值允许 null | 允许 |

在表5-15中可以看出ConcurrentHashMap 的主要特性如下：

➢ 线程安全：通过使用分段锁（Segment）机制实现并发访问，每个分段锁只锁住一部分数据，而不是整个Map。这样可以提高并发性，减少锁竞争。
➢ 并发性能高：与其他线程安全的Map实现相比，ConcurrentHashMap的并发性能较高，因为它采用了分段锁机制。
➢ 无序：与TreeMap不同，ConcurrentHashMap不保证元素的存储顺序。
➢ 允许null键值：ConcurrentHashMap 允许键和值为空。

接下来通过一个多线程添加集合元素的案例演示ConcurrentHashMap的用法（关于多线程的使用，在后续章节详细讲解），如例5-20所示。

例5-20  ConcurrentHashMapDemo.java

```java
1  import java.util.concurrent.ConcurrentHashMap;
2  import java.util.concurrent.ExecutorService;
3  import java.util.concurrent.Executors;
4  public class ConcurrentHashMapDemo {
5      public static void main(String[] args) {
6          // 创建一个 ConcurrentHashMap 对象
7          ConcurrentHashMap<String, String> map = new ConcurrentHashMap<>();
8          // 创建一个线程池，用于执行多个线程
9          ExecutorService executor = Executors.newFixedThreadPool(5);
10         // 模拟多个线程并发地往 Map 中添加数据
11         for (int i = 0; i < 5; i++) {
12             final int index = i;
13             executor.execute(() -> {
14                 map.put("Key" + index, "Value" + index);
15                 System.out.println("线程 " + Thread.currentThread().getName() +
   " 添加数据: Key" + index + " - Value" + index);
16             });
17         }
18         // 关闭线程池
19         executor.shutdown();
20         // 打印 Map 中的所有数据
21         System.out.println("Map 中的所有数据:");
22         map.forEach((key, value) -> System.out.println(key + " - " + value));
23     }
24 }
```

在上述代码中，利用for循环来模拟5个线程并发地向ConcurrentHashMap中添加数据。每个线程都使用一个Lambda表达式作为任务，该表达式将一个键值对添加到ConcurrentHashMap中，并打印出线程名称和添加的数据。其运行结果如图5-22所示。

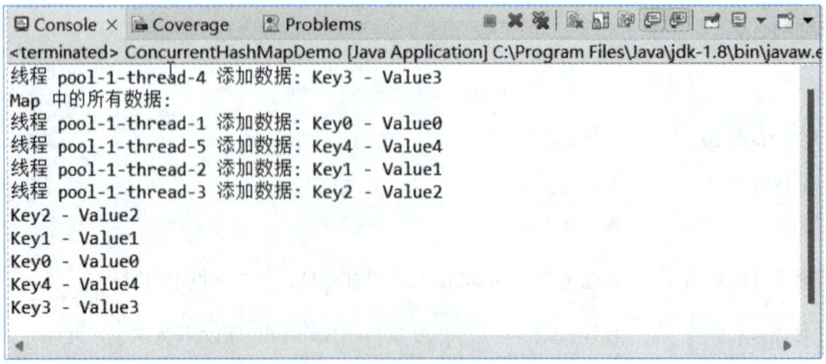

```
线程 pool-1-thread-4 添加数据: Key3 - Value3
Map 中的所有数据:
线程 pool-1-thread-1 添加数据: Key0 - Value0
线程 pool-1-thread-5 添加数据: Key4 - Value4
线程 pool-1-thread-2 添加数据: Key1 - Value1
线程 pool-1-thread-3 添加数据: Key2 - Value2
Key2 - Value2
Key1 - Value1
Key0 - Value0
Key4 - Value4
Key3 - Value3
```

图 5-22  ConcurrentHashMap 的用法

## 5.3 泛型

泛型（generics）其主要功能是解决数据类型的安全性问题，通过它可以创建各种类型安全的类、接口和方法。泛型允许类的成员类型可以由外部程序指定，也就是说可以以参数形式指定类型。泛型类的声明格式如下：

```
修饰符 class 类名 <泛型> {
    //类成员;
}
```

### 5.3.1 泛型类

泛型类允许在定义类时指定一个或多个类型参数，这些类型参数在实例化类时会被具体的类型替代，从而使得类可以操作多种数据类型，而不仅仅是单一的数据类型。泛型的主要目的是在编译时保障类型安全，减少类型转换和类型检查的操作。

下面通过一个自定义消息案例演示泛型类的基本用法，如例5-21所示。

例5-21　MessageDemo.java

```
1   public class MessageDemo<T> {
2       private T message;
3       public MessageDemo(T message) {
4           this.message = message;
5       }
6       public T getMessage() {
7           return message;
8       }
9       public void setMessage(T message) {
10          this.message = message;
11      }
12      public static void main(String[] args) {
13          // 传递字符串参数
14          MessageDemo<String> message1 = new MessageDemo<>(" 混合动力电动汽车 ");
15          System.out.println(message1.getMessage());
16          // 传递整数参数
17          MessageDemo<Integer> message2 = new MessageDemo<>(95273);
18          System.out.println(message2.getMessage());
19      }
20  }
```

在上述代码中，MessageDemo类是一个泛型类，它可以传递任何类型的参数。Main()方法中创建了两个Message对象，一个传递字符串参数，另一个传递整数参数。实现Message类在不同场景的应用，如发送邮件、短信或消息通知等，其运行结果如图5-23所示。

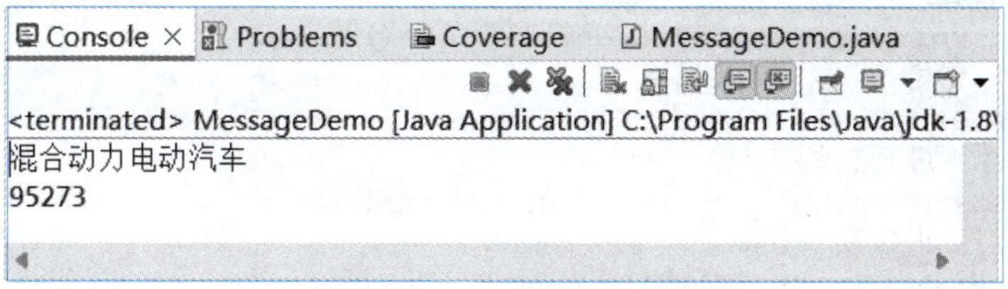

图 5-23　自定义消息

### 5.3.2 泛型类继承

泛型类也可以像普通类一样被继承。子类可以继承父类的类型参数，也可以定义自己的类型参数，例如：

```
1  public class SpecialBox<T> extends Box<T> {
2      // 继承自 Box 类的 T 类型参数
3      // 可以添加特殊的方法或覆盖父类的方法
4      @Override
5      public void setItem(T item) {
6          // 可以在这里添加特殊的逻辑
7          super.setItem(item);
8      }
9  }
```

### 5.3.3 泛型接口实现

泛型接口通过类型参数化、编译时类型检查、类型擦除和类型转换方式实现。

- 类型参数化：泛型接口允许定义一个或多个类型参数，使得接口能够处理不同类型的数据。这些类型参数在使用时被具体的类型所替代。
- 编译时类型检查：通过泛型接口，编译器可以在编译时进行强类型检查，确保类型的一致性，从而提高类型安全性。
- 类型擦除：Java中的泛型是通过类型擦除实现的。在编译后，泛型类型会被擦除为其边界类型或者Object类型。这样做是为了保持与Java早期版本的兼容性。
- 类型转换：在类型擦除之后，泛型接口中的类型参数会被转换为相应的边界类型或者Object类型。编译器会插入必要的类型转换代码，以确保在运行时可以正确地处理类型。

下面通过一个案例演示泛型接口基本用法，如例5-22所示。

**例5-22　HashSetDemo.java**

```
1   public class HashSetDemo {
2       // 定义一个泛型接口
3       public interface GenericInterface<T> {
4           T getValue();
5       }
6       // 实现泛型接口的类
7       public class GenericClass implements GenericInterface<String> {
8           // 实现泛型方法，返回 String 类型的对象
9           @Override
10          public String getValue() {
11              return " 这是一个泛型接口示例 ";
12          }
13      }
14      // 使用泛型接口的代码
15      public void createAndUseGenericClass() {
16          // 创建泛型接口的实现类对象
17          GenericClass genericClass = new GenericClass();
18          // 调用泛型方法
19          String value = genericClass.getValue();
20          // 输出结果
21          System.out.println("Value: " + value);
22      }
23      public static void main(String[] args) {
```

```
24              // 创建GenericDemo类的实例
25              GenericDemo demo = new GenericDemo();
26              // 调用创建并使用泛型类的代码
27              demo.createAndUseGenericClass();
28          }
29      }
```

在上述代码中，GenericInterface作为一个内部类实现泛型接口，在createAndUseGenericClass()方法中，创建了GenericClass的对象，并调用了其getValue()方法。由于GenericClass是GenericDemo类的内部类，所以它有一个隐式的封闭实例，即GenericDemo类的实例。因此，不需要显式地提供封闭实例来创建GenericClass的对象。其运行结果如图5-24所示。

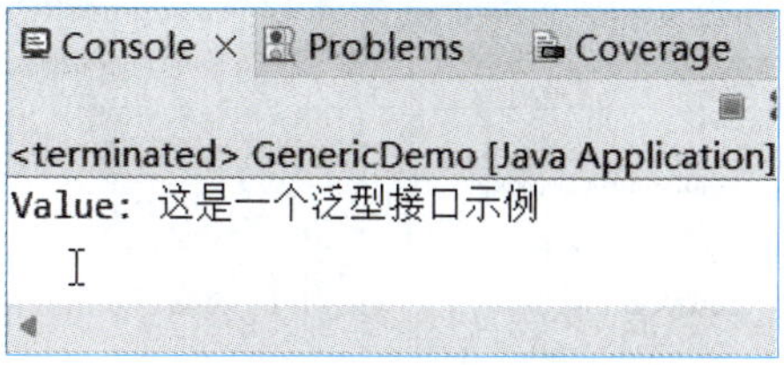

图5-24 泛型接口

## 5.4 枚举

### 5.4.1 enum 关键字

Java枚举是一种特殊的类，它继承自java.lang.Enum类。枚举用于定义一组固定的常量。在Java 5之前，Java使用"枚举类"（enum class）来实现枚举的功能，通常是通过一个普通的类，其中包含通过一组预定义的静态常量来实现。这种方式容易出错，因为枚举常量只是普通的静态常量，并且可能会被修改。Java 5引入了"枚举类型"（type enum），这是一种特殊的语法，用于声明枚举类型。这种枚举类型提供了编译时的类型检查，并且不能被随意修改。枚举类型是更安全和更强大的枚举实现方式。

枚举类型通过关键字enum定义，其语法格式如下：

```
访问修饰符 enum 枚举名 {枚举成员1，枚举成员2，枚举成员3,…;}
```

修饰符主要包括public、private和internal，任意两个枚举成员不能具有相同的名称，且它的常数值必须在该枚举的基础类型的范围之内，多个枚举成员之间使用逗号分隔。

在编译器编译程序时，会为枚举类型中的每一个成员指定一个整型常量值（又称序号值）。若枚举类型定义中没有指定成员的整型常量值，则整型常量值从0开始依次递增。

### 5.4.2 常用方法

enum与class、interface具有相同的地位，可以拥有构造器、成员方法、成员变量。枚举类的常用内置方法及功能见表5-16。

表5-16 枚举常用方法

| 方　　法 | 功　　能 |
| --- | --- |
| values() | 按照声明的顺序，返回一个包含枚举常量的数组 |
| valueOf(String name) | 根据给定的名称返回相应的枚举常量，如果不存在则抛出 llegalArgumentException |
| name() | 按照枚举声明中的名称，返回枚举常量的名称 |

续表

| 方法 | 功能 |
| --- | --- |
| ordinal() | 从 0 开始，返回枚举常量在枚举声明中的位置 |
| equals(Object other) | 比较两个枚举常量是否相等。如果 other 是相同类型的枚举常量，并且具有相同的名称，则返回 true |
| hashCode() | 返回枚举常量的哈希码，通常是 ordinal() 值 |
| compareTo(E other) | 比较两个枚举常量的顺序。如果在这个枚举中的位置小于 other，则返回一个负数；如果位置大于 other，则返回一个正数；如果它们在同一位置，则返回 0 |
| getDeclaringClass() | 返回枚举常量所属的枚举类型 |
| toString() | 返回枚举常量的名称，通常与 name() 方法返回的值相同 |

定义枚举类型时可以包含构造函数、字段和方法，格式示例如下：

```
public enum Card {
    SPADES(1),
    HEARTS(2),
    CLUBS(3),
    DIAMONDS(4);
    private int value;
    // 构造函数
    Card(int value) {
        this.value = value;
    }
    // 方法
    public int getValue() {
        return value;
    }
}
```

以上述代码中，首先枚举类型 Card 和相关的成员变量、构造函数、成员方法。

在使用枚举类型时，需要创建一个该类型的引用，并将该枚举实例赋值给它。

```
Card card = Card.SPADES;
int cardValue = card.getValue();
System.out.println("卡片类型：" + cardValue);
```

接下来通过一个案例演示枚举及其常量、构造函数、成员方法及枚举遍历的常见用法，如例 5-23 所示。

**例5-23** EnumDemo.java

```
1   import java.util.Scanner;
2   // 定义一个枚举类型，表示一周中的星期
3   enum Day {
4       MONDAY("星期一", 1), TUESDAY("星期二", 2), WEDNESDAY("星期三", 3),
5       THURSDAY("星期四", 4), FRIDAY("星期五", 5),
6       SATURDAY("星期六", 6),SUNDAY("星期日", 7);
7       // 成员变量，用于存储每个枚举常量的描述和序号
8       private final String Description;
9       private final int number;
10      // 构造方法，用于初始化成员变量
11      Day(String Description, int number) {
12          this.Description = Description;
```

```
13            this.number = number;
14        }
15        // 方法，用于获取枚举常量的名称
16        public String getName() {
17            return name();
18        }
19        // 方法，用于获取枚举常量的中文描述
20         public String getDescription() {
21            return Description;
22        }
23        // 方法，用于获取枚举常量的序号
24        public int getNumber() {
25            return number;
26        }
27        // 自定义方法，用于输出枚举常量的信息
28        public void displayDayInfo() {
29            System.out.println("英文名称：" + name() + ", 中文名称：" + Description + ", 序号：" + number);
30        }
31    }
32    // 主类，用于演示枚举的使用
33    public class EnumDemo {
34        public static void main(String[] args) {
35            // 创建一个 Scanner 对象，用于从键盘读取输入
36            Scanner scanner = new Scanner(System.in);
37            System.out.println("请输入一个星期的天数 (1-7): ");
38            int dayNumber = scanner.nextInt();
39            // 根据输入的序号获取对应的枚举常量
40            Day selectedDay = Day.values()[dayNumber - 1];
41            // 输出枚举常量的信息
42            selectedDay.displayDayInfo();
43            System.out.println("------- 枚举中 -------");
44            // 遍历枚举中的所有成员
45            for (Day day : Day.values()) {
46                // 输出成员的 name 和序号
47                System.out.println( "序号：" + day.ordinal()+" 英文名称：" + day.name() );
48            }
49            // 关闭 Scanner 对象
50            scanner.close();
51        }
52    }
```

上述代码中，Day枚举提供了三个方法：getName()方法返回枚举常量的名称；getDescription()方法返回其中文描述；getNumber()方法返回其序号。此外，还有一个自定义方法displayDayInfo()，用于输出枚举常量的所有信息，为了演示如何使用foreach循环来遍历枚举中的所有成员，代码中还展示了使用day.name()和day.ordinal()方法来分别打印每个成员的名称和序号。其运行结果如图5-25所示。

值得注意的是，图5-25中两次输出同一常量时，其序号不一样，这是因为第一次输出使用的是displayDayInfo()方法，输出的是枚举常量在构造方法中定义的序号（从1开始），第二次输出使用的是ordinal()方法，输出的是枚举常量在枚举声明中的索引位置（从0开始）。

图5-25 枚举常用方法

## 任务实现

**实施步骤**

（1）定义了一个Ingredient类，用于存储食材及其相关信息，包括包含item和quantity属性，分别表示库存项目对象和数量getItemInfo()方法用于获取库存项目的详细信息。

（2）定义了一个InventoryManager类，使用HashMap存储库存信息，键为食材名称，值为InventoryItem 对象，处理食材的库存，包括添加食材、显示库存和备货操作。

（3）Food类，表示食材对象，包含食材名称、单价和产地信息。getFoodInfo()方法用于获取食材的详细信息

（4）在main方法中，创建InventoryManager的实例，并调用了显示库存和备货的方法。用户可以通过控制台输入食材信息进行备货。使用switch语句处理用户输入"done"后结束备货操作，并输出备货清单和总费用。

**代码实现**

SelfServiceInventory.java

```java
import java.util.HashMap;
import java.util.Map;
import java.util.Scanner;
import java.util.ArrayList;
import java.util.List;
public class SelfServiceInventory {
    public static void main(String[] args) {
        Scanner scanner = new Scanner(System.in);
        Inventory inventory = new Inventory();
        while (true) {
            System.out.println("\n中央厨房备货管理系统");
            System.out.println("1. 显示库存");
            System.out.println("2. 食材备货");
            System.out.println("3. 退出");
            System.out.print("请选择操作：");
            int choice = scanner.nextInt();
            scanner.nextLine();            // 读取并丢弃换行符
            switch (choice) {
                case 1:
                    inventory.displayInventory();
                    break;
                case 2:
                    inventory.stockIngredients(scanner);
                    break;
                case 3:
                    System.out.println("退出系统，再见！");
                    scanner.close();
                    return;
                default:
                    System.out.println("无效选择，请重新输入。");
            }
        }
    }
}
```

```java
35  class Ingredient {
36      private String name;
37      private int quantity;
38      private double unitPrice;
39      private Origin origin;                                      // 使用枚举类型表示产地
40      private double purchasePrice;
41      public Ingredient(String name, int quantity, double unitPrice, Origin origin) {
42          this.name = name;
43          this.quantity = quantity;
44          this.unitPrice = unitPrice;
45          this.origin = origin;
46          this.purchasePrice = quantity * unitPrice;
47      }
48      // Getters for all attributes...
49      public double getPurchasePrice() {                           // 购买食材价格的方法
50          return purchasePrice;
51      }
52      @Override
53      public String toString() {
54          return "食材名称: " + name + ", 数量: " + quantity + ", 单价: " + unitPrice +
55                  ", 产地: " + origin + ", 采购价格: " + purchasePrice;
56      }
57  }
58  // 枚举类型表示产地
59  enum Origin {
60      LOCAL(" 本地 "),
61      DOMESTIC(" 国内 "),
62      IMPORTED(" 进口 ");
63      private String description;
64      Origin(String description) {
65          this.description = description;
66      }
67      @Override
68      public String toString() {
69          return description;
70      }
71  }
72  class Inventory {
73      private Map<String, Integer> inventory = new HashMap<>();
                                                                    // 使用 HashMap 存储库存
74      private List<Ingredient> purchasedIngredients = new ArrayList<>();
                                                                    // 存储已购买的食材列表
75      public void displayInventory() {
76          if (inventory.isEmpty()) {
77              System.out.println(" 当前库存为空，请及时补库！ ");
78              return;
79          }
80          System.out.println(" 当前库存: ");
81          for (Map.Entry<String, Integer> entry : inventory.entrySet()) {
82              System.out.println(" 食材名称: " + entry.getKey() + ", 库存数量: " + entry.getValue());
83          }
84      }
85      public void stockIngredients(Scanner scanner) {
86          double totalCost = 0;
87          purchasedIngredients.clear(); // 清空已购买的食材列表
```

```java
88          while (true) {
89              System.out.print("请输入食材名称（输入 'done' 结束备货）: ");
90              String name = scanner.nextLine();
91              if (name.equalsIgnoreCase("done")) {
92                  break;
93              }
94              System.out.print("请输入数量: ");
95              int quantity = scanner.nextInt();
96              scanner.nextLine();
97              System.out.print("请输入单价: ");
98              double unitPrice = scanner.nextDouble();
99              scanner.nextLine();
100             System.out.println("请选择产地: ");
101             int i = 1;
102             for (Origin origin : Origin.values()) {
103                 System.out.println(i + ". " + origin);
104                 i++;
105             }
106             System.out.print("请输入数字选择: ");
107             int originChoice = scanner.nextInt();
108             scanner.nextLine();
109             if (originChoice < 1 || originChoice > Origin.values().length) {
110                 System.out.println("无效的产地选择。");
111                 continue;
112             }
113             Origin origin = Origin.values()[originChoice - 1];
114             Ingredient ingredient = new Ingredient(name, quantity, unitPrice, origin);
115             purchasedIngredients.add(ingredient);
116             totalCost += ingredient.getPurchasePrice();
117             // 更新库存
118             inventory.put(name, inventory.getOrDefault(name, 0) + quantity);
119         }
120         System.out.println("\n本次备货清单: ");
121         for (Ingredient ingredient : purchasedIngredients) {
122             System.out.println(ingredient);
123         }
124         System.out.println("总费用: " + totalCost);
125     }
126 }
```

在上述代码中，展示了如何使用面向对象编程的基本概念（如类、对象、集合、封装和枚举）来设计和实现一个简单的库存管理系统，用户可以通过主菜单选择执行不同的操作，如添加食材到库存、查看库存状态等。该系统主要由三个类组成：InventoryManager（库存管理器）、Ingredient（食材）和Inventory（库存），以及一个枚举类型Origin（产地）。

Ingredient类用于表示食材，包含食材的名称、数量、单价、产地和采购价格等属性。通过该类，可以创建和管理食材对象的实例；Inventory类负责管理库存，它使用HashMap来存储食材名称和对应的库存数量，同时使用ArrayList来存储已购买的食材列表。这个类提供了管理库存数量的方法，如增加库存和减少库存；Origin是一个枚举类型，用于存储食材的产地信息。它定义了一组可能的产地值，使得在Ingredient类中存储产地信息时类型更加安全和易于管理；在main()方法中，使用循环来实现一个主菜单，允许用户执行如食材入库等操作。通过调用InventoryManager类中提供的方法，可以轻松地管理库存系统。案例运行结果如图5-26所示。

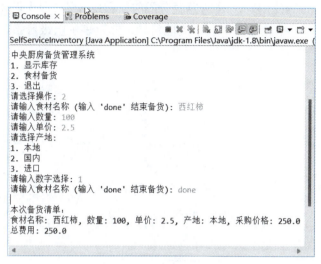

图 5-26 乐自助食材备货

## 任务5.3 增强型文件记事本

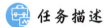

设计一个"增强型记事本"，用户在主菜单中选择"创建新文件""读取文件内容""备份文件""显示目录中所有文件的属性""退出"命令，执行相应的操作。新创建的文件名以输入的文件名和当前的时间戳为最终的文件名；文件的属性显示当前文件的字符总数（包括空格和换行符）。

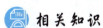

## 5.5 IO流

Java使用流（stream）的概念来表示输入输出（I/O）的功能，是一种数据的源头和目的之间的通信途径。对于数据流stream，凡是从外围设备流向CPU的数据流称为输入流，反之称为输出流。Java将流类分为字节流类和字符流类，实际应用上80%以上的读写是二进制形式，IO流可以对文件的内容进行读写操。

### 5.5.1 File 类

File类是Java.io包中唯一代表磁盘文件本身的独立类，它定义了一些与平台无关的方法用于操作文件。调用File类中提供的方法，能够创建、删除或重命名文件或目录，并可查看文件的各种属性。通过File类的构造方法来创建一个新的文件（或目录）对象，其语法格式如下：

```
File(string pathname)
```

构造File对象时，可以使用绝对路径，也可以使用相对路径。绝对路径是以根目录开头的完整路径。Windows使用"\"作为路径分隔符，在Java字符串中需要用"\\"表示一个"\"。使用相对路径时，可以用"."表示当前目录，".."表示上级目录。File类的常用方法及功能见表5-17。

表 5-17　File 类的常用方法

| 方　　法 | 功　　能 |
| --- | --- |
| exists() | 检查文件或目录是否存在 |
| isDirectory() | 检查路径是否为目录 |
| isFile() | 检查路径是否为文件 |
| canRead() | 检查文件是否可读 |
| canWrite() | 检查文件是否可写 |
| getName() | 返回文件名 |
| getPath() | 返回文件的路径 |
| getAbsolutePath() | 返回文件的绝对路径 |
| getParent() | 返回父目录的路径 |
| getParentFile() | 返回父目录的 File 对象 |
| length() | 返回文件的长度 |
| lastModified() | 返回文件的最后修改时间 |
| delete() | 删除文件或目录。如果目录非空，则不会删除 |
| mkdir() | 创建目录。如果父目录不存在，将抛出异常 |
| mkdirs() | 创建目录，包括所有必需的父目录 |
| list() | 返回一个包含文件名的数组 |
| list(FilenameFilter filter) | 返回一个包含符合过滤条件的文件名数组 |
| createNewFile() | 创建一个新文件。如果文件已存在，则抛出 IOException 异常 |

表5-17列出了File类的一些常用方法，用于操作和获取文件或目录的信息。接下来通过一个案例演示File类的基本操作，如例5-24所示。

例5-24　FileDemo.java

```
1   import java.io.File;
2   public class FileDemo {
3       public static void main(String[] args) {
4           // 创建 File 文件对象，表示一个文件
5           File file = new File("D:\\reradme.txt");
6           // 获取文件名称
7           System.out.println("文件名称:" + file.getName());
8           // 获取文件的相对路径
9           System.out.println("文件的相对路径:" + file.getPath());
10          // 获取文件的绝对路径
11          System.out.println("文件的绝对路径:" + file.getAbsolutePath());
12          // 获取文件的父路径
```

```
13          System.out.println("文件的父路径:" + file.getParent());
14          // 判断文件是否可读
15          System.out.println(file.canRead()?"文件可读":"文件不可读");
16          // 判断文件是否可写
17          System.out.println(file.canWrite()?"文件可写":"文件不可写");
18          // 判断是否是一个文件
19          System.out.println(file.isFile()? "是一个文件":"不是一个文件");
20          // 判断是否是一个目录
21          System.out.println(file.isDirectory()?"是一个目录": "不是一个目录");
22          // 判断是否是一个绝对路径
23          System.out.println(file.isAbsolute()? "是绝对路径": "不是绝对路径");
24          // 得到文件最后修改时间
25          System.out.println("最后修改时间为:" + file.lastModified());
26          // 得到文件的大小
27          System.out.println("文件大小为:" + file.length() + " bytes");
28          // 是否成功删除文件
29          if (file.exists()) {
30              System.out.println("是否成功删除文件: " + file.delete());
31          } else {
32              System.out.println("文件不存在，无法删除。");
33          }
34      }
35  }
```

在上述代码中，调用File类的一系列方法，获取文件的名称、相对路径、绝对路径、文件是否可读等信息，最后，通过delete()方法将文件删除，其运行结果如图5-27所示。

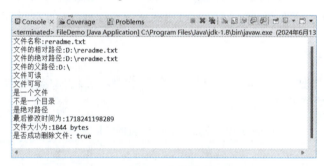

图 5-27  File 类的基本操作

## 5.5.2 字节流

在Java语言中，I/O类库中常使用"流"这个抽象概念，它代表任何有能力产出数据的数据源对象或者是有能力接收数据的接收端对象。一个可以读取字节序列的对象称为输入流（input stream），一个可以写入字节序列的对象称为输出流（output stream）。

在进行数据读写时，如果以字节为单位，则称为字节流。其处理单位为1字节（Byte，1Byte=8bit）。如果以字符为单位，则称为字符流。其处理的单元为2字节的Unicode字符。字节流又可以分为InputStream和OutputSream两大类。InputStream和OutputStream数据流流向如图5-28所示。

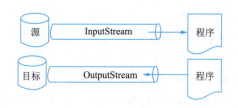

图 5-28  InputStream 和 OutputStream 数据流流向

### 1. InputStream

InputStream是一个抽象类，它提供了一系列与读数据相关的方法，其常用方法及功能见表5-18。

表 5-18  InputStream 类的常用方法

| 方 法 声 明 | 功　　能 |
| --- | --- |
| int available() | 返回此输入流下一个方法调用可以不受阻塞地从此输入流读取（或跳过）的估计字节数 |
| void close() | 关闭此输入流并释放与该流关联的所有系统资源 |
| void mark(int readlimit) | 在此输入流中标记当前的位置 |
| boolean markSupported() | 测试此输入流是否支持 mark 和 reset 方法 |
| long skip(long n) | 跳过和丢弃此输入流中数据的 n 字节 |
| int read() | 从输入流中读取数据的下一个字节 |
| int read(byte[] b) | 从输入流中读取一定数量的字节，并将其存储在缓冲区数组 b 中，返回读取的字节数 |
| int read(byte[] b, int off, int len) | 将输入流中最多 len 个数据字节读入 byte 数组 |
| void reset() | 将此流重新定位到最后一次对此输入流调用 mark 方法时的位置 |

表5-18中列出了InputStream类的常用方法，其中最常用的是read()方法和close()方法，read()方法是从流中逐个读入字节，int read(byte[] b)方法和int read(byte[] b, int off, int len)方法是将若干字节以字节数组形式一次性读入，提高读数据的效率。操作IO流时会占用宝贵的系统资源，当操作完成后，应该将IO所占用的系统资源释放，这时就需要调用close()方法关闭流。

### 2. OutputSream

与InputStream类似，OutputStream也是一个抽象类，它提供了一系列与写数据相关的方法，其常用方法及功能见表5-19。

表 5-19  OutputStream 类的常用方法

| 方 法 声 明 | 功　　能 |
| --- | --- |
| void close() | 关闭此输出流并释放与此流有关的所有系统资源 |
| void flush() | 刷新此输出流并强制写出所有缓冲的输出字节 |
| void write(byte[] b) | 将 b.length 个字节从指定的 byte 数组写入此输出流 |
| void write(int b) | 将指定的字节写入此输出流 |
| void write(byte[] b, int off, int len) | 将指定 byte 数组中从偏移量 off 开始的 len 个字节写入此输出流 |

在表5-19中，列举了OutputStream类的五个常用方法。包括三个用于向输出流写入字节的重载write()方法，其中，write(byte[] b)方法逐个写入字节，write(int b)和write(byte[] b, int off, int len)方法是将若干个字节以字节数组的形式一次性写入，从而提高写数据的效率。flush()方法用来将当前输出流缓冲区（通常是字节数组）中的数据强制写入目标设备。close()方法是用来关闭流并释放与当前IO流相关的系统资源。

InputStream和OutputStream两个类虽然提供了一系列读写数据有关的方法，但是这两个类是抽象类，不能被实例化，因此，针对不同的功能，InputStream和OutputStream提供了不同的子类，这些子类形成了一个体系结构InputStream类常用子类及方法见表5-20。

表 5-20　InputStream 类常用子类及方法

| 子　类 | 方　法 | 功　能 |
| --- | --- | --- |
| ByteArrayInputStream | read() | 读取单个字节数据 |
| | close() | 关闭流并释放与其关联的所有资源 |
| FileInputStream | read(byte[] b) | 将数据读入一个字节数组中 |
| | available() | 返回下一次对此输入流的调用可以不受阻塞地读取的字节数 |
| ObjectInputStream | readObject() | 从输入流中读取对象 |
| | close() | 关闭流并释放与它关联的所有资源 |
| PipedInputStream | connect(PipedOutputStream pos) | 将此 PipedInputStream 连接到指定的 PipedOutputStream |
| | read() | 读取单个字节数据 |
| FilterInputStream（抽象类） | read() | 读取单个字节数据 |
| BufferedInputStream | mark(int readlimit) | 在输入流中标记一个位置 |
| | reset() | 重新定位输入流的标记位置 |
| DataInputStream | readInt() | 从输入流中读取一个 int |
| | readUTF() | 从输入流中读取一个字符串 |
| PushbackInputStream | unread(int data) | 将一个字节的数据推回到输入流中 |
| | unread(byte[] data) | 将一组字节的数据推回到输入流中 |

在表5-20中，每个类都有更多的方法和重载版本，这里只列出了一些常用的方法。此外，InputStream类本身也定义了一些基本的方法，如read()、skip()、available()、close()、mark()和reset()，这些方法在子类中通常被继承和/或重写。

OutputStream类常用子类及方法见表5-21。

表 5-21　OutputStream 类常用子类及方法

| 子　类 | 方　法 | 功　能 |
| --- | --- | --- |
| ByteArrayOutputStream | write(int b) | 将指定的字节写入输出流 |
| | close() | 关闭流，但不会释放与流关联的任何资源 |
| FileOutputStream | write(byte[] b) | 将字节数组写入文件输出流 |
| | close() | 关闭流并释放与其关联的所有资源 |
| ObjectOutputStream | writeObject(Object obj) | 将指定的对象写入输出流 |
| | close() | 关闭流并释放与其关联的所有资源 |
| PipedOutputStream | connect(PipedInputStream pis) | 将此 PipedOutputStream 连接到指定的 PipedInputStream |
| | write(int b) | 将指定的字节写入输出流 |
| FilterOutputStream（抽象类） | write(int b) | 将指定的字节写入输出流 |
| BufferedOutputStream | flush() | 刷新缓冲区，将所有剩余的数据写入目标设备 |
| DataOutputStream | writeInt(int v) | 将一个 int 值写入输出流 |
| | writeUTF(String str) | 以 UTF-8 编码将字符串写入输出流 |
| PrintStream | println(String x) | 将指定的字符串加上换行符写入输出流 |
| | close() | 关闭流并释放与其关联的所有资源 |

在表5-21中,每个类都有更多的方法和重载版本,这里只列出了一些常用的方法。此外,OutputStream类本身也定义了一些基本的方法,如write()、flush()和close(),这些方法在子类中通常被继承和/或重写。

接下来通过案例演示InputStream和InputStream子类的用法,首先读取某文本文件,然后生成一个副本,在副本文件中写入2行字符,并输出最终文件内容,如例5-25所示。

例5-25 FileOperationDemo.java

```java
1  import java.io.BufferedReader;
2  import java.io.BufferedWriter;
3  import java.io.FileInputStream;
4  import java.io.FileOutputStream;
5  import java.io.IOException;
6  import java.io.InputStreamReader;
7  import java.io.OutputStreamWriter;
8  public class FileOperationDemo {
9      public static void main(String[] args) {
10         // 文件路径
11         String inputFilePath = "D:\\input.txt";
12         String copyFilePath = "D:\\copy.txt";
13         // 读取文件
14         readFile(inputFilePath);
15         // 复制文件,生成副本
16         copyFile(inputFilePath, copyFilePath);
17         // 在副本文件中写入内容
18         writeToFile(copyFilePath);
19         // 读取副本文件内容
20         readFile(copyFilePath);
21     }
22     private static void readFile(String filePath) {
23         try (FileInputStream fis = new FileInputStream(filePath);
24              InputStreamReader isr = new InputStreamReader(fis);
25              BufferedReader br = new BufferedReader(isr)) {
26             String line;
27             System.out.println("文件内容:");
28             while ((line = br.readLine()) != null) {
29                 System.out.println(line);
30             }
31         } catch (IOException e) {
32             e.printStackTrace();
33         }
34     }
35     private static void writeToFile(String filePath) {
36         try (FileOutputStream fos = new FileOutputStream(filePath, true);
                                                                  // 追加写入
37              OutputStreamWriter osw = new OutputStreamWriter(fos);
38              BufferedWriter bw = new BufferedWriter(osw)) {
39             bw.newLine();                          // 在原文件内容后添加换行符
40             bw.write("荡胸生曾云,决眦入归鸟。");
41             bw.newLine();
42             bw.write("会当凌绝顶,一览众山小。");
43             bw.flush();
44             System.out.println("文件写入完成。");
45         } catch (IOException e) {
46             e.printStackTrace();
```

```
47              }
48          }
49          private static void copyFile(String inputFilePath, String outputFilePath) {
50              try (FileInputStream fis = new FileInputStream(inputFilePath);
51                   FileOutputStream fos = new FileOutputStream(outputFilePath)) {
52                  byte[] buffer = new byte[1024];
53                  int bytesRead;
54                  System.out.println("文件复制中...");
55                  while ((bytesRead = fis.read(buffer)) != -1) {
56                      fos.write(buffer, 0, bytesRead);
57                  }
58                  System.out.println("文件复制完成。");
59              } catch (IOException e) {
60                  e.printStackTrace();
61              }
62          }
63      }
```

在上述代码中，使用InputStream类和其子类FileInputStream、FileOutputStream进行文件读写操作，并使用BufferedReader和BufferedWriter进行文本文件的读取和写入，并在副本文件中使用FileOutputStream(filePath, true)进行追加写入。其运行结果如图5-29所示。

图 5-29  InputStream 类和 InputStream 子类用法

### 5.5.3 字符流

字节流InputStream、OutputStream是以字节为单位读写数据。数据流除了字节流，还有字符流，即以字符为单位。字符流与字节流方法基本一致，Java中提供了字符流Reader和Writer两个接口，Reader与InputStream类的大部分方法一致，Writer与OutputStream类的大部分方法一致，不同之处是Reader和Writer以字符为单位读写数据。Reader和Writer提供了不同的子类，这些子类形成了一个体系结构，见表5-22和表5-23。

表 5-22  Reader 子类常用方法

| 子 类 | 方 法 | 功 能 描 述 |
|---|---|---|
| BufferedReader | readLine() | 读取一个文本行 |
| FileReader | read(char[] cbuf, int off, int len) | 将字符读入数组的一部分 |

续表

| 子类 | 方法 | 功能描述 |
| --- | --- | --- |
| InputStreamReader | getEncoding() | 获取此流使用的命名字符集 |
| PushbackReader | unread(int c) | 将字符推回到输入流中 |
| StringReader | read() | 读取单个字符 |
| BufferedReader | mark(int readAheadLimit) | 标记流中的当前位置 |
| BufferedReader | reset() | 将流重新定位到最后一次标记的位置 |
| BufferedReader | skip(long n) | 跳过字符输入流中的字节 |
| InputStreamReader | close() | 关闭流 |

表5-23　Writer子类常用方法

| 子类 | 方法 | 功能描述 |
| --- | --- | --- |
| BufferedWriter | write(int c) | 写入单个字符 |
| FileWriter | write(String str, int off, int len) | 写入字符串的一部分 |
| OutputStreamWriter | flush() | 刷新流的缓冲 |
| PrintWriter | print(Object obj) | 打印对象 |
| PrintWriter | println(Object obj) | 打印对象并添加换行符 |
| BufferedWriter | newLine() | 写入适合此环境的行分隔符 |
| BufferedWriter | write(char[] cbuf, int off, int len) | 写入字符数组的一部分 |
| OutputStreamWriter | close() | 关闭流 |

接下来通过案例演示Reader和Writer子类的用法，首先读取某文本文件，然后生成一个副本，在副本文件中写入2行字符，并输出最终文件内容，如例5-26所示。

例5-26　CopyFileWithCharStream.java

```
1   import java.io.*;
2   public class CopyFileWithCharStream {
3       public static void main(String[] args) {
4           // 定义源文件路径和目标文件路径
5           String sourceFilePath = "D:\\input.txt";
6           String targetFilePath = "D:\\target.txt";
7           try {
8               // 创建输入流读取源文件
9               FileReader fileReader = new FileReader(sourceFilePath);
10              BufferedReader bufferedReader = new BufferedReader(fileReader);
11              // 创建输出流写入目标文件
12              FileWriter fileWriter = new FileWriter(targetFilePath);
13              BufferedWriter bufferedWriter = new BufferedWriter(fileWriter);
14              // 逐行读取源文件并写入目标文件
15              String line;
16              while ((line = bufferedReader.readLine()) != null) {
17                  bufferedWriter.write(line);
18                  bufferedWriter.newLine();    // 添加换行符
19              }
20              // 在目标文件中写入2行字符
21              bufferedWriter.write("CharStream");
```

```
22                bufferedWriter.newLine();              // 添加换行符
23                bufferedWriter.write(" 荡胸生曾云，决眦入归鸟。");
24                bufferedWriter.newLine();              // 添加换行符
25                // 关闭输入流和输出流
26                bufferedReader.close();
27                bufferedWriter.close();
28                // 输出最终的文件内容
29                FileReader finalReader = new FileReader(targetFilePath);
30                BufferedReader finalBufferedReader = new BufferedReader(finalReader);
31                String finalLine;
32                while ((finalLine = finalBufferedReader.readLine()) != null) {
33                    System.out.println(finalLine);
34                }
35                finalBufferedReader.close();
36            } catch (IOException e) {
37                e.printStackTrace();
38            }
39        }
40   }
```

在上述代码中，使用字符流的FileReader和FileWriter子类进行文本文件的读写操作，并使用BufferedReader和BufferedWriter子类进行高效的读取和写入。使用FileWriter和BufferedWriter子类在目标文件中追加写入两行内容，最后读取目标文件的内容并打印到控制台来验证文件已被正确复制和修改。其运行结果如图5-30所示。

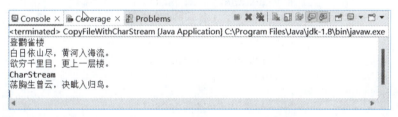

图 5-30　Reader 和 Writer 子类用法

## 任务实现

### 实施步骤

（1）在指定的磁盘中（默认D盘），创建resources目录并创建backup子目录，resources目录用于保存新建的文件，backup目录用于保存备份文件。

（2）列出resources目录中所有的文件，并显示文件名、计算并显示指定文件中的字符总数（包括空格和换行符）。

（3）创建新文件时，提示用户输入标题和正文，使用标题和当前时间命名文件，当用户输入quit时退出编辑并保存。

（4）读取文件内容时，提示用户输入文件名，并在控制台输出文件内容。

（5）备份文件时，提示用户输入文件名，并将文件复制到backup目录中。

### 代码实现

**EnhancedNotebook.java**

```
1   import java.io.BufferedReader;
```

```java
2   import java.io.BufferedWriter;
3   import java.io.File;
4   import java.io.FileReader;
5   import java.io.FileWriter;
6   import java.io.IOException;
7   import java.io.InputStreamReader;
8   import java.text.SimpleDateFormat;
9   import java.util.Date;
10  import java.util.Scanner;
11  public class EnhancedNotebook {
12      private static final String RESOURCE_DIR = "D:\\resources";
13      private static final String BACKUP_DIR = "D:\\resources\\backup";
14      private static final String DATE_FORMAT = "yyyy-MM-dd-HH-mm-ss";
15      private static final String QUIT_COMMAND = "quit";
16      public static void main(String[] args) {
17          Scanner scanner = new Scanner(System.in);
18          // 创建 resources 和 backup 目录
19          createDirectories();
20          while (true) {
21              System.out.println("\n请选择操作：");
22              System.out.println("1. 创建新文件");
23              System.out.println("2. 读取文件内容");
24              System.out.println("3. 备份文件");
25              System.out.println("4. 显示目录中所有文件的属性");
26              System.out.println("5. 退出");
27              int choice = scanner.nextInt();
28              scanner.nextLine(); // 读取并丢弃换行符
29              switch (choice) {
30                  case 1:
31                      createNewFile(scanner);
32                      break;
33                  case 2:
34                      readFileContent(scanner);
35                      break;
36                  case 3:
37                      backupFile(scanner);
38                      break;
39                  case 4:
40                      listFilesAttributes();
41                      break;
42                  case 5:
43                      System.out.println("退出程序。");
44                      return;
45                  default:
46                      System.out.println("无效的选择。");
47              }
48          }
49      }
50      private static void createDirectories() {
51          File resourceDir = new File(RESOURCE_DIR);
52          File backupDir = new File(BACKUP_DIR);
53          try {
54              if (!resourceDir.exists()) {
55                  resourceDir.mkdirs();
56                  System.out.println("创建目录：" + resourceDir);
57              }
```

```java
58              if (!backupDir.exists()) {
59                  backupDir.mkdirs();
60                  System.out.println("创建目录:" + backupDir);
61              }
62          } catch (SecurityException e) {
63              System.out.println("创建目录时发生错误:" + e.getMessage());
64          }
65      }
66      private static void createNewFile(Scanner scanner) {
67          // 提示用户输入标题
68          System.out.print("请输入文本标题(输入 'quit' 退出):");
69          String title = scanner.nextLine();
70          if (QUIT_COMMAND.equalsIgnoreCase(title)) {
71              System.out.println("取消创建文件。");
72              return;
73          }
74          // 生成文件名
75          String fileName = generateFileName(title);
76          File noteFile = new File(RESOURCE_DIR, fileName);
77          // 创建并写入文件
78          try (BufferedWriter writer = new BufferedWriter(new FileWriter(noteFile))) {
79              writer.write(title);
80              writer.newLine();
81              writer.write("--------------");
82              writer.newLine();
83              // 提示用户输入正文
84              System.out.println("请输入文本正文(输入 'quit' 退出并保存):");
85              String line;
86              while (scanner.hasNextLine()) {
87                  line = scanner.nextLine();
88                  if (QUIT_COMMAND.equalsIgnoreCase(line)) {
89                      break;
90                  }
91                  writer.write(line);
92                  writer.newLine();
93              }
94              System.out.println("文本已保存至:" + noteFile.getAbsolutePath());
95          } catch (IOException e) {
96              System.out.println("写入文件时发生错误:" + e.getMessage());
97          }
98      }
99      private static void readFileContent(Scanner scanner) {
100         System.out.print("请输入要读取的文件名(输入 'quit' 退出):");
101         String fileName = scanner.nextLine();
102         if (QUIT_COMMAND.equalsIgnoreCase(fileName)) {
103             System.out.println("取消读取文件。");
104             return;
105         }
106         File file = new File(RESOURCE_DIR, fileName);
107         if (!file.exists() || file.isDirectory()) {
108             System.out.println("文件不存在或不是一个文件。");
109             return;
110         }
111         try (BufferedReader reader = new BufferedReader(new FileReader(file))) {
112             String line;
```

```java
113             while ((line = reader.readLine()) != null) {
114                 System.out.println(line);
115             }
116         } catch (IOException e) {
117             System.out.println("读取文件时发生错误:" + e.getMessage());
118         }
119     }
120     private static void backupFile(Scanner scanner) {
121         System.out.print("请输入要备份的文件名（输入 'quit' 退出）:");
122         String fileName = scanner.nextLine();
123         if (QUIT_COMMAND.equalsIgnoreCase(fileName)) {
124             System.out.println("取消备份文件。");
125             return;
126         }
127         File sourceFile = new File(RESOURCE_DIR, fileName);
128         File backupFile = new File(BACKUP_DIR, fileName);
129         if (!sourceFile.exists() || sourceFile.isDirectory()) {
130             System.out.println("文件不存在或不是一个文件。");
131             return;
132         }
133         try (FileReader sourceReader = new FileReader(sourceFile);
134              FileWriter backupWriter = new FileWriter(backupFile)) {
135             int c;
136             while ((c = sourceReader.read()) != -1) {
137                 backupWriter.write(c);
138             }
139             System.out.println("文件已备份至:" + backupFile.getAbsolutePath());
140
141         } catch (IOException e) {
142             System.out.println("备份文件时发生错误:" + e.getMessage());
143         }
144     }
145     private static void listFilesAttributes() {
146         File resourceDirFile = new File(RESOURCE_DIR);
147         File[] files = resourceDirFile.listFiles();
148         if (files == null || files.length == 0) {
149             System.out.println("目录为空。");
150             return;
151         }
152         System.out.println("目录中所有文件的属性:");
153         for (File file : files) {
154             if (file.isFile()) {
155                 System.out.println("文件名:" + file.getName() + ", 大小:" + file.length() + "字节");
156             }
157         }
158     }
159     private static String generateFileName(String title) {
160         SimpleDateFormat formatter = new SimpleDateFormat(DATE_FORMAT);
161         String currentTime = formatter.format(new Date());
162         return title + " - " + currentTime + ".txt";
163     }
164 }
```

上述代码实现了一个增强型的记事本程序，提供了创建新文件、读取文件内容、备份文件、列出目录中所有文件属性以及退出程序的功能。在代码中首先定义了两个目录路径常量RESOURCE_DIR和BACKUP_DIR，分别用于存放原始文件和备份文件。同时定义了日期格式常量DATE_FORMAT和退出命令QUIT_COMMAND；createDirectories()方法用于检查并创建RESOURCE_DIR和BACKUP_DIR目录，如果目录不存在，则会创建它们；createNewFile()方法提示用户输入文本标题来创建新文件，如果用户输入了退出命令，则取消创建。否则，程序会生成一个基于当前日期和时间的文件名，并将用户输入的内容写入该文件中；readFileContent()方法允许用户输入要读取的文件名，程序会找到相应的文件并读取其内容，然后打印到控制台上；backupFile()方法让用户选择一个文件进行备份，程序会将原始文件复制到备份目录下，如果备份成功，会打印出备份文件的路径；listFilesAttributes()方法列出了RESOURCE_DIR目录下所有文件的名称和大小；generateFileName()方法用于生成文件名，它将用户输入的标题和当前的日期时间结合起来，形成唯一的文件名；在main()方法中，创建了必要的目录并进入了一个无限循环，循环中提供了一个菜单让用户选择操作。用户输入选择后，程序通过switch语句决定执行哪个功能。其运行结果如图5-31所示。

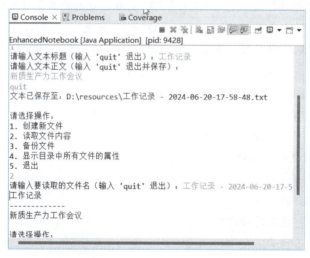

图 5-31　运行结果

## 小　结

本单元详细介绍了 Java 面向对象编程的高级特性，重点学习了 Java 常用 API 的应用、集合框架的使用、泛型和枚举的概念及 IO 流的操作。通过具体任务的实现，可掌握包装类、String 类、日期时间类、Math 类及 Random 类的使用方法和 List、Set 与 Map 接口及其实现类的应用。不仅提升了编程技能，也强化了解决实际问题的能力。

## 习　题

一、填空题

1. 在 Java 中，String 类是不可变类，这意味着一旦创建了 String 对象，其内容_____。

2. 在 Java 中，StringBuffer 类和 StringBuilder 类是用于字符串操作的类，其中 StringBuffer 类是_____的，而 StringBuilder 类是_____的。

3. 在 Java 中，集合类是用于存储对象的容器，常用的集合接口有_____和_____。

4. 在 Java 中，泛型机制允许在定义类、接口和方法时指定类型参数，这有助于提高代码的_____和_____。

5. 在 Java 中，枚举（enum）用于定义常量集合，它具有_____和_____的特点。

## 二、选择题

1. Java 中的包装类主要用于（　　）。
   A. 存储基本数据类型　　　　　　B. 存储字符串数据
   C. 存储复杂数据类型　　　　　　D. 以上都不是

2. 在 Java 中，（　　）类用于处理日期和时间。
   A. Date　　　　B. Calendar　　　　C. Time　　　　D. DateTime

3. 下列关于集合中的 List 接口的说法正确的是（　　）。
   A. List 接口可以存储重复的元素　　B. List 接口的元素是有序的
   C. List 接口的元素是可变的　　　　D. 以上都是

4. 在 Java 中，Map 接口用于存储（　　）。
   A. 键值对　　　　B. 数组　　　　C. 集合　　　　D. 对象

5. 下列关于泛型的说法正确的是（　　）。
   A. 泛型只在编译时起作用，运行时类型信息会丢失
   B. 泛型可以提高代码的可读性
   C. 泛型可以提高代码的运行效率
   D. 以上都是

## 三、简答题

1. 简述 Java 中包装类的作用及其重要性。

2. 简述 String、StringBuffer 和 StringBuilder 类的主要区别。

3. 简述集合框架中 List、Set 和 Map 接口的主要特点。

## 四、编程题

1. 编写一个程序，其功能是将两个文本文件的内容合并到一个文件中，并实现文件复制功能。

2. 编写一个 Java 程序，实现自选课程选课系统，使用集合管理课程信息（课程名，上课时间，学分，授课老师），实现课程添加、修改、删除、查询功能。程序可以接收用户输入的操作指令，然后执行相应操作。

# 单元 6 多线程

## 单元内容

在当今数字化时代，高效、快速的数据处理能力对于各种应用场景至关重要。以一家在线购物网站为例，当数以千计的用户同时浏览商品、添加购物车和进行支付时，如何确保网站的流畅运行和快速响应变得尤为重要。此时，多线程技术的运用便显得尤为重要。多线程技术能够同时处理多个任务，提高了系统的整体性能和响应速度，成为解决高并发、高负载问题的有效手段。本单元将针对多线程的创建、启动、生命周期、控制操作、同步机制、单例模式和线程池进行详细讲解。

视频

多线程

## 学习目标

【知识目标】

◎理解线程的定义与线程的生命周期。

◎掌握创建线程的三种方式。

◎掌握线程的优先级、休眠、让步、插队的设置。

◎掌握线程的同步机制与锁机制。

◎掌握饿汉式与懒汉式的设置。

◎掌握双重检查加锁机制的设置。

◎掌握线程池的原理与创建方式。

【能力目标】

◎能够使用继承Thread类、实现Runnable接口、实现Callable接口三种方式创建线程。

◎能够使用线程实现模拟红绿灯系统。

◎能够设置线程的优先级、休眠、让步和插队。

◎能够使用线程控制操作实现模拟环保检测系统。

◎能够设置线程的同步机制与锁机制。
◎能够使用线程同步实现模拟银行取款系统。
◎能够灵活运用线程的单例模式与线程池。
◎能够使用线程池实现模拟在线购物网站。

【素质目标】
◎通过对多线程编程的学习，培养学生分析和解决并发问题的能力。
◎通过模拟现实生活中的案例，提升学生的编程能力和逻辑思维能力。

## 任务6.1 模拟红绿灯系统

### 任务描述

在城市交通中，红绿灯是控制交通流的重要工具，它们通过变换颜色来指示车辆和行人何时可以通行或停止，以确保交通的安全和顺畅。本任务将使用一个线程模拟一个基本的红绿灯系统，展示其工作原理和状态变化。红绿灯系统会展示红绿灯的三种基本状态，分别是红灯（停止）、黄灯（准备）和绿灯（通行）。

### 相关知识

## 6.1 线程的创建与启动

### 6.1.1 线程概述

在多任务操作系统中，每个运行的程序都是一个进程，用来执行不同的任务，而在一个进程中还可以有多个执行单元同时运行，来同时完成一个或多个程序任务，这些执行单元可以看作程序执行的多条线索，称为线程。操作系统的每一个进程中都至少存在一个线程，当一个Java程序启动时，就会产生一个进程，该进程中会默认创建一个线程，在这个线程上会运行main()方法中的代码。

在前面单元所接触过的程序中，代码都是按照调用顺序依次往下执行，没有出现多段程序代码交替运行的效果，这样的程序称为单线程程序。如果希望程序中实现多段程序代码交替运行的效果，则需要创建多个线程，即多线程程序。多线程程序在运行时，每个线程之间都是独立的，它们可以并发执行。程序中的单线程和多线程的主要区别可以通过图6-1进行简单说明。

从图6-1中可以看出，单线程就是一条顺序执行线索，而多线程则是并发执行的多条线索，这样就可以充分利用CPU资源，进一步提升程序执行效率。从表面上看，多线程看似是同时并发执行的，其实不然，它们和进程一样，也是由CPU控制并轮流执行的，只不过CPU运行速度非常快，故而给人同时执行的感觉。

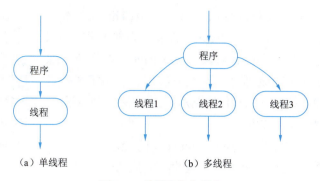

图 6-1 单线程与多线程

### 6.1.2 继承 Thread 类创建线程

Thread类是java.lang包下的一个线程类,用来实现Java多线程。使用继承Thread类的方式创建与启动线程的主要步骤如下:

(1)创建一个Thread线程类的子类(子线程),并重写Thread类的run()方法。

(2)创建Thread子类的实例对象,并调用start()方法启动线程。

下面通过一个例子演示如何通过继承Thread类的方式创建多线程,首先在Eclipse中创建一个名为Chapter06的程序,在该程序的src文件夹中创建名为com.example.thread的包,在该包中创建ExampleThread类,在该类中实现创建与启动线程,具体代码如例6-1所示。

拓展阅读

进程概述

**例6-1** ExampleThread.java

```
1  package com.example.thread;
2  class MyThread extends Thread {
3      // 创建子线程类的有参构造方法,参数为线程名称
4      public MyThread(String name) {
5          super(name);
6      }
7      // 重写 Thread 类的 run() 方法
8      public void run() {
9          int i=0;
10         while (i++ <5) {
11             System.out.println(Thread.currentThread().getName()+
12                     " 的 run() 方法在运行 ");
13         }
14     }
15 }
16 public class ExampleThread {
17     public static void main(String[] args) {
18         // 创建 MyThread1 实例对象
19         MyThread thread1=new MyThread("thread1");
20         // 调用 start() 方法启动线程
21         thread1.start();
22         // 创建并启动另一个线程 myThread2
23         MyThread thread2=new MyThread("thread2");
24         thread2.start();
25     }
26 }
```

在上述代码中，第2～15行代码定义了一个MyThread类继承Thread类，并重写了run()方法，其中currentThread()方法是Thread类的静态方法，用于获取当前线程对象，getName()方法用于获取线程名称。第19、23行代码创建了两个线程实例，并指定线程名称为thread1和thread2。第21、24行代码调用start()方法启动线程。

例6-1的运行结果如图6-2所示。

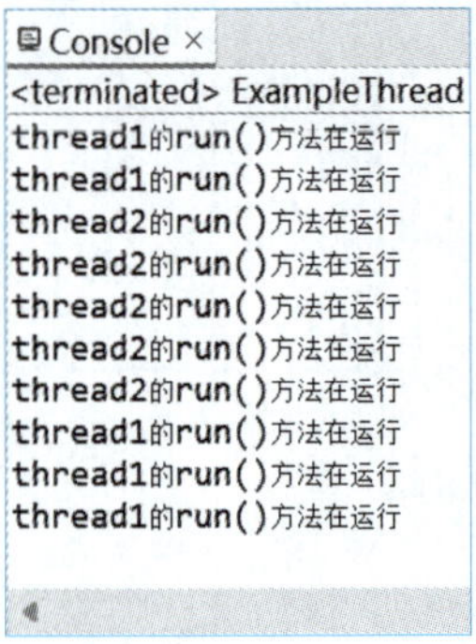

从图6-2中可以看出，线程thread1与thread2不是按照编程顺序先执行完第一个线程之后再执行第二个线程的，这两个线程是交互执行的，说明程序实现了线程的创建与启动，同时体现了多线程并发执行的效果。

图6-2  例6-1的运行结果

> **注意**：在例6-1中，从程序运行结果可以看出创建的两个线程实例是交互运行的，但实际上，该案例中还有一个main()方法开启的主线程，这是程序的入口，仅用于创建并启动两个子线程实例，并没有执行其他输出动作。

### 6.1.3  实现 Runnable 接口创建线程

Java中一个类只能继承一个父类，而通过继承Thread类来创建线程就意味着将线程的功能与类的继承耦合在一起，导致无法再继承其他类。而实现Runnable接口的方式，可以避免Java单继承所带来的局限性，使类能够继承其他类，提高代码的灵活性。使用实现Runnable接口的方式创建并启动线程的具体步骤如下：

（1）定义一个类实现Runnable接口，并重写该接口中的run()方法。

（2）创建实现Runnable接口的类的对象，将该对象作为参数传入创建Thread对象的构造方法中，这样就实现了将程序的任务逻辑与线程对象分离的效果。

（3）调用Thread对象的start()方法，启动线程。

下面通过一个例子演示使用Runnable接口的方式来创建和启动线程，首先在Chapter06程序的com.example.thread包中创建ExampleRunnable类，在该类中实现创建与启动线程，如例6-2所示。

例6-2  ExampleRunnable.java

```
1  package com.example.thread;
2  class MyRunnable implements Runnable {
3      public void run() {
4          for (int i = 1; i <= 5; i++) {
5              System.out.println("线程" + Thread.currentThread().getId()+
6               ": " + i);
7              try {
8                  Thread.sleep(1000);    // 让线程休眠一段时间，模拟耗时操作
9              } catch (InterruptedException e) {
10                 e.printStackTrace();
11             }
12         }
13     }
14 }
15 public class ExampleRunnable {
```

```
16      public static void main(String[] args) {
17          MyRunnable myRunnable = new MyRunnable();
18          Thread thread1 = new Thread(myRunnable);
19          Thread thread2 = new Thread(myRunnable);
20          thread1.start();
21          thread2.start();
22      }
23  }
```

在上述代码中，第5～6行中的"Thread.currentThread().getId()"表示返回当前线程的唯一标识符，即线程ID。第18～19行创建了两个Thread对象，并将MyRunnable对象作为参数传递给它们，然后调用start()方法启动线程thread1与thread2。

例6-2的运行结果如图6-3所示。

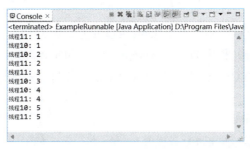

图 6-3　例 6-2 的运行结果

由图6-3可知，线程11与线程12是交替执行的，不是按照线程的启动顺序执行的，这是因为线程休眠了一段时间，不同线程交替执行，会因为线程的调度顺序不同而导致输出的顺序不固定，说明程序实现了线程的创建与启动，同时体现了多线程并发执行的效果。

**注意**：例 6-2 中的 start() 方法不会直接执行 MyRunnable 类中的 run() 方法，而是启动新的线程并在新线程中调用 run() 方法，这样可以实现多线程并发执行，而不是在主线程中顺序执行。由于两个线程共享同一个 MyRunnable 对象，它们会交替执行 run() 方法中的任务逻辑。

## 6.1.4　实现 Callable 接口创建线程

前面使用实现Runnable接口创建的线程存在一定的局限性，因为这种方式没有返回值且不能抛出异常。为了解决该问题，从JDK 5.0开始，Java提供了Callable接口，它允许开发人员在实现Callable接口的类中重写call()方法可以作为线程的执行体。与run()方法不同，call()方法有返回值且可以抛出异常。使用实现Callable接口的方式创建并启动线程的具体步骤如下：

（1）定义Callable接口实现类，指定返回值类型，并重写call()方法。

（2）创建Callable实现类的实例，使用FutureTask类包装Callable对象，FutureTask对象封装了Callable 对象的call()方法的返回值。

（3）使用FutureTask对象作为Thread对象的target创建并启动新线程。

（4）调用FutureTask对象的get()方法获得子线程执行结束后的返回值。

Callable接口不是Runnable接口的子接口，因此不能直接作为Thread的目标（target）运行，因为call()方法是在实现Callable接口的类中定义的，JDK 5.0还提供了一个Future接口来代表call()方法的返回值。FutureTask类是Future接口的实现类，同时，它也实现了Runnable接口，因此可以作为Thread类的target。Future接口的方法及功能见表6-1。

表 6-1 Future 接口的方法及功能

| 方 法 声 明 | 功　　能 |
| --- | --- |
| boolean cancel(boolean b) | 试图取消对此任务的执行 |
| V get() | 如有必要，等待计算完成，然后获取其结果 |
| V get(long timeout, TimeUnit unit) | 如有必要，最多等待为使计算完成所给定的时间之后，获取其结果（如果结果可用） |
| boolean isCancelled() | 如果在任务正常完成前将其取消，则返回 true |
| boolean isDone() | 如果任务已完成，则返回 true |

下面通过一个例子演示使用实现Callable接口的方式创建和启动线程，并获取1～100的整数之和。首先在Chapter06程序的com.example.thread包中创建ExampleCallable类，在该类中通过FutureTask的get()方法获得新线程的执行结果，并将1～100的整数之和的结果输出到控制台中，如例6-3所示。

例6-3　ExampleCallable.java

```
1  package com.example.thread;
2  import java.util.concurrent.*;
3  public class ExampleCallable {
4      public static void main(String[] args) throws Exception {
5          MyCallable myCallable = new MyCallable();
6          FutureTask<Integer> futureTask = new FutureTask<>(myCallable);
7          Thread thread = new Thread(futureTask);
8          thread.start();
9          int result = futureTask.get();
10         System.out.println("计算结果：" + result);
11     }
12 }
13 class MyCallable implements Callable<Integer> {
14     @Override
15     public Integer call() throws Exception {
16         int sum = 0;
17         for (int i = 1; i <= 100; i++) {
18             sum += i;
19         }
20         return sum;
21     }
22 }
```

三种创建线程方式的对比分析

在上述代码中，第13～22行创建了MyCallable类实现Callable接口，并在call()方法中使用for循环实现了1～100的整数求和逻辑。第6行代码使用FutureTask封装MyCallable对象，第7～8行通过Thread类创建一个新线程并启动该线程。第9行调用FutureTask的get()方法获得子线程的执行结果。

例6-3的运行结果如图6-4所示。

图 6-4　例 6-3 的运行结果

## 6.2 线程的生命周期

线程有新建（new）、就绪（runnable）、运行（running）、阻塞（blocked）和死亡（terminated）五种状态，线程从新建到死亡的过程称为线程的生命周期，线程的生命周期及状态转换如图6-5所示。

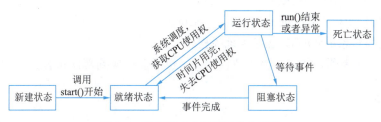

图 6-5　线程的生命周期及状态转换

图6-6中描述了线程的生命周期及状态转换，下面详细讲解线程的五种状态。

### 1. 新建状态

当程序使用new关键字创建一个线程后，该线程处于新建状态，此时它和其他Java对象一样，在堆空间内分配了一块内存，但尚不能运行。

### 2. 就绪状态

线程对象创建后，其他线程调用其start()方法，该线程进入就绪状态，Java虚拟机会为其创建方法调用栈和程序计数器。在就绪状态，线程位于可运行池中，等待获取CPU的使用权。

### 3. 运行状态

线程占用CPU，执行程序代码。在并发执行中，若计算机只有一个CPU，则只有一个线程处于运行状态。对于多CPU计算机，同时可能有多个线程占用不同CPU处于运行状态。只有就绪状态的线程可以切换到运行状态。时间片指操作系统分配给每个可执行的任务的时间量。当时间片用尽时，操作系统可能会中断该线程的执行，将CPU分配给其他处于就绪状态的线程。

### 4. 阻塞状态

阻塞状态表示线程因某些原因放弃CPU，暂时停止运行。在阻塞状态，Java虚拟机不会分配CPU给线程，直到线程重新进入就绪状态，方可切换到运行状态。

下面列举线程由运行状态转换为阻塞状态的原因，以及如何从阻塞状态转换成就绪状态。

- 当线程调用某个对象的suspend()方法时，线程进入阻塞状态。要使其进入就绪状态，需使用resume()方法唤醒该线程。
- 线程试图获取某个对象的同步锁，若锁已被其他线程持有，则当前线程进入阻塞状态。要从阻塞状态进入就绪状态，需获取其他线程持有的锁（关于锁的概念将在6.4.3节详细讲解）。
- 当线程调用Thread类的sleep()方法时，线程进入阻塞状态。在此情况下，需等待线程休眠时间结束，线程将自动进入就绪状态。

> 线程调用某个对象的wait()方法时，线程进入阻塞状态。要使其进入就绪状态，需使用notify()方法或notifyAll()方法唤醒该线程。
> 在一个线程中调用另一个线程的join()方法时，当前线程进入阻塞状态。在此情况下，需等待新加入线程运行结束，方可结束阻塞状态，进入就绪状态。

### 5. 死亡状态

> 线程的run()方法正常执行完成，线程正常结束。
> 线程抛出异常（exception）或错误（error）。
> 调用线程对象的stop()方法结束该线程。

一旦线程转换为死亡状态，将无法再运行，也不能切换到其他状态。

## 任务实现

### 实施步骤

（1）在Chapter06程序中创建com.example.task包，用于存放本单元中每个任务的代码文件。

（2）在com.example.task包中创建TrafficLight类，用于实现模拟红绿灯系统。

（3）使用三个常量定义红灯、黄灯和绿灯亮起后的时间。

（4）定义一个changeLight()方法用于切换红绿灯的三种状态。

（5）在main()方法中创建TrafficLight类的实例，并启动一个线程，在线程中调用changeLight()方法开启红绿灯的状态切换。

### 代码实现

TrafficLight.java

```java
1  package com.example.task;
2  public class TrafficLight {
3      enum LightColor {
4          RED, YELLOW, GREEN
5      }
6      private LightColor currentColor = LightColor.RED;
7      private final int RED_DURATION = 3000;      // 红灯时间，单位毫秒
8      private final int YELLOW_DURATION = 1000;   // 黄灯时间，单位毫秒
9      private final int GREEN_DURATION = 5000;    // 绿灯时间，单位毫秒
10     private int count=0;
11     public void changeLight() {
12         switch (currentColor) {
13             case RED:
14                 System.out.println("红灯亮起，车辆禁止通行");
15                 try {
16                     Thread.sleep(RED_DURATION);
17                 } catch (InterruptedException e) {
18                     Thread.currentThread().interrupt(); // 中断线程
19                     return;
20                 }
21                 currentColor = LightColor.GREEN;
22                 break;
23             case GREEN:
24                 System.out.println("绿灯亮起，车辆可以通行");
```

```
25              try {
26                  Thread.sleep(GREEN_DURATION);
27              } catch (InterruptedException e) {
28                  Thread.currentThread().interrupt(); // 中断线程
29                  return;
30              }
31              currentColor = LightColor.YELLOW;
32              break;
33          case YELLOW:
34              System.out.println("黄灯亮起,车辆准备停车");
35              try {
36                  Thread.sleep(YELLOW_DURATION);
37              } catch (InterruptedException e) {
38                  Thread.currentThread().interrupt(); // 中断线程
39                  return;
40              }
41              currentColor = LightColor.RED;
42              break;
43          default:
44              break;
45          }
46          count++;
47          // 为了不让此程序一直无限循环,当循环 4 次红绿灯状态后,中断线程
48          if(count==3) Thread.currentThread().interrupt();
49          changeLight();            // 递归调用以继续循环
50      }
51      public static void main(String[] args) {
52          TrafficLight trafficLight = new TrafficLight();
53          // 使用匿名内部类实现 Runnable 接口
54          Thread thread = new Thread(new Runnable() {
55              @Override
56              public void run() {
57                  trafficLight.changeLight();
58              }
59          });
60          thread.start();           // 启动线程
61      }
62  }
```

运行上述代码,模拟红绿灯系统的运行结果,如图6-6所示。

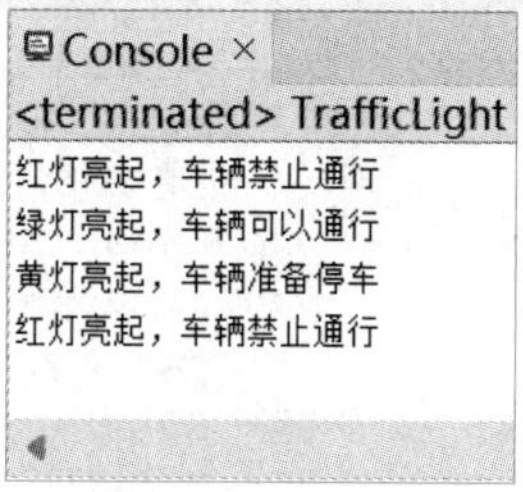

图 6-6 模拟红绿灯系统的运行结果

## 任务6.2 模拟环保检测系统

### 任务描述

随着工业化和城市化的快速发展,环境污染问题日益凸显。为了及时监测和控制环境污染,需要建立一个高效、可靠的环保检测系统。本任务将使用多线程的优先级、休眠、插队等知识模拟一个环保检测系统,该系统主要用于监控多个污染源,并将它们的污染级别输出到控制台中。

相关知识

## 6.3 线程控制操作

### 6.3.1 线程优先级

所有处于就绪状态的线程根据优先级存放在可运行池中，优先级低的线程运行机会较少，优先级高的线程运行机会更多。Thread类的setPriority(int newPriority)方法和getPriority()方法分别用于设置优先级和读取优先级。优先级用整数表示，取值范围1～10，除了直接用数字表示线程的优先级，还可以用Thread类中提供的三个静态常量来表示线程的优先级，见表6-2。

表 6-2　Thread 类的静态常量及功能

| 常 量 声 明 | 功 能 描 述 |
| --- | --- |
| static int MAX_PRIORITY | 取值为 10，表示最高优先级 |
| static int NORM_PRIORITY | 取值为 5，表示默认优先级 |
| static int MIN_PRIORITY | 取值为 1，表示最低优先级 |

表6-2中列出了Thread类的三个静态常量，可以用这些常量设置线程的优先级。

下面通过一个例子演示线程优先级的使用。首先在Chapter06程序的com.example.thread包中创建ExamplePriority类，然后在该类中演示线程优先级的使用，如例6-4所示。

例6-4　ExamplePriority.java

```
1  package com.example.thread;
2  public class ExamplePriority {
3      public static void main(String[] args) {
4          // 创建 SubThread 实例
5          SubThread st1 = new SubThread("优先级低的线程");
6          SubThread st2 = new SubThread("优先级高的线程");
7          // 设置优先级
8          st1.setPriority(Thread.MIN_PRIORITY);
9          st2.setPriority(Thread.MAX_PRIORITY);
10         // 开启线程
11         st1.start();
12         st2.start();
13     }
14 }
15 class SubThread extends Thread {
16     public SubThread(String name) {
17         super(name);
18     }
19     public void run() {                            // 重写 run() 方法
20         for (int i = 0; i < 10; i++) {
21             if (i % 2 != 0) {
22                 System.out.println(Thread.
23                         currentThread().getName() + ":" + i);
24             }
25         }
```

```
26     }
27 }
```

在上述代码中，第15～27行定义了SubThread类继承Thread类，在该类中重写了run()方法，在run()方法内循环打印小于10的奇数。第5～6行创建了两个SubThread类的实例，并指定线程的名称分别为"优先级低的线程"与"优先级高的线程"。第8～9行调用setPriority()方法设置线程的优先级，第11～12行调用start()方法启动线程。

线程优先级运行结果如图6-7所示。

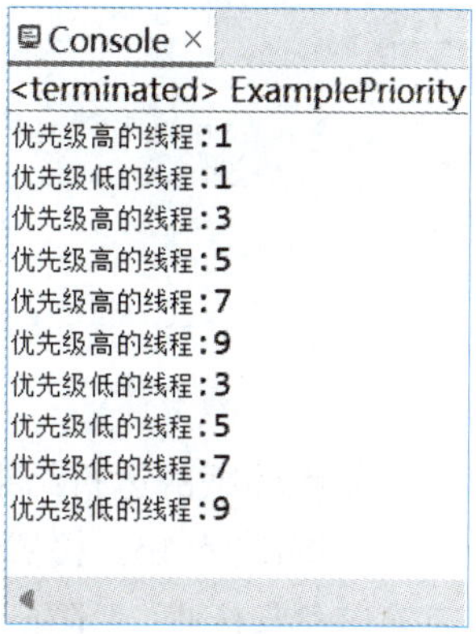

由图6-7可知，优先级高的线程优先执行。此处需要注意的是，优先级低的不一定永远后执行，有可能优先级低的线程先执行，只不过概率较小。

图6-7 线程优先级

### 6.3.2 线程休眠

前面讲解了线程的优先级，可以发现将需要后执行的线程设置为低优先级，也有一定概率先执行该线程，可以用Thread类的静态方法sleep()来解决这一问题，sleep()方法有两种重载形式，具体示例如下：

```
sleep(long millis)
sleep(long millis, int nanos)
```

上述两种sleep()方法的重载形式中，前者的参数millis是指定线程休眠的毫秒数，后者的参数millis和nanos分别用于指定线程休眠的毫秒数和毫微秒数。正在执行的线程调用sleep()方法可以进入阻塞状态，又称线程休眠，在休眠时间内，即使系统中没有其他可执行的线程，该线程也不会执行，当休眠时间结束后该线程才可以执行。

下面通过一个例子演示线程的休眠。首先在Chapter06程序的com.example.thread包中创建AlarmClock类，然后在该类中使用线程休眠模拟一个定时闹钟的场景，如例6-5所示。

**例6-5** AlarmClock.java

```
1  package com.example.thread;
2  import java.text.SimpleDateFormat;
3  import java.util.Date;
4  public class AlarmClock {
5      // 设定闹钟在 5 秒后响起
6      private static final long WAKE_UP_TIME_MILLIS = 5000;
7      public static void main(String[] args) {
8          System.out.println("设置闹钟 " + (WAKE_UP_TIME_MILLIS / 1000) +
9              "秒后响起 ");
10         System.out.println(" 当前时间:"+ new SimpleDateFormat("hh:mm:ss").
11             format(new Date()));
12         // 模拟闹钟的线程
13         Thread alarmClockThread = new Thread(() -> {
14             try {
15                 // 设置线程休眠 5 秒
16                 Thread.sleep(WAKE_UP_TIME_MILLIS);
17                 // 调用闹钟响起方法
18                 ringAlarm();
19             } catch (InterruptedException e) {
```

```
20                  e.printStackTrace();
21              }
22          });
23          alarmClockThread.start();
24      }
25      // 模拟闹钟响起
26      private static void ringAlarm() {
27          System.out.println(" 起床啦, 太阳已经升起来啦!");
28          System.out.println(" 当前时间: "+ new SimpleDateFormat("hh:mm:ss").
29          format(new Date()));
30      }
31  }
```

线程休眠的运行结果如图6-8所示。

由图6-8可知，设置闹钟时的当前时间为"12:05:44"，闹钟响起时输出"起床啦, 太阳已经升起来啦!"提醒信息，此时的当前时间为"12:05:49"，这两个时间差为5秒，说明程序中调用sleep()方法让线程休眠了5秒后再执行。

图 6-8 线程的休眠

### 6.3.3 线程让步

前面讲解了使用sleep()方法使线程阻塞，Thread类还提供一个yield()方法，它与sleep()方法类似，它也可以让当前正在执行的线程暂停，但是yield()方法不会使线程阻塞，只是将线程转换为就绪状态，也就是让当前线程暂停一下，线程调度器重新调度一次，有可能还会将暂停的程序调度出来继续执行，这又称线程让步。

下面通过一个例子演示线程让步。首先在Chapter06程序的com.example.thread包中创建ExampleYield类，然后在该类中演示线程让步，如例6-6所示。

例6-6    ExampleYield.java

```
1   package com.example.thread;
2   public class ExampleYield {
3       public static void main(String[] args) {
4           YieldThread yt = new YieldThread();        // 创建YieldThread实例
5           new Thread(yt, "线程1").start();            // 创建并开启线程
6           new Thread(yt, "线程2").start();
7       }
8   }
9   class YieldThread implements Runnable {
10      public void run() {                            // 重写run()方法
11          for (int i = 1; i <= 6; i++) {
12              System.out.println(Thread.currentThread().getName() + ":" + i);
13              if (i % 3 == 0) {
14                  Thread.yield();
15              }
16          }
17      }
18  }
```

上述代码中，第9～18行代码定义了YieldThread类实现Runnable接口，并重写了run()方法，在run()方法内循环打印变量i，当变量i能被3整除时，调用yield()方法让线程让步。第4～6行代码首先创建YieldThread类的实例，然后创建并开启两个线程。

线程让步的运行结果如图6-9所示。

由图6-9可知,当线程执行到3或6次时,线程就会进行切换执行,这是因为线程执行的次数能被3整除时,程序调用Thread类的yield()方法让线程让步,切换到其他线程。

**注意**:并不是线程执行到3或6次一定切换到其他线程,也有可能线程继续执行。

### 6.3.4 线程插队

Thread类提供了join()方法,当某个线程在执行中调用其他线程的join()方法时,此线程将被阻塞,直到被join()方法加入的线程执行完为止,又称线程插队。

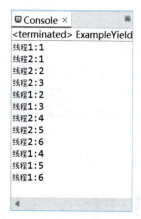

图6-9 线程让步

下面通过一个例子演示线程插队。首先在Chapter06程序的com.example.thread包中创建ExampleJoin类,然后在该类中使用线程插队模拟烤面包机工作的过程,将每个烤面包周期看作一个线程的运行,而sleep()方法用来模拟烤面包所需的时间,join()方法用来等待烤面包机线程结束,如例6-7所示。

例6-7 ExampleJoin.java

```
1   package com.example.thread;
2   public class ExampleJoin {
3       public static void main(String[] args) {
4           // 创建并启动一个烤面包机线程
5           Thread toasterThread = new Thread(new ToasterRunnable());
6           toasterThread.start();
7           // 主线程等待烤面包机线程完成
8           try {
9               toasterThread.join();
10          } catch (InterruptedException e) {
11              e.printStackTrace();
12          }
13          System.out.println("所有面包片都已经烤好!");
14      }
15      // 创建一个实现了Runnable接口的烤面包机类ToasterRunnable
16      static class ToasterRunnable implements Runnable {
17          @Override
18          public void run() {
19              // 假设要烤4片面包
20              for (int i = 0; i < 4; i++) {
21                  // 模拟放入面包片
22                  System.out.println("放入第" + (i + 1)+"片面包");
23                  try {
24                      Thread.sleep(3000);    // 模拟烤面包所需的时间为3秒
25                  } catch (InterruptedException e) {
26                      e.printStackTrace();
27                      return;
28                  }
29                  // 模拟取出烤好的面包片
30                  System.out.println("第" + (i + 1) + "片面包已经烤好");
31              }
```

```
32            }
33        }
34 }
```

在上述代码中，第16～33行定义了ToasterRunnable类实现Runnable接口，在该类中实现了run()方法，在run()方法中通过for循环模拟烤4片面包，在for循环中调用sleep()方法模拟烤面包片需要的时间。第5～6行首先创建一个线程对象toasterThread，然后开启该线程。第9行代码调用join()方法等待toasterThread线程执行结束，toasterThread线程执行结束后，主线程才继续执行，程序调用println()方法输出"所有面包片都已经烤好!"信息。

线程插队的运行结果如图6-10所示。

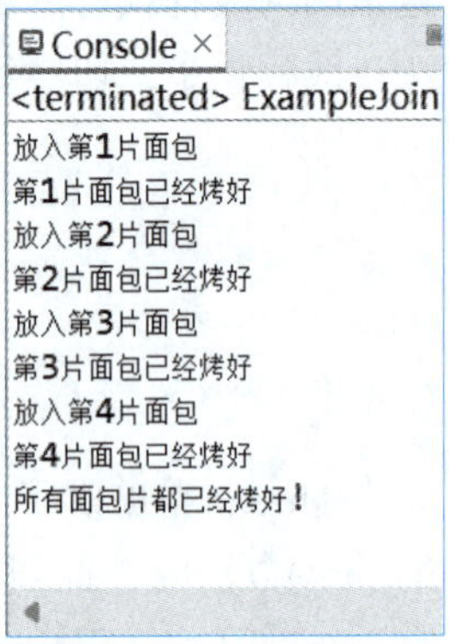

图 6-10　线程插队

### 6.3.5　后台线程

线程中还有一种后台线程，它是为其他线程提供服务的，又称"守护线程"或"精灵线程"，JVM的垃圾回收线程就是典型的后台线程。如果所有前台线程都死亡，后台线程会自动死亡。当整个虚拟机中只剩下后台线程，程序就没有继续运行的必要了，所以虚拟机也就退出了。

若想要将一个线程设置为后台线程，可以调用Thread类的setDaemon(boolean on)方法，将参数指定为true即可，Thread类还提供了isDaemon()方法，用于判断一个线程是否为后台线程。

下面通过一个例子演示后台线程。首先在Chapter06程序的com.example.thread包中创建ExampleBack类，然后在该类中使用后台线程模拟一个智能温度控制系统，该系统会在后台运行，不断地检查当前室内温度，并根据预设规则调整室内温度，如例6-8所示。

**例6-8　ExampleBack.java**

```
1  package com.example.thread;
2  import java.util.Scanner;
3  public class ExampleBack {
4      // 假设的房间温度，范围从0（冷冻）到100（极热）
5      private volatile static int roomTemperature = 22;
6      // 预设的温度阈值
7      private static final int LOW_TEMPERATURE_THRESHOLD = 18;
8      private static final int HIGH_TEMPERATURE_THRESHOLD = 26;
9      // 后台线程，负责定期检查温度
10     private static class TemperatureMonitorThread extends Thread {
11         @Override
12         public void run() {
13             while (true) {
14                 // 检查房间温度
15                 if (roomTemperature < LOW_TEMPERATURE_THRESHOLD) {
16                     System.out.println("房间温度过低，请注意保暖！当前温
17                         度：" +roomTemperature);
18                 } else if (roomTemperature > HIGH_TEMPERATURE_THRESHOLD)
19                 {
20                     System.out.println("房间温度过高，请注意防暑！当前温度：" +
21                         roomTemperature);
22                 } else {
```

```
23              System.out.println("房间温度适宜。当前温度: " +
24                  roomTemperature);
25          }
26          try {
27              Thread.sleep(5000);           // 休眠 5 秒后再检查房间温度
28          } catch (InterruptedException e) {
29              // 线程被中断
30              Thread.currentThread().interrupt();
31              break;
32          }
33      }
34  }
35 }
36  // 在控制台输出改变后的房间温度
37  public static void setRoomTemperature(int temperature) {
38      if (temperature >= 0 && temperature <= 100) {
39          roomTemperature = temperature;
40          System.out.println("房间温度已更新为: " + roomTemperature);
41      } else {
42          System.out.println("无效的温度输入,请输入 0 到 100 之间的值。");
43      }
44  }
45  public static void main(String[] args) {
46      // 创建并启动后台线程
47      Thread monitorThread = new TemperatureMonitorThread();
48      monitorThread.setDaemon(true);        // 设置为守护线程
49      monitorThread.start();
50      // 模拟用户输入来改变房间温度
51       @SuppressWarnings("resource")
52      Scanner scanner = new Scanner(System.in);
53      while (true) {
54          System.out.println("请输入房间温度 (0-100,或输入 'exit' 退出): ");
55          String input = scanner.nextLine();
56          if ("exit".equalsIgnoreCase(input)) {
57              System.exit(0);               // 退出程序
58          }
59          try {
60              setRoomTemperature(Integer.parseInt(input));
61          } catch (NumberFormatException e) {
62              System.out.println("输入无效,请输入一个整数。");
63          }
64      }
65  }
66 }
```

在上述代码中,第10~35行定义了TemperatureMonitorThread类继承Thread类,并重写run()方法,在该方法中调用while循环与sleep()方法实现每隔5秒检查一次房间内的温度。第37~44行定义了setRoomTemperature()方法,用于输出更新后的房间温度。第47~49行首先创建TemperatureMonitorThread类的对象monitorThread,然后调用setDaemon()方法将monitorThread线程设置为后台线程,最后调用start()方法开启该线程。

后台线程的运行结果如图6-11所示。

由图6-11可知,当控制台未输入"exit"时,检查房间温度的线程会每隔5秒检查一次房间温度,并将检查到的温度输出在控制台中。当在控制台输入"exit"时,程序的主线程会结束，此时检查房间温度的后台线程也会随之结束。

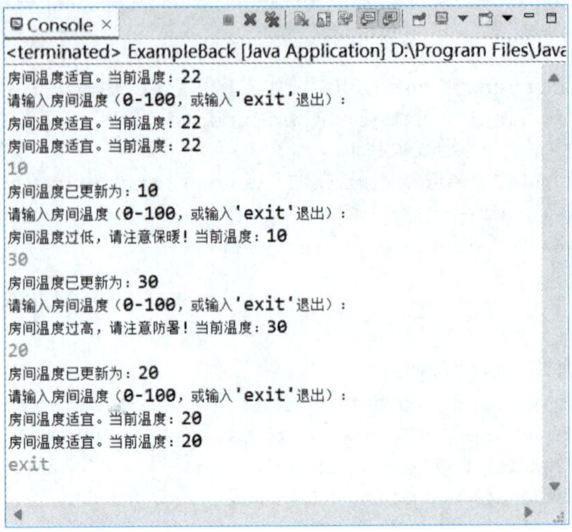

图 6-11　后台线程

## 任务实现

### 实施步骤

（1）在com.example.task包中创建EnProSystem类，用于实现模拟环保检测系统。

（2）创建一个PollutionSource类继承Thread类，在该类的run()方法中模拟检测环境的污染级别。

（3）在EnProSystem类中创建三个不同级别的污染源，每个污染源都是一个线程。

（4）设置三个污染源线程的优先级并启动线程。

（5）调用join()方法等待所有线程执行完成后，输出"所有污染源检测完成"。

### 代码实现

EnProSystem.java

```
1  package com.example.task;
2  // 污染源类
3  class PollutionSource extends Thread {
4      private int pollutionLevel;              // 污染级别
5      public PollutionSource(int pollutionLevel) {
6          this.pollutionLevel = pollutionLevel;
7      }
8      @Override
9      public void run() {
10         System.out.println("开始检测污染源，污染级别：" + pollutionLevel);
11         // 模拟检测过程，休眠一段时间
12         try {
13             Thread.sleep((long) (pollutionLevel * 1000));
14         } catch (InterruptedException e) {
15             e.printStackTrace();
16         }
17         System.out.println("检测完成，污染级别：" + pollutionLevel);
18     }
```

```
19        public int getPollutionLevel() {
20            return pollutionLevel;
21        }
22  }
23  // 环保检测系统类
24  public class EnProSystem {
25      public static void main(String[] args) {
26          // 创建不同污染级别的污染源
27          PollutionSource source1 = new PollutionSource(1); // 低污染
28          PollutionSource source2 = new PollutionSource(3); // 高污染
29          PollutionSource source3 = new PollutionSource(2); // 中污染
30          // 设置线程的优先级
31          source1.setPriority(Thread.MIN_PRIORITY);
32          source3.setPriority(Thread.NORM_PRIORITY);
33          source2.setPriority(Thread.MAX_PRIORITY);
34          // 启动线程
35          source1.start();
36          source3.start();
37          source2.start();
38          // 插队或等待所有线程完成
39          try {
40              source1.join();
41              source2.join();
42              source3.join();
43          } catch (InterruptedException e) {
44              e.printStackTrace();
45          }
46          System.out.println("所有污染源检测完成");
47      }
48  }
```

运行上述代码，模拟环保检测系统的运行结果如图6-12所示。

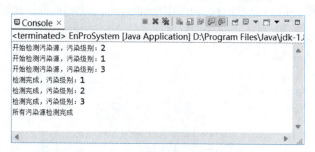

图 6-12　模拟环保检测系统的运行结果

## 任务6.3　模拟银行取款系统

### 任务描述

随着金融科技的快速发展和人们生活节奏的加快，银行取款服务已成为日常生活中不可或缺的一部分。为满足广大客户的取款需求，提供更加便捷、安全、高效的取款服务，银行需要建立一个银行账户的取款系统。本任务将使用线程的同步机制模拟一个银行的取款系统，该系统需要保证多个客户同时从银行账户中取款时，这些取款操作不会导致银行账户数据的不一致或错误。

假设银行账户中共有1 000元,有三个客户同时取款,这三个客户分别为客户A、客户B和客户C,客户A需要取300元,客户B需要取200元,客户C需要取100元,此时使用模拟的银行取款系统为这三个客户进行取款,将每个客户取款的数据和银行账户当前的余额输出到控制台中。

 相关知识

## 6.4 线程同步

### 6.4.1 线程安全

前面讲解了线程的创建和启动,在并发执行的情况下,多线程可能会突然出现"不安全"的问题,这是因为系统的线程调度有一定随机性,当多线程并发访问同一个资源对象时,很容易出现"不安全"的问题。线程安全是指当多个线程并发访问共享资源时,如果对这些资源的访问是线程安全的,那么就可以保证在任何时候,只有一个线程能够修改这些资源,从而避免了数据不一致或脏读等问题。

关于线程安全,有一个经典的问题——火车站窗口售票问题。窗口售票的基本流程大致为首先明确共有多少张票,每售出一张票,票的总数要减1,多个窗口同时售票,当票数剩余0时说明没有余票,停止售票。流程很简单,但如果这个流程放在多线程并发的场景下,就存在问题,可能问题不会及时暴露出来,运行很多次才出一次问题。

下面用一个例子来演示窗口售票的经典问题,假如总票数为6,有4个窗口在售票。首先在Chapter06程序的com.example.thread包中创建ExampleTicket类,然后在该类中创建并开启4个线程模拟4个卖票窗口,如例6-9所示。

例6-9　ExampleTicket.java

```
1   package com.example.thread;
2   public class ExampleTicket {
3       public static void main(String[] args) {
4           Ticket ticket = new Ticket();
5           Thread t1 = new Thread(ticket, "火车站窗口1");
6           Thread t2 = new Thread(ticket, "火车站窗口2");
7           Thread t3 = new Thread(ticket, "火车站窗口3");
8           Thread t4 = new Thread(ticket, "火车站窗口4");
9           t1.start();
10          t2.start();
11          t3.start();
12          t4.start();
13      }
14  }
15  class Ticket implements Runnable {
16      private int ticket = 6;
17      public void run() {
18          for (int i = 0; i < 6; i++) {
19              if (ticket > 0) {
20                  try {
```

```
21                    Thread.sleep(100);
22               } catch (InterruptedException e) {
23                    e.printStackTrace();
24               }
25               System.out.println(Thread.currentThread().getName() +
26           "卖出第" + ticket + "张票,还剩" + --ticket + "张票");
27           }
28       }
29    }
30 }
```

在上述代码中,第21行调用sleep()方法让当前线程睡眠100毫秒,当前线程处于休眠状态时,让其他线程去抢资源,可以让线程安全问题更明显。在实际项目中,sleep()方法经常用来模拟网络延迟。

线程安全的运行结果如图6-13所示。

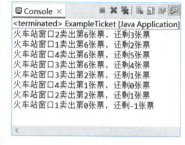

图 6-13　线程安全

从图6-13可以看出,窗口2、窗口1、窗口4、窗口3同时有顾客在买票,这四个窗口同时售出第6张票,此时总票数还剩下2张,窗口3与窗口2同时售出第2张票,此时应该剩余0张票,控制台却输出1张票,同时窗口4和窗口1还在与顾客沟通售票,总票数已经为0,窗口4和窗口1还售出2张票,出现超卖了两张票的情况,这样就出现了数据被污染的情况。

出现上述情况是因为同时创建并开启了4个线程,这4个线程对ticket变量都有修改功能,窗口3与窗口2同时与顾客沟通售出第2张票时,ticket变量值为2,这2个线程同时进入了run()方法,同时对ticket做了递减操作,所以在控制台输出两个还剩1张票。最后一次循环中,ticket变量值为1,窗口4与窗口1这2个线程同时进入run()方法,窗口4线程获得了CPU的使用权,在售出第1张票后,做了递减操作。但窗口1线程还在继续抢夺CPU的使用权,得到CPU的使用权后,也对ticket变量进行了递减操作,因此产生了负值。

### 6.4.2　线程同步机制

要解决多线程并发访问同一个资源的安全性问题,就需要控制一个线程完成整个线程执行体后,其他线程才能进入。例如,火车站窗口售票案例中,当窗口1进行售票操作时,窗口2、窗口3和窗口4只能等待,等窗口1操作结束后,所有步骤同步完成。4个线程都回到就绪状态,有机会去执行代码。这就好比一个人在洗手间时会把门锁上,出来时再将锁打开,其他人才可以进去。Java中提供如下三种方式实现线程同步。

#### 1. 同步代码块

同步代码块是指在代码块前加上synchronized关键字,用于解决多线程并发执行时可能产生的资源冲突问题。同步代码块表示同一时间只能有一个线程进入该代码块中执行,从而确保共享资源的唯一性和准确性。同步代码块的语法格式如下:

```
synchronized(this){
    // 操作共享数据的代码
}
```

上述语法格式中,synchronized关键字后括号里的this就是同步锁,当线程执行同步代码块时,首先会检查同步锁的标志位,默认情况下标志位为1,线程会执行同步代码块,同时将标志位改为0，当第二个线程执行同步代码块前，检查到标志位为0，第二个线程会进入阻塞状态，直到前一个线程执行完同步代码块内的操作，标志位重新改为1，第二个线程才有可能进入同步代码块。

下面通过修改例6-9中的代码来演示使用同步代码块解决线程安全问题的方式，修改后的主要代码如下：

```
1   ...
2   class Ticket implements Runnable {
3       private int ticket = 6;
4       public void run() {
5           for (int i = 0; i < 6; i++) {
6               synchronized (this) {
7                   if (ticket > 0) {
8                       try {
9                           Thread.sleep(100);
10                      } catch (InterruptedException e) {
11                          e.printStackTrace();
12                      }
13                      System.out.println(
14                              Thread.currentThread().getName() + "卖出第" +
15                              ticket + "张票，还剩" + --ticket + "张票");
16                  }
17              }
18          }
19      }
20  }
```

上述代码中，在run()方法的循环中，将变量ticket的操作都放在同步代码块中，当使用同步代码块时必须指定一个需要同步的对象作为同步锁，一般使用当前对象（this）即可。

添加同步代码块后的运行结果如图6-14所示。

从图6-14可以看出，程序的运行结果没有出现重票或负票的情况，代表窗口1的线程获取了这次售票过程中CPU的所有使用权。

图6-14　添加同步代码块后的运行结果

**注意**：每个Java对象都可以作为一个实现同步的锁，这些锁称为内置锁（intrinsic lock）或者监视器锁（monitor lock）。线程在进入同步代码块之前会自动获得锁，并且在退出同步代码块时会自动释放锁。获得内置锁的唯一途径就是进入由这个锁保护的同步代码块或方法。对于非static方法，同步锁就是this，对于static方法，使用当前方法所在类的字节码对象作为同步锁。

2. 同步方法

除了用同步代码块解决线程安全问题之外，Java还提供了同步方法，即使用synchronized关键字修饰方法，该方法就是同步方法。已知Java的每个对象都可以作为一个内置锁，当用synchronized关键字修饰方法时，内置锁会保护整个方法，在调用该方法前，需要获得内置锁，否则当前线程就处于阻塞状态。

下面通过修改例6-9的代码来演示使用同步方法解决线程安全问题的方式，修改后的代码如下：

```
1   ...
2   class Ticket implements Runnable {
3       private int ticket = 6;
4       public synchronized void run() {
5           for (int i = 0; i < 6; i++) {
6               if (ticket > 0) {
7                   try {
8                       Thread.sleep(100);
9                   } catch (InterruptedException e) {
10                      e.printStackTrace();
11                  }
12                  System.out.println(
13                      Thread.currentThread().getName() + "卖出第" +
14                      ticket + "张票，还剩" + --ticket + "张票");
15              }
16          }
17      }
18  }
```

在上述代码中，将run()方法用synchronized关键字修饰，此时run()方法就为同步方法。

添加同步方法后的运行结果如图6-15所示。

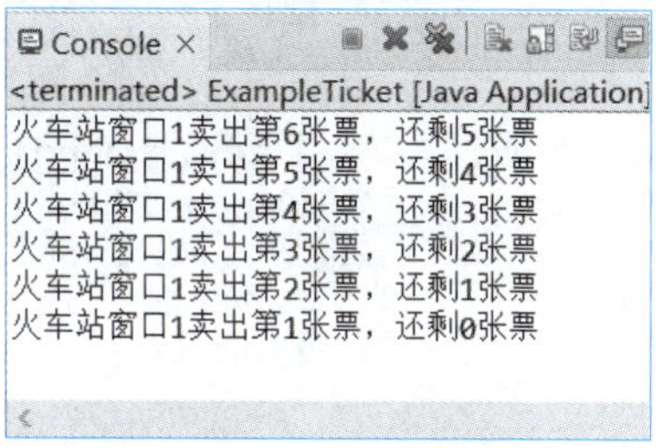

从图6-15中可以看出，程序的运行结果没有出现重票或负票的情况，代表窗口1的线程获得了这次售票过程中CPU的所有使用权。

虽然使用synchronized关键字可以确保线程安全，但是也会引入性能开销，因为当一个线程获取到锁并进入同步块或方法时，其他需要这个锁的线程将会被阻塞，直到锁被释放。这种阻塞和上下文切换的开销在并发量高的情况下可能会成为性能瓶颈，为了优化程序的性能，通常会尽量减小synchronized的作用域。

图6-15 添加同步方法后的运行结果

### 6.4.3 锁机制

由于synchronized有一个缺点，那就是一个线程必须等待前一个线程执行完之后才能去执行，如果前一个线程有耗时操作，则后一个线程一直在等待的状态中，这就导致程序不灵活且效率低下，所以在Java 6中加入了Lock来解决这个问题。Lock接口是Java并发编程中提供的一个更灵活的锁机制，它作为synchronized的一个替代，提供了更广泛的锁定操作。Lock接口由ReentrantLock类实现，同步代码块和同步方法具有的功能Lock都有，除此之外Lock更强大，更体现面向对象。

下面通过前面讲解的火车站窗口售票的例子演示锁机制解决线程安全的问题，首先在Chapter06程序的com.example.thread包中创建ExampleLockTicket类，然后在该类中使用锁机制解决4个窗口卖票的线程安全问题，如例6-10所示。

**例6-10** ExampleLockTicket.java

```
1   package com.example.thread;
2   import java.util.concurrent.locks.Lock;
```

```java
3   import java.util.concurrent.locks.ReentrantLock;
4   public class ExampleLockTicket {
5       private int tickets = 6;                          // 假设总共有 6 张票
6       // 使用 ReentrantLock 作为锁
7       private final Lock lock = new ReentrantLock();
8       // 售票方法
9       public void sellTicket() {
10          lock.lock();          // 获取锁
11          try {
12              if (tickets > 0) {
13                  System.out.println(Thread.currentThread().getName() +
14                      "卖出第" + tickets + "张票,还剩" + --tickets + "张票");
15              } else {
16                  System.out.println(Thread.currentThread().getName() +
17                      "票已售完");
18              }
19          } finally {
20              lock.unlock();                            // 释放锁
21          }
22      }
23      public static void main(String[] args) {
24          ExampleLockTicket seller = new ExampleLockTicket();
25          // 创建并启动 4 个线程来模拟 4 个售票窗口
26          for (int i = 0; i < 4; i++) {
27              new Thread(() -> {
28                  while (true) {                        // 循环卖票直到票售完
29                      seller.sellTicket();
30                      if (seller.tickets <= 0) {
31                          break;                        // 票售完则退出循环
32                      }
33                      try {
34                          Thread.sleep(100);            // 模拟售票间隔
35                      } catch (InterruptedException e) {
36                          e.printStackTrace();
37                      }
38                  }
39              }, "火车站窗口" + (i + 1)).start();
40          }
41      }
42  }
```

锁机制解决线程安全的运行结果如图6-16所示。

从图6-16可以看出,程序的运行结果没有出现重票或负票的情况,当窗口3售完最后一张票后,顾客到窗口2、窗口4和窗口1买票时,窗口提示顾客票已售完。

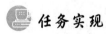

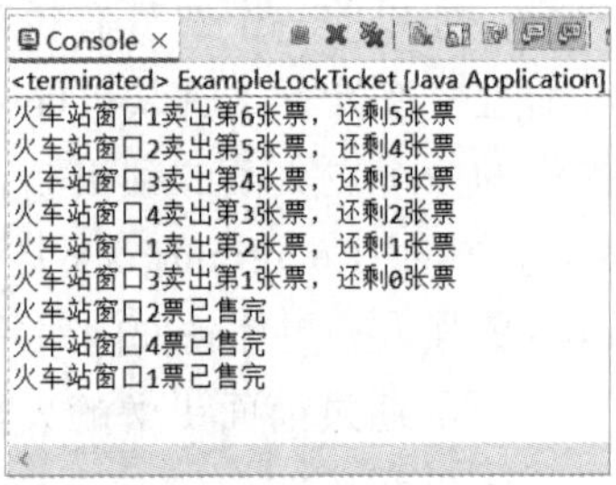

图 6-16 锁机制解决线程安全

任务实现

**实施步骤**

(1) 在com.example.task包中创建BankWithdrawal类,在该类中创建一个银行账户和三个客户线程,并启动三个客户线程。

(2) 创建一个Customer类继承Thread类,表示一个取款客户,每个客户都有一个银行账户和要取款的金额，在run()方法中调用withdraw()方法进行取款操作。

（3）创建一个BankAccount类，表示一个银行账户，在该类中定义一个变量balance，表示银行账户余额；定义withdraw()方法用于执行取款操作，该方法用synchronized修饰，以确保任何时候都只有一个客户在执行取款操作。

BankWithdrawal.java

```java
1  package com.example.task;
2  public class BankWithdrawal {
3      public static void main(String[] args) {
4          BankAccount account = new BankAccount(1000);
5          Customer customer1 = new Customer(account, 300, "客户 A");
6          Customer customer2 = new Customer(account, 200, "客户 B");
7          Customer customer3 = new Customer(account, 100, "客户 C");
8          customer1.start();
9          customer2.start();
10         customer3.start();
11     }
12 }
13 class Customer extends Thread {
14     private BankAccount account;
15     private double amount;
16     public Customer(BankAccount account, double amount, String name) {
17         this.account = account;
18         this.amount = amount;
19         this.setName(name);    // 设置线程名，以便在输出中区分不同的客户
20     }
21     @Override
22     public void run() {
23         account.withdraw(amount, this.getName());
24     }
25 }
26 class BankAccount {
27     private double balance;
28     public BankAccount(double initialBalance) {
29         this.balance = initialBalance;
30     }
31     public synchronized void withdraw(double amount, String customerName) {
32         if (this.balance >= amount) {
33             System.out.println(customerName + " 正在取款：" + amount);
34             try {
35                 Thread.sleep(1000);         // 模拟取款过程耗时
36             } catch (InterruptedException e) {
37                 e.printStackTrace();
38             }
39             this.balance -= amount;
40             System.out.println(customerName + " 取款成功，当前余额："
41                 + this.balance);
42         } else {
43             System.out.println(customerName + " 取款失败，余额不足。");
44         }
45     }
46 }
```

模拟银行取款系统的运行结果如图6-17所示。

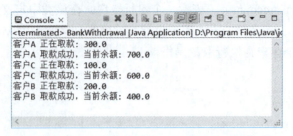

图 6-17　模拟银行取款系统的运行结果

## 任务6.4　模拟在线购物网站

　**任务描述**

随着互联网的飞速发展，在线购物已成为人们日常生活中不可或缺的一部分。在线购物网站需要处理大量的用户请求，包括商品浏览、购物车管理、订单生成等。为了提高系统的响应速度和性能，本任务将使用线程池和同步机制来模拟在线购物网站的商品浏览与购物车功能，每个用户浏览商品或将商品添加到购物车中的请求都可以看作一个线程，由线程池来处理这些并发请求。

假设有10个用户同时购物，在线购物网站的商品种类为3，用户可以同时浏览商品和将商品添加到购物车中，在模拟在线购物网站程序中使用线程池模拟这10个用户浏览商品或将商品添加到购物车的操作，并将这些操作信息输出到控制台中。

　**相关知识**

## 6.5　单例模式

### 6.5.1　单例模式概述

单例模式是面向对象编程中最常见的设计模式之一。其核心思想是确保一个类仅有一个实例，并提供一个全局访问点来访问这个实例。单例模式的主要优点在于它可以避免由于多个实例导致的资源消耗和数据不一致等问题。

下面介绍单例模式的实现方式、使用场景以及使用时的注意事项。

**1. 单例模式的实现方式**

单例模式的实现方式有以下五种：

（1）懒汉式：在第一次调用getInstance()方法（该方法在后续会介绍）时创建实例。这种方式需要处理同步问题来确保线程安全。

（2）饿汉式：在类加载时创建实例，这种方式是线程安全的，但如果实例一直未使用，可能会浪费一些内存。

（3）双重检查锁定：结合了懒汉式和饿汉式的优点，既保证了线程安全，又避免了在类加载时创建实例。

（4）静态内部类：利用类加载机制保证初始化实例时只有一个线程，一般推荐这种方式实现单例模式，因为它既简洁又高效。

（5）枚举：在Java中，枚举类型是单例的，并且绝对线程安全。

#### 2. 单例模式的使用场景

单例模式的使用场景有以下三种：

（1）想要确保某个类只有一个实例，并且提供一个全局访问点。

（2）频繁实例化一个对象并销毁它会造成大量性能开销。

（3）对象需要被共享，并且在整个系统中只需要一个实例。

#### 3. 单例模式使用时的注意事项

单例模式使用时的注意事项如下：

（1）不要在单例类中提供公开的setXX()方法，因为这可能会破坏单例的约束。

（2）如果需要序列化和反序列化，请确保在反序列化过程中不会创建新的实例。

（3）在多线程环境下，确保单例模式的实现是线程安全的。

单例模式的对象通常会被作为程序中存放配置信息的载体，因为它可以保证其他对象读到的信息是一致的。例如，在某个服务器程序中，该服务器的配置信息存放在数据库或配置文件中，这些配置数据通过某个单例对象进行统一读取，程序进程中的其他对象如果想要使用这些配置信息，只需访问这个单例对象即可。这种方式可以极大地简化在复杂环境下，尤其是多线程环境下的配置管理。

### 6.5.2 饿汉式

饿汉式单例模式是设计模式中的一种，主要用于确保一个类在任何情况下都有且仅有一个实例，并提供一个全局访问点。其特点在于当类加载时就已经完成类的实例化，避免了线程同步的问题。

饿汉式单例模式的示例代码如下：

```
1  public class Singleton {
2      // 当类加载时就完成类的实例化，保证了线程安全
3      private static final Singleton INSTANCE = new Singleton();
4      // 构造函数私有，防止其他类创建该类的实例
5      private Singleton() {}
6      /**
7       * 公有静态方法，提供全局访问点
8       */
9      public static Singleton getInstance() {
10         return INSTANCE;
11     }
12 }
```

下面通过一个家庭中的智能门锁系统的例子演示饿汉式单例模式。首先在Chapter06程序的com.example.thread包中创建HungryDoorLock类，然后在该类中使用饿汉式单例模式可以在家庭中的任何地方获取到同一个门锁系统实例，并进行开启门锁、关闭门锁和记录门锁访问日志等操作，如例6-11所示。

**例6-11** HungryDoorLock.java

```java
1  package com.example.thread;
2  public class HungryDoorLock {
3      // 饿汉式单例，在类加载时创建实例
4      private static final HungryDoorLock INSTANCE = new HungryDoorLock();
5      private HungryDoorLock() {
6          // 初始化门锁系统，比如加载门锁配置、连接门锁硬件等
7          System.out.println("初始化门锁系统");
8      }
9      /**
10      * 公有静态方法，用于获取门锁系统实例
11      */
12     public static HungryDoorLock getInstance() {
13         return INSTANCE;
14     }
15     /**
16      * 控制门锁开启的方法
17      */
18     public void unlock() {
19         System.out.println("开启门锁");
20     }
21     /**
22      * 控制门锁关闭的方法
23      */
24     public void lock() {
25         System.out.println("关闭门锁");
26     }
27     /**
28      * 记录门锁访问日志的方法
29      */
30     public void logAccess(String name, String action) {
31         System.out.println("用户" + name + action + "门锁");
32     }
33     public static void main(String[] args) {
34         // 获取智能门锁系统实例
35         HungryDoorLock doorLock = HungryDoorLock.getInstance();
36         doorLock.unlock();      // 模拟用户开启门锁
37         doorLock.lock();        // 模拟用户关闭门锁
38         // 记录用户访问日志
39         doorLock.logAccess("小明", "开启");
40     }
41 }
```

饿汉式单例模式的运行结果如图6-18所示。

饿汉式可以实现单例对象的创建，不需要使用synchronized关键字也可以实现线程安全，因为返回给调用者的始终是类加载时就存在的静态实例。如果多次获取实例，返回的内存地址也是一样的。饿汉式单例模式在类加载时就会创建实例，因此在某些场景下可能会被视为过早创建实例，导致一些不必要的资源占用。然而，对于智能门锁系统这样的应用场景，通常希望它在系统启动时就能立即可用，所以饿汉式单例模式适用于智能门锁系统的应用场景。

图6-18 饿汉式单例模式运行结果

## 6.5.3 懒汉式

懒汉式是一种延迟初始化的单例模式，即在第一次使用该类时才创建实例，相对饿汉式显得"不急迫"，所以称为懒汉式。懒汉式单例模式的示例代码如下：

```
1   public class Singleton {
2       // 私有静态成员变量，用于存储唯一的实例
3       private static Singleton instance;
4       // 私有构造方法，防止外部实例化
5       private Singleton() {
6       }
7       /**
8        * 公有静态方法，提供全局访问点
9        */
10      public static Singleton getInstance() {
11          // 检查实例是否已经被创建
12          if (instance == null) {
13              // 如果没有被创建，则创建实例
14              instance = new Singleton();
15          }
16          return instance;       // 返回实例
17      }
18  }
```

懒汉式单例模式在单线程环境下是可行的，但是在多线程环境下可能会出现多个实例的情况，导致线程不安全的问题。当一个线程正在检查实例是否为空并准备创建实例时，另一个线程可能已经完成了实例的创建，导致最终产生多个实例。

为了线程安全，可以在获取唯一对象的方法getInstance()前加上synchronized修饰符。虽然通过加锁，保证了线程安全，但是这导致了程序的低性能，并且这把锁仅在第一次创建对象时有意义，之后的每次获取对象，这把锁就会变成一个累赘。

## 6.5.4 双重检查加锁机制

饿汉式和懒汉式的单例模式都有多线程不安全的缺点，双重检查加锁机制解决了这两者的缺点。双重检查加锁机制又称双重检查锁定或双重检查锁定模式，它是一种用于多线程编程的同步机制，旨在减少锁竞争的开销，提高程序的性能，这种机制通常用于延迟初始化单例模式。

双重检查加锁机制的工作流程如下：

（1）并不是每次进入相关方法（如getInstance()方法）都需要同步，而是首先在不进行同步的情况下进入相关方法。

（2）在相关方法内部，首先检查所需的实例是否存在（第一重检查）。

（3）如果实例不存在，则进入同步块。在同步块内部，再次检查实例是否存在（第二重检查）。

（4）如果实例在同步块内部仍然不存在，则在同步的情况下创建一个实例。

双重检查加锁机制的示例代码如下：

```
1   public class Singleton {
2       // 使用volatile关键字防止指令重排
3       private volatile static Singleton instance;
```

```
4       private Singleton() {}
5       public static Singleton getInstance() {
6           // 第一次检查实例是否已经被创建
7           if (instance == null) {
8               // 同步块,防止多个线程同时进入
9               synchronized (Singleton.class) {
10                  // 第二次检查实例是否已经被其他线程创建
11                  if (instance == null) {
12                      // 如果没有被创建,则在此处创建实例
13                      instance = new Singleton();
14                  }
15              }
16          }
17          return instance;        // 返回单例实例
18      }
19  }
```

在上述代码中,第3行使用了volatile关键字,其作用是确保被修饰变量的值不会被本地线程缓存,所有对该变量的读写都是直接操作共享内存,从而确保多个线程能正确地处理该变量,这有助于防止指令重排问题,确保其他线程不会访问到一个未初始化的对象。

双重加锁机制的好处在于只在需要时才进行同步,从而减少了多次在同步情况下判断实例是否已存在浪费的时间。

**注意**:由于volatile关键字可能会屏蔽掉虚拟机中一些必要的代码优化,所以运行效率并不是很高。因此一般建议,没有特别的需要,不要使用volatile关键字。也就是说,虽然可以使用"双重检查加锁"机制来实现线程安全的单例,但并不建议大量采用。

## 6.6 线程池

程序启动一个新线程的成本是比较高的,因为它涉及要与操作系统进行交互。而使用线程池可以很好地提高性能,尤其是当程序中要创建大量生存期很短的线程时,更应该考虑使用线程池。线程池中的每一个线程代码结束后,并不会死亡,而是再次回到线程池中成为空闲状态,等待下一个对象来使用。

线程池的主要工作原理是将待执行的任务放入队列中,然后在线程创建后从队列中取出任务进行执行。如果线程数量超过了线程池能容纳的最大线程数,超出数量的线程会排队等候,等待其他线程执行完毕后,再从队列中取出任务来执行。这种机制能够避免在处理短时间任务时频繁地创建和销毁线程,从而降低了资源消耗并提高了程序的响应速度。

线程池的优势主要体现在以下几个方面:

(1)降低资源消耗。通过重复利用已创建的线程,降低了线程创建和销毁造成的系统开销。

(2)提高响应速度。当任务到达时,任务可以不需要等待线程创建就能立即执行,从而提高了系统的响应速度。

(3)提高线程的可管理性。线程是稀缺资源,如果无限制地创建线程,不仅会消耗系统资源,还会降低系统的稳定性。使用线程池可以进行统一的分配、调优和监控,提高了

线程的可管理性。

在Java 5之前，必须手动实现线程池。从Java 5开始，Java内置支持线程池，提供了一个Executors工厂类产生线程池，该类中都是静态工厂方法，Executors类的常用静态方法及功能见表6-3。

表6-3　Executors 类的常用静态方法及功能

| 方 法 声 明 | 功　　能 |
| --- | --- |
| newCachedThreadPool() | 创建一个可缓存的线程池。如果线程池的长度超过处理需要，它可以灵活回收空闲线程；若没有可回收的线程，则新建线程 |
| newFixedThreadPool(int nThreads) | 创建一个固定大小的线程池，其中包含指定数量的线程 |
| newSingleThreadExecutor() | 创建一个单线程的线程池，这个线程池中只包含一个线程，用于串行执行任务 |
| newScheduledThreadPool(int corePoolSize) | 创建一个支持定时和周期性任务执行的线程池 |

下面通过一个模拟家庭中清洁助手的例子演示线程池的使用。首先在Chapter06程序的com.example.thread包中创建CleaningAssistant类，然后在该类中使用一个固定大小的线程池模拟家庭中的清洁助手，该助手可以并发地执行清洁任务，这些任务包括清洁客厅、卧室、厨房和浴室等，如例6-12所示。

例6-12　CleaningAssistant.java

```
1   package com.example.thread;
2   import java.util.concurrent.ExecutorService;
3   import java.util.concurrent.Executors;
4   public class CleaningAssistant {
5       private final ExecutorService executorService;
6       public CleaningAssistant(int numHelpers) {
7           // numHelpers 表示清洁助手的个数
8           executorService = Executors.newFixedThreadPool(numHelpers);
9       }
10      public void submitCleaningTask(String roomName) {
11          executorService.submit(new RoomCleaningTask(roomName));
12      }
13      public void shutdown() {
14          executorService.shutdown();
15      }
16      public static void main(String[] args) {
17          // 假设有 2 个清洁助手
18          CleaningAssistant assistant = new CleaningAssistant(2);
19          // 提交清洁任务
20          assistant.submitCleaningTask("客厅");
21          assistant.submitCleaningTask("卧室");
22          assistant.submitCleaningTask("厨房");
23          assistant.submitCleaningTask("浴室");
24          // 等待所有任务完成或一段时间后关闭线程池
25          try {
26              Thread.sleep(10000);     // 假设 10 秒后所有任务应该都完成了
27          } catch (InterruptedException e) {
28              e.printStackTrace();
29          }
```

```
30              assistant.shutdown();           // 关闭线程池
31      }
32  }
33  class RoomCleaningTask implements Runnable {
34      private final String roomName;
35      public RoomCleaningTask(String roomName) {
36          this.roomName = roomName;
37      }
38      @Override
39      public void run() {
40          try {
41              // 模拟清洁过程
42              System.out.println("开始清洁 " + roomName);
43              Thread.sleep(2000);           // 模拟清洁耗时2秒
44              System.out.println(roomName + " 清洁完成");
45          } catch (InterruptedException e) {
46              Thread.currentThread().interrupt();
47              System.out.println("清洁 " + roomName + " 时被中断");
48          }
49      }
50  }
```

在上述代码中,第10~12行定义了一个submitCleaningTask()方法,用于提交清洁任务。第20~23行调用submitCleaningTask()方法提交清洁任务,每个任务都会由线程池中的一个线程(一个清洁助手)来执行。第33~50行定义了RoomCleaningTask类并实现了Runnable接口,该类表示一个具体的清洁任务。

线程池的运行结果如图6-19所示。

图 6-19 线程池的运行结果

任务实现

实施步骤

(1)在com.example.task包中创建OnlineShoppingSite类,在该类中创建一个线程池,限制其最大并发线程数为5,然后使用for循环模拟10个用户并发购物。

(2)创建一个ShoppingTask类实现Runnable接口,在该类的run()方法中模拟用户浏览商品与将商品加入购物车的操作。

(3)调用shutdown()方法关闭线程池。

代码实现

OnlineShoppingSite.java

```
1  package com.example.task;
2  import java.util.concurrent.ExecutorService;
3  import java.util.concurrent.Executors;
4  public class OnlineShoppingSite {
5      public static void main(String[] args) {
6          // 创建一个固定大小的线程池,假设限制最大并发线程数为5
7          ExecutorService executorService = Executors.
8           newFixedThreadPool(5);
9          // 模拟多个用户并发购物
10         for (int i = 1; i <= 10; i++) {        // 假设有10个用户同时购物
```

```
11              String userId = "用户" + i;
12              String productId = "商品" + (i % 3 + 1); // 假设只有3种商品
13              executorService.submit(new ShoppingTask(userId, productId));
14          }
15          // 关闭线程池 (注意：这不会立即停止正在执行的任务)
16          executorService.shutdown();
17      }
18 }
19 class ShoppingTask implements Runnable {
20      private final String userId;
21      private final String productId;
22      public ShoppingTask(String userId, String productId) {
23          this.userId = userId;
24          this.productId = productId;
25      }
26      @Override
27      public void run() {
28          // 模拟用户购物行为，如添加商品到购物车
29          synchronized (this) { // 使用synchronized块模拟对资源的互斥访问
30              try {
31                  System.out.println(userId + " 正在浏览 " + productId);
32                  Thread.sleep(1000); // 模拟数据库交互或网络请求耗时1秒
33                  System.out.println(userId + " 将 " + productId +
34                      " 添加到购物车 ");
35              } catch (InterruptedException e) {
36                  Thread.currentThread().interrupt();
37              }
38          }
39      }
40 }
```

模拟在线购物网站的运行结果如图6-20所示。

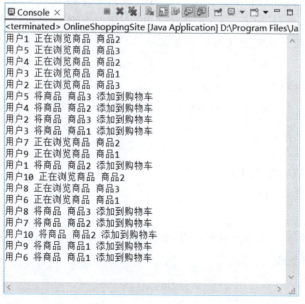

图6-20　模拟在线购物网站的运行结果

## 小结

本单元主要讲解了多线程的内容，包括线程的创建与启动、线程的生命周期、线程的控制操作、线程同步、单例模式和线程池，运用这些知识分别实现了模拟红绿灯系统、模拟环保检测系统、模拟银行取款系统、模拟在线购物网站等四个项目。通过学习本单元内容，可以灵活使用多线程与线程同步机制，为后续实现包含多线程的企业项目奠定基础。

## 习题

### 一、填空题

1. _____是 Java 程序的并发机制，它能同步共享数据、处理不同的事件。
2. 线程有新建、就绪、运行、_____和死亡五种状态。
3. 创建线程的三种方式：实现_____接口、实现_____接口和继承 Thread 类。
4. 线程同步代码块是指在代码块前加上_____关键字。
5. _____的核心思想是确保一个类仅有一个实例。

### 二、选择题

1. 当线程调用了 sleep() 方法后，该线程将进入（　　）状态。
   A. 可运行　　　B. 运行　　　C. 阻塞　　　D. 终止
2. 下列关于 Java 线程的说法错误的是（　　）。
   A. 线程是以 CPU 为主体的行为　　B. Java 利用线程使整个系统成为异步
   C. 继承 Thread 类可以创建线程　　D. 新线程被创建后，它将自动开始运行
3. 下列关于 yield() 方法的作用描述正确的是（　　）。
   A. 返回当前线程的引用　　B. 使比其低的优先级线程执行
   C. 强行终止线程　　D. 只让给同优先级线程运行
4. 下列能使线程进入死亡状态的方法是（　　）。
   A. run()　　　B. setPrority()　　　C. yield()　　　D. sleep()
5. 下列能改变线程优先级的方法是（　　）。
   A. run()　　　B. setPrority()　　　C. yield()　　　D. sleep()

### 三、简答题

1. 简述线程的定义。
2. 简述创建线程的三种方式。
3. 简述线程的生命周期。

### 四、编程题

使用多线程设计一个程序，同时输出 10 以内的奇数和偶数，以及当前运行的线程名称，输出数字完毕后输出 end。

# 单元 7
# JavaFX 图形用户界面

## 单元内容

随着Java平台的不断发展和完善，JavaFX作为Java官方推荐的图形用户界面（GUI）框架，也得到了持续的支持和更新。JavaFX是一个功能强大、灵活多变的图形用户界面开发框架，它以其丰富的控件库、强大的图形和动画支持、灵活的布局管理器，以及FXML支持等特点，成为开发者构建现代化应用程序的首选之一。本章将针对JavaFX的基础、属性与绑定、常用布局、基础控件、列表控件、菜单控件和FXML进行详细讲解。

视频

JavaFX图形用户界面

## 学习目标

【知识目标】

- 理解JavaFX舞台、场景、场景图和节点。
- 掌握JavaFX程序的创建方式。
- 掌握JavaFX属性与属性绑定的方式。
- 掌握JavaFX常用布局的使用方式。
- 掌握JavaFX的事件处理机制与动作事件的处理。
- 掌握JavaFX基础控件、列表控件与菜单控件。
- 掌握FXML文件的基本结构。
- 掌握FXML与Java代码的交互方式。

【能力目标】

- 能够创建JavaFX程序。
- 能够使用JavaFX属性与属性绑定模拟购物车添加商品的功能。
- 能够使用JavaFX常用布局与事件处理模拟购物结账功能。
- 能够使用JavaFX基础控件与列表控件实现购物满意度问卷调查。

◎能够使用FXML实现购物满意度问卷调查。

【素质目标】

◎培养学生在JavaFX应用程序的设计和开发中运用创新思维，创造出具有独特性和竞争力的产品。

◎培养学生保持对JavaFX及其相关技术栈的关注和学习，不断提升学生的技术水平和专业素养。

## 任务7.1　模拟购物车添加商品功能

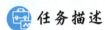 任务描述

在当今的数字化时代，电子商务已经渗透人们日常生活的方方面面。购物车作为电商网站中不可或缺的一部分，为用户提供了一个便捷、直观的购物体验。模拟购物车添加商品的功能，不仅是对电商网站后端系统的一次重要测试，更是对用户体验和业务流程的一次深入理解和优化。本任务将使用JavaFX属性绑定模拟购物车中的商品数量与商品购买总数量的变化，将用户购买的商品数量存储在购物车的商品数量中，根据购物车中商品数量的变化监测商品购买总数量的变化。

 相关知识

## 7.1　JavaFX 基础

### 7.1.1　JavaFX 简介

为了开发图形用户界面（GUI），Java从1.0开始提供了一个AWT（abstract window toolkit）类库，称为抽象窗口工具箱，它是用于创建图形用户界面的工具。AWT的目标是为各种操作系统上的按钮、文本框、滑块和其他控件提供一个统一的编程接口，但是并没有实现"编写一次，到处运行"的理想状态，后来出现了Swing，也没有实现得很完美。Sun公司在2007年推出了JavaFX技术实现GUI的开发，它运行在JVM上，使用自己的编程语言，成为JavaFX Script。JavaFX是一个功能强大的Java GUI工具包，它提供了丰富的图形和多媒体API，使得开发者能够创建出具有动态效果和丰富交互性的桌面和移动应用程序。

### 7.1.2　舞台和场景

在JavaFX中，舞台（stage）和场景（scene）是两个核心的概念，它们共同构成了JavaFX应用程序的用户界面。

舞台是JavaFX应用程序的顶级容器，代表了应用程序的主窗口，它是用户与应用程序进行交互的窗口界面，处理诸如窗口的最小化、最大化、关闭等操作，同时能够控制应用程序的外观和行为，如标题、图标、大小、位置等。一个JavaFX应用程序可以有多个舞台，

但通常只有一个主舞台，主舞台是程序启动时由运行时系统创建，通过start()方法的参数获得，用户不能自己创建。

控制舞台的外观和行为的常用方法有如下3种。

- setTitle(String title)：设置舞台的标题。
- setScene(Scene scene)：设置舞台的场景。
- show()：显示舞台。

场景是JavaFX应用程序中的一个可视化容器，用于承载各种用户界面元素，如按钮、标签、文本框等。场景可以包含在舞台中，也可以在舞台之间进行切换。一个JavaFX应用程序中可以包含多个场景，每个场景可以有自己的布局和控件。

场景通常通过其构造函数来创建，指定其根节点、宽和高等属性。创建场景的构造函数有如下3个。

- Scene(Parent root)：使用指定的根节点创建一个场景对象，根节点对象可以是任何Parent对象，通常使用某种面板（布局）对象作为根节点。
- Scene(Parent root,double width,double height)：创建一个场景对象，width和height参数分别指定场景的宽度和高度。
- Scene(Parent root,double width,double height,Paint fill)：创建一个场景对象，fill指定场景的背景填充颜色。

下面创建一个宽400像素、高200像素的场景对象，根节点是rootNode，背景颜色为浅灰色，示例代码如下。

```
Scene Scene = new Scene(rootNode,400,200,Color.LIGHTGRAY);
```

舞台、场景、面板和控件之间的关系是舞台是窗口，场景是舞台上的内容，面板是场景中的容器，控件是面板上的交互元素。舞台、场景、面板和控件的关系如图7-1所示。

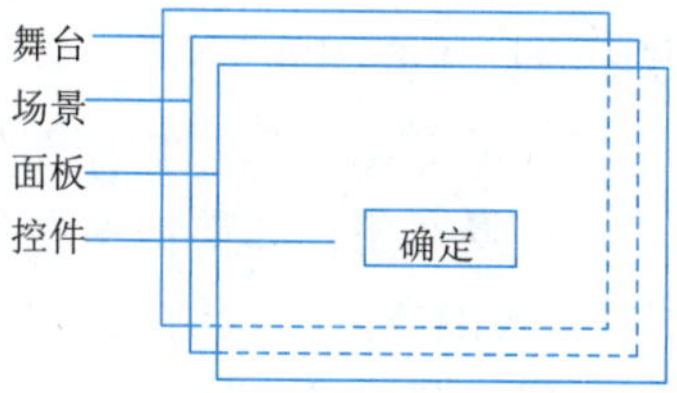

## 7.1.3 场景图和节点

JavaFX的图形用户界面通常称为场景图，场景图是一个层次化的树状结构，其中每个节点（node）都是这个结构的一部分。这些节点可以是可视化的元素，如矩形、圆形、文本或图像等，也可以是容器节点，如Pane、StackPane、BorderPane等，这些容器节点用于组织和布局其他节点。

图7-1 舞台、场景、面板和控件的关系

在JavaFX应用程序中，通常会创建一个Scene对象，它是场景图的根。然后，开发者会将各种节点添加到这个场景中，从而构建出完整的GUI。这些节点可以通过CSS进行样式化，并可以添加事件处理器来处理用户交互。此外，JavaFX还提供了FXML，它是一种基于XML的语言，用于声明性地定义场景图。通过FXML，开发者可以将GUI布局与Java代码逻辑分离，提高代码的可读性和可维护性。

## 7.1.4 第一个JavaFX程序

由于本书使用的是Java 8，其已经内置了JavaFX SDK（JavaFX技术的核心开发工具集），所以使用Eclipse开发工具可以直接开发JavaFX程序。

下面开发第一个JavaFX程序。首先在Eclipse中创建一个名为Chapter07的程序，在该程序的src文件夹中创建名为com.example.gui的包，然后在该包中创建ExampleHello类继承Application类，在该类中演示第一个JavaFX程序，如例7-1所示。

例7-1　ExampleHello.java

```java
1  package com.example.gui;
2  import javafx.application.Application;
3  import javafx.scene.Scene;
4  import javafx.scene.control.Label;
5  import javafx.scene.layout.StackPane;
6  import javafx.stage.Stage;
7  public class ExampleHello extends Application {
8      @Override
9      public void start(Stage primaryStage) throws Exception {
10         Label label = new Label("第一个JavaFX程序");  // 创建一个标签
11         StackPane rootNode = new StackPane();       // 创建面板作为根节点
12         rootNode.getChildren().add(label);          // 将标签添加到根节点上
13         // 创建场景，场景的宽为300像素，高为150像素，将根节点设置到场景中
14         Scene scene = new Scene(rootNode, 300, 150);
15         primaryStage.setScene(scene);               // 将场景设置到舞台中
16         primaryStage.setTitle("JavaFX程序");         // 设置舞台窗口标题
17         primaryStage.show();                        // 显示舞台窗口
18     }
19     public static void main(String[] args) {
20         launch(args);                               // 启动JavaFX程序
21     }
22 }
```

在上述代码中，Application类是JavaFX应用程序的入口点。当创建一个JavaFX应用程序时，创建的类需要继承Application类并重写start()方法，以便设置和显示用户界面。

Application类的生命周期有三个方法，分别是init()方法、start()方法和stop()方法，这三个方法的具体介绍如下：

- init()方法：应用程序初始化方法，用于执行各种初始化操作，但是不能创建舞台和场景对象，如果程序没有初始化部分，可以不需要重写该方法。
- start()方法：调用init()方法后，会调用该方法开始执行程序，在该方法中可构建和设置场景。该方法是抽象方法，必须重写。
- stop()方法：应用程序停止方法，在该方法中可以释放和关闭有关资源，如果没有动作执行，不需要重写该方法。

当运行JavaFX应用程序时，需要定义一个main()方法，在该方法中调用launch()方法启动JavaFX应用程序，launch()方法不仅创建Application类的实例，还调用start()方法。

第一个JavaFX程序的运行结果如图7-2所示。

图7-2　第一个JavaFX程序的运行结果

## 7.2 JavaFX 属性与绑定

### 7.2.1 JavaFX 属性

JavaFX提供了一种强大的属性机制，允许开发者创建响应式用户界面。JavaFX提供了各种Property子类来创建属性，这些子类提供了get()和set()方法来获取和设置属性的值。

根据属性值的数据类型不同，属性的类型也会有所不同，对于数据类型double、float、int、String等对应的属性类型为DoubleProperty、FloatProperty、IntegerProperty、StringProperty；对于集合类型List、Set和Map对应的属性类型为ListProperty、SetProperty、MapProperty；所有这些属性类型都为抽象类，它们对应的实现类为SimpleXxxProperty，如StringProperty对应的实现类SimpleStringProperty，这些实现类都定义在javafx.beans.property包中，通过这些实现类可以创建不同数据类型的属性。

JavaFX属性的基本用法如下：

#### 1. 导入包

假设创建一个字符串类型的属性，首先需要导入SimpleStringProperty类对应的包，示例代码如下：

```
import javafx.beans.property.SimpleStringProperty;
```

#### 2. 创建属性

使用SimpleStringProperty类创建属性，假设创建一个字符串类型的属性name，示例代码如下：

```
// 第一种方式创建属性
SimpleStringProperty name = new SimpleStringProperty(this, "myStringProperty", "");
// 第二种方式创建属性
SimpleStringProperty name = new SimpleStringProperty();
```

在上述代码中，SimpleStringProperty()方法中传递了三个参数，第一个参数this通常是一个界面组件或作为属性所有者的对象，第二个参数"myStringProperty"表示属性的名称，第三个参数""表示属性的初始值。SimpleStringProperty()方法未传递参数时，使用的是系统默认的参数，默认的属性名称为空字符串。

#### 3. 获取和设置属性值

使用get()和set()方法获取和设置属性的值，示例代码如下：

```
String currentName = name.get();      // 获取属性 name 的值
name.set("小明");                      // 设置属性 name 的值
```

#### 4. 监听属性值的变化

通过调用addListener()方法来监听属性值的变化，示例代码如下：

```
name.addListener((observable, oldValue, newValue) -> {
    System.out.println("name 的改变从 " + oldValue + " 改变为 " + newValue);
});
```

上述代码中，oldValue表示修改之前的属性值，newValue表示新属性值。

## 7.2.2 JavaFX 属性绑定

JavaFX属性可以与其他属性或表达式进行绑定,以便当原始属性的值发生变化时,绑定属性的值也会自动更新。

假设将创建的anotherProperty的值与前面创建的属性name的值绑定在一起,需要使用bind()方法,示例代码如下:

```
SimpleStringProperty anotherProperty = new SimpleStringProperty();
// 将 name 的值与 anotherProperty 的值绑定在一起
name.bind(anotherProperty);
```

**注意**:在绑定属性之前,需要确保没有监听器或约束在尝试改变属性的值,否则可能会导致循环依赖或无限循环。

如果之前绑定了属性,现在需要解除绑定,可以使用unbind()方法,示例代码如下:

```
name.unbind();         // 解绑属性
```

下面通过一个例子演示属性的绑定,首先在Chapter07程序的com.example.gui包中创建ExampleProperty类,在该类中通过属性绑定监听属性值的变化,如例7-2所示。

例7-2　ExampleProperty.java

```
1  package com.example.gui;
2  import javafx.beans.property.StringProperty;
3  import javafx.beans.property.SimpleStringProperty;
4  public class ExampleProperty{
5      public static void main(String[] args) {
6          // 创建两个 SimpleStringProperty 实例
7          StringProperty anotherProperty = new SimpleStringProperty();
8          StringProperty name = new SimpleStringProperty();
9          name.addListener((observable, oldValue, newValue) -> {
10             System.out.println("name 属性的值从 " + oldValue + " 改变为 " + newValue);
11         });
12         // 将 name 属性与 anotherProperty 属性绑定在一起
13         name.bind(anotherProperty);
14         // 改变 anotherProperty 属性的值
15         anotherProperty.set(" 小明 ");
16         // 输出 name 属性的值
17         System.out.println("name 属性的值为 "+name.get());
18     }
19 }
```

属性基本用法的运行结果如图7-3所示。

由图7-3可知,name属性的值由null改变为小明,说明将name属性与anotherProperty属性绑定在一起后,anotherProperty属性的值设置为小明后,name属性的值也发生了改变,也改变为小明。

图7-3　属性基本用法的运行结果

### 任务实现

**实施步骤**

(1)在Chapter07程序中创建com.example.task包,用于存放本单元中每个任务的代码文件。

（2）在com.example.task包中创建ShoppingCartApp类，用于实现购物车添加商品的功能。

（3）定义两个SimpleIntegerProperty类型的属性totalNum与cardNum，分别用于存储商品购买的总数量与购物车中商品的总数量。

（4）调用addListener()方法监听商品购买总数量的属性totalNum。

（5）调用nextInt()方法输入要购买的商品（牙刷与毛巾）的数量。

（6）调用bind()方法将属性totalNum与cardNum绑定在一起。

（7）调用set()方法改变属性cardNum的值，并调用println()方法输出属性cardNum的值。

ShoppingCartApp.java

```
1   package com.example.task;
2   ... // 省略导入包
3   public class ShoppingCartApp {
4       public static void main(String[] args) {
5           // 商品购买总数量
6           SimpleIntegerProperty totalNum = new SimpleIntegerProperty();
7            // 购物车中商品总数量
8           SimpleIntegerProperty cardNum = new SimpleIntegerProperty();
9           totalNum.addListener((observable, oldValue, newValue) -> {
10              System.out.print("商品购买总数量从" + oldValue + "改变为" +
11                  newValue);
12          });
13          System.out.println("欢迎来超市购物！");
14          System.out.print("商品购买总数量为" + totalNum.getValue()
15              .toString());
16          System.out.println(",购物车中商品总数量为" + cardNum.getValue()
17              .toString());
18          Scanner sc = new Scanner(System.in);
19          System.out.print("请输入购买牙刷的数量：");
20          int toothbrushNum = sc.nextInt();
21          System.out.print("请输入购买毛巾的数量：");
22          int towelNum = sc.nextInt();
23          System.out.println("计算购物车中商品的总数量！");
24          totalNum.bind(cardNum);         // 将cardNum属性与totalNum属性绑定在一起
25          cardNum.set(toothbrushNum + towelNum);       // 改变cardNum属性的值
26          System.out.println(",购物车中商品总数量为" + cardNum.get());
27      }
28  }
```

运行上述程序，控制台会输出要购买牙刷与毛巾数量的提示信息，输入完要购买的数量之后，按【Enter】键，程序会计算购物车中商品的总数量，控制台输出的信息如图7-4所示。

由图7-4可知，当计算完购物车中的商品总数量之后，购物车中商品总数量为3，此时商品购买的总数量也发生了改变，由0改变为3。这是因为购物车中商品的总数量与商品购买的总数量的属性绑定在一起，当购物车中商品总数量发生改变时，商品购买的总数量也会发生改变，并与购物车中商品总数量的值一致。

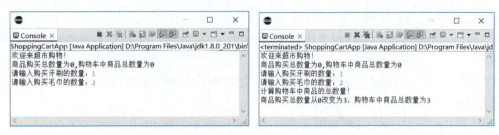

图 7-4　模拟购物添加商品程序的输出信息

## 任务7.2　模拟购物结账功能

 **任务描述**

随着移动支付、人工智能、大数据分析等技术的飞速发展，传统的购物结账方式正经历着前所未有的变革。模拟购物结账功能不仅是零售业技术革新的重要体现，也是提升顾客购物体验、优化商家运营效率的关键环节。本任务将使用JavaFX的常用布局放置购物结账界面中的提示信息、商品图片、商品名称、商品价格、"结账"按钮和总价信息，使用JavaFX的事件处理实现单击"结账"按钮进行结账的操作。

 **相关知识**

## 7.3　JavaFX 常用布局

在JavaFX中，布局（Layout）决定了用户界面（UI）中各个组件的排列和定位。布局不仅影响组件的初始位置，还决定了当窗口大小改变或组件内容变化时，组件如何重新排列和适应。JavaFX中的常用布局包括垂直布局、水平布局、网格布局、流式布局和其他布局，下面介绍这些常用布局。

### 7.3.1　水平布局

在JavaFX中，水平布局是使用HBox（horizontal box）类来实现的，水平布局中可以添加多个控件，这些控件都是按照水平方向（从左到右）排列的。

HBox类中常用的构造方法如下：

- HBox(double spacing)：创建一个水平布局，spacing用于指定布局中控件之间的间距。
- HBox(Node children)：创建一个水平布局，children用于指定布局中包含的控件。
- HBox(double spacing,Node...children)：创建一个水平布局，并指定布局中的控件与控件之间的间距。

HBox类中常用的方法如下：

- setPadding(Insets value)：设置水平布局中控件与布局边界之间的距离，参数Insets 分别指定上、右、下、左间距，默认值是Insets.EMPTY。
- setSpacing(double value)：设置水平布局中控件之间的间距。

> setStyle(String value)：设置水平布局的样式，类似于HTML元素的style属性。

下面通过一个例子演示水平布局，首先在Chapter07程序的com.example.gui包中创建ExampleHorizontalLayout类，在该类中演示JavaFX的水平布局，如例7-3所示。

**例7-3** ExampleHorizontalLayout.java

```
1  package com.example.gui;
2  ...            // 省略导入包
3  public class ExampleHorizontalLayout extends Application {
4      @Override
5      public void start(Stage primaryStage) throws Exception {
6          // 创建一个BorderPane作为根布局
7          BorderPane rootPane = new BorderPane();
8          HBox hBox = new HBox();                    // 创建水平布局
9          // 设置布局边界的上、右、下、左与布局中控件之间的间距
10         hBox.setPadding(new Insets(10, 8, 10, 8));
11         hBox.setStyle("-fx-background-color:#445588;");
12         hBox.getChildren().addAll(new Label(" 水平布局 "),
13             new Button(" 按钮1"), new Button(" 按钮2"));
14         rootPane.setTop(hBox);
15         // 创建场景并添加到舞台
16         Scene scene = new Scene(rootPane, 250, 100);
17         primaryStage.setScene(scene);
18         primaryStage.setTitle(" 水平布局 ");
19         primaryStage.show();
20     }
21     public static void main(String[] args) {
22         launch(args);
23     }
24 }
```

水平布局的运行结果如图7-5所示。

### 7.3.2 垂直布局

在JavaFX中，垂直布局是使用VBox（vertical box）类来实现的，垂直布局中可以添加多个控件，这些控件都是按照垂直方向（从上到下）排列的。VBox类中定义的构造方法、属性的各种常用方法与HBox类中的类似，此处不再重复介绍。

图7-5 水平布局的运行结果

下面通过一个例子演示垂直布局，首先在Chapter07程序的com.example.gui包中创建ExampleVerticalLayout类，在该类中演示JavaFX的垂直布局，如例7-4所示。

**例7-4** ExampleVerticalLayout.java

```
1  package com.example.gui;
2  ...            // 省略导入包
3  public class ExampleVerticalLayout extends Application{
4      @Override
5      public void start(Stage primaryStage) throws Exception {
6          // 创建一个BorderPane作为根布局
7          BorderPane rootPane = new BorderPane();
8          // 使用垂直布局
9          VBox leftBox = new VBox(10);                // 垂直间距10像素
10         leftBox.setAlignment(Pos.TOP_LEFT);
```

```
11              leftBox.getChildren().addAll(
12                  new Label("垂直布局"),
13                  new Button("按钮1"),
14                  new Button("按钮2")
15              );
16              rootPane.setLeft(leftBox);
17              // 创建场景并添加到舞台
18              Scene scene = new Scene(rootPane, 250, 100);
19              primaryStage.setScene(scene);
20              primaryStage.setTitle("垂直布局");
21              primaryStage.show();
22          }
23          public static void main(String[] args) {
24              launch(args);
25          }
26      }
```

垂直布局的运行结果如图7-6所示。

### 7.3.3 网格布局

在JavaFX中,网格布局是一种通过创建二维网格来排列和管理子组件的布局方式,由GridPane类实现。网格布局非常灵活,允许精确控制组件在网格中的位置和大小。

图7-6 垂直布局的运行结果

GridPane类只有一个默认的构造方法,创建GridPane对象后可以设置其属性,常用的方法如下:

- setHgap(doublevalue):设置控件水平间距。
- setVgap(double value):设置控件垂直间距。
- setPadding(Insetsvalue):设置内容与边界的距离。
- add(Node child,int columnIndex,int rowIndex):将控件添加到指定的单元格中。columnIndex与rowIndex分别为单元格列号和行号,网格窗口中左上角单元格的列号和行号为0。
- add(Node child, int columnIndex, int rowIndex, int colspan,int rowspan):将控件添加到指定的单元格中。该方法用于一个控件占用多个单元格的情况,colspan为控件跨越的列数,rowspan为控件跨越的行数。
- setConstraints(Node child, int columnIndex,int rowIndex):将控件添加到指定的单元格中。
- setConstraints(Node child, int columnIndex, int rowIndex,int,colspan,introwspan):将控件添加到多个单元格中。
- setGridLinesVisible(Boolean value):设置是否显示网格线,默认值为false,表示不显示网格线。

下面通过一个例子演示网格布局,首先在Chapter07程序的com.example.gui包中创建ExampleGridLayout类,在该类中演示JavaFX的网格布局,如例7-5所示。

**例7-5** ExampleGridLayout.java

```
1  package com.example.gui;
```

```
2   ...        // 省略导入包
3   public class ExampleGridLayout extends Application{
4       @Override
5       public void start(Stage primaryStage) throws Exception {
6           // 创建一个BorderPane作为根布局
7           BorderPane rootPane = new BorderPane();
8           // 使用网格布局
9           GridPane centerGrid = new GridPane();
10          centerGrid.setHgap(10);              // 网格之间的水平间距10像素
11          centerGrid.setVgap(10);              // 网格之间的垂直间距10像素
12          centerGrid.setAlignment(Pos.CENTER);
13          centerGrid.add(new Button("网格按钮1"), 0, 0);
14          centerGrid.add(new Button("网格按钮2"), 1, 0);
15          centerGrid.add(new Button("网格按钮3"), 0, 1);
16          centerGrid.add(new Button("网格按钮4"), 1, 1);
17          rootPane.setCenter(centerGrid);
18          // 创建场景并添加到舞台
19          Scene scene = new Scene(rootPane,250, 100);
20          primaryStage.setScene(scene);
21          primaryStage.setTitle("网格布局");
22          primaryStage.show();
23      }
24      public static void main(String[] args) {
25          launch(args);
26      }
27  }
```

网格布局的运行结果如图7-7所示。

## 7.3.4 流式布局

在JavaFX中，使用FlowPane类实现流式布局。流式布局是指布局中的元素按照其在流中的顺序排列，当元素填满一行或一列时，它会移动到下一行或下一列，可以设置布局的行和列的间距，也可以设置布局边与节点之间的距离。

图 7-7 网格布局的运行结果

FlowPane类常用的构造方法如下：

- FlowPane(double hgap,double vgap)：创建一个流式布局，并指定子控件之间的水平间距和垂直间距。
- FlowPane(double hgap,double vgap,Node…children)：创建一个流式布局，指定控件之间的水平和垂直间距，还指定包含的初始子控件。
- FlowPane(Orientation orientation)：创建一个流式布局，并指定子控件排列的方向（水平或垂直），以及控件之间间距为0。

下面以一个简单的例子演示如何使用FlowPane类实现流式布局。首先在Chapter07程序的com.example.gui包中创建ExampleFlowLayout类，在该类中使用FlowPane类实现流式布局，如例7-6所示。

例7-6 ExampleFlowLayout.java

```
1   package com.example.gui;
2   ...        // 省略导入包
```

```
3   public class ExampleFlowLayout extends Application {
4       @Override
5       public void start(Stage primaryStage) {
6           FlowPane root=new FlowPane();                       // 创建流式布局
7           // 设置布局中控件的排列方向
8   //      root.setOrientation(Orientation.VERTICAL);          // 垂直排列
9           root.setOrientation(Orientation.HORIZONTAL);        // 水平排列
10          root.setPadding(new Insets(10));                    // 设置内边距
11          root.setVgap(8);                    // 设置子控件之间在垂直方向的间距
12          root.setHgap(8);                    // 设置子控件之间在水平方向的间距
13          for (int i = 0; i < 10; i++) {
14              Button button = new Button("按钮 " + (i + 1));
15              root.getChildren().add(button);
16          }
17          Scene scene = new Scene(root, 300, 150);   // 设置场景大小
18          primaryStage.setTitle(" 流式布局 ");
19          primaryStage.setScene(scene);
20          primaryStage.show();
21      }
22      public static void main(String[] args) {
23          launch(args);
24      }
25  }
```

在上述代码中,第13~16行使用for循环向流式布局中添加10个按钮,这些按钮会按照它们在流式布局中的顺序水平排列。

流式布局中按钮水平排列的运行结果如图7-8所示。

如果想让流式布局中的按钮垂直排列,可以将例7-6中第8行的注释去掉,第9行添加注释,再次运行程序,流式布局中按钮垂直排列的运行结果如图7-9所示。

 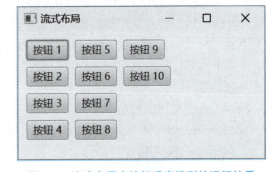

图 7-8 流式布局中按钮水平排列的运行结果　　图 7-9 流式布局中按钮垂直排列的运行结果

### 7.3.5 其他布局

除了前面介绍的布局之外,JavaFX中还有其他常用布局,包括边框布局、锚点布局、堆叠布局和分割面板布局。

#### 1. 边框布局

在JavaFX中,边框布局主要由BorderPane类实现,边框布局允许将内容添加到五个区域,分别是顶部(top)、右侧(right)、底部(bottom)、左侧(left)和中心(center)。边框布局的示例代码如下:

```
1  // 创建一个 BorderPane
2  BorderPane borderPane = new BorderPane();
3  borderPane.setPadding(new Insets(10, 10, 10, 10));        // 设置边距
4  // 创建并设置顶部内容
5  Button topButton = new Button("顶部区域");
6  borderPane.setTop(topButton);
7  // 创建并设置左侧内容
8  Button leftButton = new Button("左侧区域");
9  borderPane.setLeft(leftButton);
10 // 创建并设置右侧内容
11 Button rightButton = new Button("右侧区域");
12 borderPane.setRight(rightButton);
13 // 创建并设置底部内容
14 Button bottomButton = new Button("底部区域");
15 borderPane.setBottom(bottomButton);
16 // 创建并设置中心内容
17 StackPane centerPane = new StackPane();
18 centerPane.setAlignment(Pos.CENTER);         // 设置内容在 StackPane 中居中
19 Button centerButton = new Button("中心区域");
20 centerPane.getChildren().add(centerButton);
21 borderPane.setCenter(centerPane);
```

2. 锚点布局

锚点布局主要由AnchorPane类实现，它允许将控件锚定到布局面板的特定位置，通过设置控件与布局面板边缘的像素距离来定位控件。假设将一个按钮放置在AnchorPane的左下角，并且距离底部和右侧各100像素，示例代码如下：

```
1  Button button = new Button("左下角按钮");
2  AnchorPane anchorPane = new AnchorPane();
3  AnchorPane.setBottomAnchor(button, 100.0);
4  AnchorPane.setRightAnchor(button, 100.0);
5  anchorPane.getChildren().add(button);
```

3. 堆叠布局

堆叠布局主要由StackPane类实现，它通过将多个组件按照一定顺序垂直堆叠，形成一个垂直排列的界面。堆叠布局的示例代码如下。

```
1  // 创建一个 StackPane 容器
2  StackPane stackPane = new StackPane();
3  // 创建三个按钮，作为 StackPane 的子节点
4  Button button1 = new Button("按钮1");
5  Button button2 = new Button("按钮2");
6  Button button3 = new Button("按钮3");
7  // 将按钮添加到 StackPane 中，后添加的按钮会位于最前面
8  stackPane.getChildren().addAll(button1, button2, button3);
```

4. 分割面板布局

分割面板布局由SplitPane类实现，它是一种用户界面设计布局，将窗口或容器区域分割成两个或多个可调整大小的区域，以便同时显示和管理不同的内容或控件。这种布局方式常用于需要同时显示和操作多个数据或视图的情况下。假设将左侧面板与右侧面板通过一个分割条分割，示例代码如下：

```
1  // 创建两个 VBox 作为 SplitPane 的初始部分
2  VBox leftPane = new VBox(5, new Button("左侧面板内容1"),
3  new Button("左侧面板内容"));
```

```
4    leftPane.setPadding(new Insets(10));
5    leftPane.setAlignment(Pos.TOP_LEFT);
6    VBox rightPane = new VBox(5, new Button("右侧面板内容1"),
7    new Button("右侧面板内容"));
8    rightPane.setPadding(new Insets(10));
9    rightPane.setAlignment(Pos.TOP_LEFT);
10   // 创建一个水平的SplitPane，并添加两个VBox
11   SplitPane horizontalSplitPane = new SplitPane();
12   horizontalSplitPane.getItems().addAll(leftPane, rightPane);
13   // 设置分割条的位置（从左到右的比例）
14   horizontalSplitPane.setDividerPositions(0.3f);
```

下面通过一个例子演示边框布局、锚点布局、堆叠布局和分割面板布局的使用。首先在Chapter07程序中的com.example.gui包中创建ExampleOtherLayout类，在该类中实现如何使用不同的布局管理器展示不同的效果，如例7-7所示。

例7-7　ExampleOtherLayout.java

```
1    package com.example.gui;
2    ... // 省略导入包
3    public class ExampleOtherLayout extends Application {
4        @Override
5        public void start(Stage primaryStage) {
6            // 创建一个BorderPane作为根布局
7            BorderPane rootPane = new BorderPane();
8            rootPane.setPadding(new Insets(10));
9            // 顶部：菜单条使用BorderPane的顶部区域
10           MenuBar menuBar = new MenuBar();
11           Menu menuFile = new Menu("文件");
12           MenuItem openItem = new MenuItem("打开");
13           menuFile.getItems().add(openItem);
14           menuBar.getMenus().add(menuFile);
15           rootPane.setTop(menuBar);
16           // 左侧：侧边栏 - 使用BorderPane的左侧区域，并使用AnchorPane定位控件
17           AnchorPane sidebar = new AnchorPane();
18           sidebar.setBackground(new Background(new BackgroundFill(
19           Color.LIGHTGRAY, null, Insets.EMPTY)));
20           Button sidebarButton = new Button("侧边栏内容");
21           AnchorPane.setTopAnchor(sidebarButton, 10.0);
22           AnchorPane.setLeftAnchor(sidebarButton, 10.0);
23           sidebar.getChildren().add(sidebarButton);
24           rootPane.setLeft(sidebar);
25           // 右侧：分割面板使用SplitPane
26           SplitPane splitPane = new SplitPane();
27           splitPane.setDividerPositions(0.3f, 0.7f);           // 设置分割位置
28           // 第一个区域：使用StackPane堆叠控件
29           StackPane stackPane1 = new StackPane();
30           Button button1 = new Button("按钮1在StackPane1中");
31           Button button2 = new Button("按钮2在StackPane1中");
32           // 按钮会堆叠在一起
33           stackPane1.getChildren().addAll(button1, button2);
34           // 第二个区域：使用另一个StackPane
35           StackPane stackPane2 = new StackPane();
36           Button button3 = new Button("按钮3在StackPane2中");
37           Button button4 = new Button("按钮4在StackPane2中");
38           // 按钮会堆叠在一起
```

```
39          stackPane2.getChildren().addAll(button3, button4);
40          // 添加两个 StackPane 到 SplitPane
41          splitPane.getItems().addAll(stackPane1, stackPane2);
42          rootPane.setCenter(splitPane);
43          // 创建一个场景并设置给舞台
44          Scene scene = new Scene(rootPane, 800, 600);
45          // 设置舞台的标题并显示舞台
46          primaryStage.setTitle("其他布局");
47          primaryStage.setScene(scene);
48          primaryStage.show();
49      }
50      public static void main(String[] args) {
51          launch(args);
52      }
53  }
```

其他布局的运行结果如图7-10所示。

图 7-10　其他布局的运行结果

## 7.4 JavaFX 事件处理

### 7.4.1 事件处理机制

JavaFX中的事件处理专门用于响应用户的操作，例如，响应用户的单击、按下键盘等操作。在JavaFX事件处理过程中，主要涉及三个对象，分别是事件源（event source）、事件对象（event）和监听器（listener），具体介绍如下：

- 事件源：事件发生的场所，通常是产生事件的组件，如窗口、按钮、菜单等。
- 事件对象：封装了GUI组件上发生的特定事件（通常是用户的一次操作）。
- 监听器：负责监听事件源上发生的事件，并对各种事件做出相应处理的对象（对象中包含事件处理器）。

事件源、事件对象和监听器在整个事件处理过程中都起着非常重要的作用，它们彼此之间有着非常紧密的联系。图7-11所示为使用图例描述事件处理的工作流程。

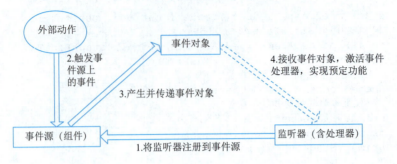

图 7-11 事件处理的工作流程

在图7-11中，事件源是一个组件，当用户进行一些操作时，如按下鼠标或者释放键盘等，都会触发相应的事件，如果事件源注册了监听器，则触发的相应事件将会被处理。

### 7.4.2 动作事件处理

JavaFX提供了丰富的事件，这些事件包括鼠标事件、键盘事件、动作事件等，其中，比较常用的是动作事件，下面对动作事件进行简单介绍。

ActionEvent表示某种动作的事件，如按钮被单击、菜单项被选择等都会发生对应的动作事件。动作事件的处理包括两部分内容，分别是注册事件处理器和实现事件处理，其中，注册事件处理器的方法有两个，分别是使用控件调用的setOnAction()方法和Node类定义的addEventHandler()方法，这两个方法的语法格式如下：

```
setOnAction(EventHandler<ActionEvent> handler)
addEventHandler(ActionEvent eventType, EventHandler<ActionEvent> handler)
```

上述语法格式中的参数handler是事件处理器对象，eventType是事件类型。

当处理ActionEvent事件时，可以使用常见的三种方式来实现，分别是通过内部类实现、匿名内部类实现和Lambda表达式实现。

#### 1. 通过内部类实现动作事件

假设使用内部类实现ok按钮与cancel按钮的单击事件，示例代码如下：

```
1   // 使用两种方式分别注册 ok 按钮和 cancel 按钮的事件处理器
2   ok.setOnAction(new ButtonHandler());
3   cancel.addEventHandler(ActionEvent.ACTION, new ButtonHandler());
4   // 内部类实现事件处理
5   class ButtonHandler implements EventHandler<ActionEvent> {
6       public void handle(ActionEvent event) {
7           if ((Button) (event.getSource()) == ok) {
8               // 处理 ok 按钮的单击事件的代码
9           } else if (event.getSource() == cancel) {
10              // 处理 cancel 按钮的单击事件的代码
11          }
12      }
13  }
```

#### 2. 通过匿名内部类实现动作事件

假设使用匿名内部类实现button按钮的单击事件，示例代码如下：

```
1   button.setOnAction(new EventHandler<ActionEvent>() {
2       @Override
3       public void handle(ActionEvent event) {
```

```
4            // 处理动作事件的代码
5        }
6    });
```

### 3. 通过 Lambda 表达式实现动作事件

假设使用Lambda表达式实现button按钮的单击事件，示例代码如下：

```
1  button.setOnAction(event -> {
2      // 处理动作事件的代码
3  });
```

## 任务实现

### 实施步骤

（1）在Chapter07程序的com.example.task包中创建一个水果实体类Fruit，用于封装购买的水果信息，这些信息包括水果名称、图片路径和水果价格。

（2）在com.example.task包中创建CheckOutApp类继承Application类，用于实现购物结账功能。

（3）在CheckOutApp类中创建createFruitBox()方法，在该方法中创建一个包含水果图片、名称和价格的VBox（垂直布局）。

（4）在CheckOutApp类中创建createCheckoutBox()方法，在该方法中创建一个包含"结账"按钮与总价信息的VBox。

（5）在CheckOutApp类中创建start()方法，在该方法中将放置好水果信息的垂直布局与放置好结账信息的垂直布局放在一个水平布局中，并将水平布局加载到根布局中。

（6）在main()方法中调用launch()方法启动程序。

### 代码实现

Fruit.java

```
1  package com.example.task;
2  public class Fruit {
3      private String name;              // 水果名称
4      private String imagePath;         // 图片的路径
5      private double price;             // 水果价格
6      public Fruit(String name, String imagePath, double price) {
7          this.name = name;
8          this.imagePath = imagePath;
9          this.price = price;
10     }
11     public String getName() {
12         return name;
13     }
14     public String getImagePath() {
15         return imagePath;
16     }
17     public double getPrice() {
18         return price;
19     }
20 }
```

CheckOutApp类的具体代码如CheckOutApp.java所示。

### CheckOutApp.java

```java
1  package com.example.task;
2  ...       // 省略导入包
3  public class CheckOutApp extends Application {
4      @Override
5      public void start(Stage primaryStage) {
6          BorderPane root = new BorderPane();    // 创建BorderPane作为根布局
7          root.setPadding(new Insets(10, 10, 10, 10));
8          Label shoppingLabel = new Label("购买的水果信息");// 购物信息的Label
9          root.setTop(shoppingLabel);
10         // 创建一个HBox将两个水果容器放在一排
11         HBox hbox = new HBox(20);              // 20是水平间距
12         hbox.setAlignment(Pos.CENTER);
13         hbox.setPadding(new Insets(10));
14         // 创建已购买的两种水果：苹果和香蕉
15         Fruit apple = new Fruit("苹果", "resources/apple.png", 10.51);
16         Fruit banana = new Fruit("香蕉", "resources/banana.png", 7.99);
17         // 创建水果的容器
18         VBox appleBox = createFruitBox(apple);
19         VBox bananaBox = createFruitBox(banana);
20         // 水果总价
21         double totalPrice=apple.getPrice()+banana.getPrice();
22         VBox checkoutBox=createCheckoutBox(totalPrice);
23         hbox.getChildren().addAll(appleBox, bananaBox,checkoutBox);
24         root.setCenter(hbox);
25         // 创建一个场景并将HBox添加到场景中
26         Scene scene = new Scene(root, 420, 250);
27         // 设置舞台的标题并将场景添加到舞台中
28         primaryStage.setTitle("购物结账");
29         primaryStage.setScene(scene);
30         primaryStage.show();                    // 显示舞台
31     }
32     private VBox createCheckoutBox(double totalPrice) {
33         VBox checkoutBox = new VBox(10);    // 10是控件之间的垂直间距
34         checkoutBox.setAlignment(Pos.CENTER_LEFT);
35         checkoutBox.setPadding(new Insets(0, 0, 0, 20) );
36         Label checkoutLabel = new Label("总价：￥0.00"); // 结账信息的Label
37         Button checkoutButton = new Button("结账");       // 创建"结账"按钮
38         checkoutButton.setOnAction(event -> {
39             // 更新Label的文本以显示总价
40             checkoutLabel.setText("总价：￥" + totalPrice);
41         });
42         // 将图片、名称和价格标签添加到VBox中
43         checkoutBox.getChildren().addAll(checkoutButton, checkoutLabel);
44         return checkoutBox;
45     }
46     private VBox createFruitBox(Fruit fruit) {
47         VBox fruitBox = new VBox(5);                // 5是控件之间的垂直间距
48         fruitBox.setAlignment(Pos.CENTER);
49         FileInputStream input;
50         ImageView imageView = null;
51         try {
52             // 加载水果图片
53             input = new FileInputStream(fruit.getImagePath());
54             Image image = new Image(input);
```

```
55                    imageView = new ImageView();
56                    imageView.setImage(image);            // 设置图片
57                    imageView.setFitHeight(100);          // 设置图片的高度
58                    imageView.setFitWidth(100);           // 设置图片的宽度
59              } catch (FileNotFoundException e) {
60                    e.printStackTrace();
61              }
62              // 创建标签来显示水果名称和价格
63              Label nameLabel = new Label(fruit.getName());
64              Label priceLabel = new Label("价格：¥" + fruit.getPrice());
65              // 将图片、名称和价格标签添加到VBox中
66              fruitBox.getChildren().addAll(imageView, nameLabel, priceLabel);
67              return fruitBox;
68        }
69        public static void main(String[] args) {
70              launch(args);
71        }
72  }
```

上述代码中的Label、Button和ImageView控件会在任务7-3中详细讲解，此处只做简单使用。

运行CheckOutApp类，程序会弹出一个购物结账窗口，如图7-12所示。

在图7-12中，单击"结账"按钮，程序会将已购买的苹果和香蕉的价格加起来作为总价显示在"结账"按钮下方，如图7-13所示。

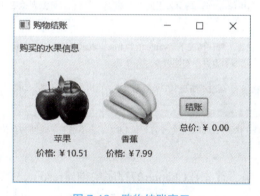

图 7-12　购物结账窗口

图 7-13　显示购物总价

## 任务7.3　购物满意度问卷调查

### 任务描述

在这个快节奏、多元化消费的时代，每一次购物体验对于用户来说都至关重要。为了不断提升商家的服务质量，满足用户日益增长的购物需求，商家会开展一些购物满意度问卷调查。本任务将使用JavaFX基础控件和列表控件显示购物满意度问卷调查窗口中的标题、Logo图片、姓名、手机号、评分、商品质量、服务态度、物流速度、支付方式、意见或建议，以及"提交"按钮。单击"提交"按钮，会将用户在界面中输入和选择的信息输出到控制台中。将信息输出到控制台中是模拟将问卷调查数据提交到服务器的操作。

相关知识

## 7.5 JavaFX 基础控件

### 7.5.1 ImageView 控件

ImageView控件用于显示图像，支持图像的缩放、旋转等变换。在Java文件中，以ImageView控件的常用方法来控制其样式，ImageView控件的常用方法及功能见表7-1。

表 7-1 ImageView 控件的常用方法及功能

| 方 法 声 明 | 功　　能 |
| --- | --- |
| ImageView() | 创建一个 ImageView 对象，不与任何图像关联 |
| ImageView(Image image) | 使用指定的图像创建一个 ImageView 对象 |
| ImageView(String fileURL) | 使用指定的文件或 URL 加载图像创建一个 ImageView 对象 |
| setFitHeight(double value) | 设置图像高度 |
| setFitWidth(double value) | 设置图像宽度 |
| setRotate(double value) | 设置图像的旋转角度，以度为单位。value 的值为正值表示顺时针旋转，为负值表示逆时针旋转 |
| setPreserveRatio(boolean value) | 指定图像是否保持其原始纵横比。默认情况下，value 值为 true，表示图像在缩放时将保持其原始比例，否则，图像在缩放时失去其原始比例 |
| setViewport(Rectangle2D value) | 用于定义图像的可见区域（视口），通过调整视口的位置和大小，可以实现图像的滚动和裁剪效果 |
| setOpacity(double value) | 设置图像的透明度，value 是一个介于 0.0（完全透明）和 1.0（完全不透明）之间的双精度浮点数 |

下面通过一个例子演示ImageView控件的使用，首先在Chapter07程序中创建resources文件夹，该文件夹用于存放资源文件，将需要显示在ImageView控件上的图片hamster.png导入resources文件夹中。然后在程序的com.example.gui包中创建ExampleImageView类，在该类中设置ImageView控件的样式，如例7-8所示。

例7-8　ExampleImageView.java

```
1  package com.example.gui;
2  ...        // 省略导入包
3  public class ExampleImageView extends Application {
4      @Override
5      public void start(Stage primaryStage) throws Exception {
6          FileInputStream input1, input2, input3;
7          try {
8              // 加载小仓鼠图像
9              input1 = new FileInputStream("resources/hamster.png");
10             input2 = new FileInputStream("resources/hamster.png");
11             input3 = new FileInputStream("resources/hamster.png");
```

```
12          Image image1 = new Image(input1);
13          Image image2 = new Image(input2);
14          Image image3 = new Image(input3);
15          // 第一个 ImageView：显示原图，宽和高分别是 200 像素
16          ImageView imageView1 = new ImageView(image1);
17          imageView1.setFitHeight(200);    // 容器高度为 200
18          imageView1.setFitWidth(200);     // 容器宽度为 200
19          // 第二个 ImageView：半透明并调整视口
20          ImageView imageView2 = new ImageView(image2);
21          imageView2.setOpacity(0.5);      // 半透明
22          // 调整视口到 (50, 50) 开始，宽度和高度都为 100
23          imageView2.setViewport(new javafx.geometry.Rectangle2D(
24          50, 50, 100, 100));
25          // 第三个 ImageView：自定义尺寸并旋转
26          ImageView imageView3 = new ImageView(image3);
27          imageView3.setFitHeight(150);           // 自定义高度
28          imageView3.setFitWidth(150);            // 自定义宽度
29          imageView3.setRotate(30);               // 旋转 30 度
30          // 垂直布局
31          VBox vbox = new VBox(10);
32          vbox.getChildren().addAll(imageView1,imageView2,imageView3);
33          vbox.setAlignment(Pos.CENTER);
34          vbox.setPadding(new Insets(10));
35          // 创建场景和舞台
36          Scene scene = new Scene(vbox, 300, 550);
37          primaryStage.setTitle("图像示例");
38          primaryStage.setScene(scene);
39          primaryStage.show();
40      } catch (FileNotFoundException e) {
41          e.printStackTrace();
42      }
43  }
44  public static void main(String[] args) {
45      launch(args);
46  }
47 }
```

ImageView 控件示例的运行结果如图 7-14 所示。

### 7.5.2 Label 控件

Label 控件用于显示不可编辑的文本和图片，它可以设置文本的字体、颜色、对齐方式、下画线、删除线等。在 Java 文件中以 Label 控件的常用方法来控制其样式与事件，Label 控件的常用方法及功能见表 7-2。

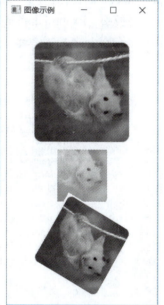

图 7-14 ImageView 控件示例的运行结果

表 7-2 Label 控件的常用方法及功能

| 方 法 声 明 | 功　　能 |
| --- | --- |
| Label() | 创建一个空标签 |
| Label(String text) | 使用指定文本创建一个标签 |
| Label(String text, Node graphic) | 使用指定文本和图形创建一个标签，graphic 可以是一个形状、图像或其他控件 |

续表

| 方法声明 | 功 能 |
| --- | --- |
| setGraphic(Node value) | 设置标签的图形，该图形可以是图片或形状 |
| setAlignment(Pos value) | 设置标签中文本和图形的对齐方式，对齐方式使用Pos枚举常量指定，如Pos.CENTER表示居中对齐 |
| setContentDisplay(ContentDisplay value) | 设置标签中文本与图形内容的显示方式，显示方式用枚举常量ContentDisplay指定，如ContentDisplay.LEFT表示文本或图形在标签的左侧显示 |
| setText(String value) | 设置标签中的文本 |
| setFont(Font font) | 设置标签中文本的字体 |
| setTextFill(Paint value) | 设置文本颜色 |
| setUnderline(boolean value) | 设置文本是否加下画线 |
| setWrapText(boolean value) | 设置如果文本超过了宽度，是否要换行 |

下面通过一个例子演示Label控件的使用，首先将需要显示在Label控件上的图片clock.png导入程序Chapter07的resources文件夹中。然后在程序的com.example.gui包中创建ExampleLabel类，在该类中设置Label控件的样式，如例7-9所示。

例7-9　ExampleLabel.java

```
1   package com.example.gui;
2   ...         // 省略导入包
3   public class ExampleLabel extends Application {
4       @Override
5       public void start(Stage primaryStage) {
6           FileInputStream input;
7           ImageView imageView = null;
8           try {
9               // 创建ImageView并设置尺寸
10              input = new FileInputStream("resources/clock.png");
11              Image image = new Image(input);
12              imageView = new ImageView(image);
13              imageView.setFitHeight(200);
14              imageView.setFitWidth(200);
15          } catch (FileNotFoundException e) {
16              e.printStackTrace();
17          }
18          // 创建标签
19          Label label = new Label("每个人都有自己的使命和价值，就像小闹钟一样，"
20                  + "虽然它只是一个小小的物品，但它却能够帮助人们解决很多问题，"
21                  + "让生活变得更加有序和美好。");
22          label.setFont(new Font(24));            // 设置字体大小为24像素
23          label.setTextFill(Color.RED);           // 设置文本颜色为红色
24          label.setUnderline(true);               // 设置文本的下画线
25          // 设置内边距，文本左边的内边距设置为10像素
26          label.setPadding(new Insets(0, 0, 0, 10));
27          // 设置文本和图形在标签的左侧显示
28          label.setContentDisplay(ContentDisplay.LEFT);
29          label.setWrapText(true);
30          // 创建水平布局
31          HBox hBox = new HBox(10);               // 10像素是文本与图片之间的间距
```

```
32        hBox.getChildren().addAll(imageView,label);
33        // 设置为左对齐，图片在左，文本在右
34        hBox.setAlignment(Pos.CENTER_LEFT);
35        // 创建场景和舞台，并设置场景的大小
36        Scene scene = new Scene(hBox, 500, 300);
37        primaryStage.setScene(scene);
38        primaryStage.setTitle("标签示例");
39        primaryStage.show();
40    }
41    public static void main(String[] args) {
42        launch(args);
43    }
44 }
```

Label控件示例的运行结果如图7-15所示。

### 7.5.3　Button 控件

Button控件用于显示按钮，是JavaFX中的一个基本控件，既可以显示文本，又可以显示图形，同时也允许用户通过单击来触发某个动作或事件。可以在Java文件中以Button控件的常用方法控制其样式与事件，Button控件的常用方法及功能见表7-3。

图 7-15　Label 控件示例的运行结果

表 7-3　Button 控件的常用方法及功能

| 方法声明 | 功　　能 |
| --- | --- |
| Button() | 创建一个没有文本信息的按钮 |
| Button(String text) | 创建带指定文本的按钮 |
| Button(String text, Node graphic) | 创建带指定文本和图形的按钮 |
| setText(String value) | 设置按钮上的文本 |
| setGraphic(Node value) | 设置按钮上的图形，如图像、图标或其他节点对象 |
| setContentDisplay(ContentDisplay value) | 定义文本和图形在按钮上的显示方式，如文本在左，图形在右等 |
| setOnAction(EventHandler<ActionEvent> value) | 为按钮设置单击事件处理器 |

下面通过一个冲泡咖啡的例子演示Button控件的使用，首先将需要显示在Button控件上的图片clock.png导入程序Chapter07的resources文件夹中。然后在程序的com.example.gui包中创建ExampleButton类，在该类中通过使用Button控件演示冲泡咖啡的过程，如例7-10所示。

例7-10　ExampleButton.java

```
1 package com.example.gui;
2 ...      //省略导入包
3 public class ExampleButton extends Application{
4     @Override
5     public void start(Stage primaryStage) {
6         FileInputStream input;
7         ImageView coffee = null;
```

```
8        try {
9            // 加载咖啡的图像
10           input = new FileInputStream("resources/coffee.png");
11           Image image = new Image(input);
12           coffee = new ImageView(image);
13           coffee.setFitHeight(54);
14           coffee.setFitWidth(64);
15       } catch (FileNotFoundException e) {
16           e.printStackTrace();
17       }
18       // 创建一个按钮，并设置按钮的图形和内容
19       Button brewButton = new Button(" 冲泡咖啡 ",coffee);
20       // 为按钮添加单击事件处理器
21       brewButton.setOnAction(event -> {
22           // 模拟咖啡机冲泡咖啡的过程
23           System.out.println(" 咖啡机开始冲泡咖啡 ...");
24           try {
25               Thread.sleep(2000);              // 模拟 2 秒的冲泡时间
26           } catch (InterruptedException e) {
27               e.printStackTrace();
28           }
29           System.out.println(" 咖啡已冲泡完成！ ");
30       });
31       // 创建布局容器和场景
32       StackPane root = new StackPane();            // 使用 StackPane 作为根容器
33       root.setAlignment(Pos.CENTER);               // 布局居中
34       root.getChildren().add(brewButton);          // 添加按钮到容器中
35       Scene scene = new Scene(root, 300, 200);     // 创建一个场景并设置大小
36       scene.setFill(Color.WHITE);                  // 设置场景背景色为白色
37       // 设置主舞台的场景并显示
38       primaryStage.setScene(scene);
39       primaryStage.setTitle(" 按钮示例 ");
40       primaryStage.show();
41   }
42   public static void main(String[] args) {
43       launch(args);
44   }
45 }
```

Button控件示例的运行结果如图7-16所示。

单击图7-16中的"冲泡咖啡"按钮，程序开始模拟冲泡咖啡过程，同时在控制台会输出冲泡咖啡的过程信息，如图7-17所示。

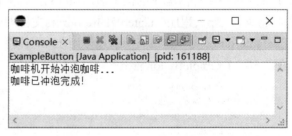

图 7-16  Button 控件示例的运行结果        图 7-17  冲泡咖啡的过程信息

### 7.5.4 CheckBox 控件

CheckBox控件用于显示复选框，每一个复选框都有"选中"和"未选中"两种状态，这两种状态是通过setSelected()方法指定的，当该方法中的参数设置为true时，表示选中状态，否则，表示未选中状态。

假设为CheckBox添加一个监听器，当选中状态改变时打印消息，示例代码如下：

```
1  CheckBox checkBox = new CheckBox("Option 1");    // 创建一个CheckBox
2  // 为CheckBox添加一个监听器，当选中状态改变时打印消息
3  checkBox.selectedProperty().addListener((observable, oldValue,
4  newValue) -> {
5      if (newValue) {
6          System.out.println("Option 1 is selected");
7      } else {
8          System.out.println("Option 1 is not selected");
9      }
10 });
```

上述代码中，oldValue表示复选框被勾选前是否被选中的状态值，newValue表示复选框被勾选后是否被选中的状态值。oldValue与newValue的值如果为true，表示复选框被勾选，如果为false，表示复选框未被勾选。

下面通过一个例子演示CheckBox控件的使用，首先在Chapter07程序的com.example.gui包中创建ExampleCheckBox类，在该类中演示CheckBox控件的使用，如例7-11所示。

**例7-11** ExampleCheckBox.java

```
1  package com.example.gui;
2  ...            // 省略导入包
3  public class ExampleCheckBox extends Application {
4      private Label statusLabel = new Label("No checkbox selected");
5      @Override
6      public void start(Stage primaryStage) {
7          // 创建一个复选框
8          CheckBox checkBox = new CheckBox("I agree with the terms");
9          // 为复选框添加事件处理器
10         checkBox.selectedProperty().addListener((observable, oldValue,
11         newValue) -> {
12             if (newValue) {
13                 statusLabel.setText("You have agreed to the terms");
14             } else {
15                 statusLabel.setText("No checkbox selected");
16             }
17         });
18         // 创建一个垂直布局
19         VBox vbox = new VBox(10, checkBox, statusLabel);
20         vbox.setAlignment(Pos.CENTER);
21         vbox.setPadding(new Insets(10));
22         // 设置主舞台的场景并显示
23         Scene scene = new Scene(vbox, 300, 200);
24         primaryStage.setTitle("复选框示例");
25         primaryStage.setScene(scene);
26         primaryStage.show();
27     }
28     public static void main(String[] args) {
29         launch(args);
```

```
30    }
31 }
```

CheckBox控件示例的运行结果如图7-18所示。

在图7-18中，勾选复选框，此时复选框示例界面上的复选框会显示被勾选的状态，复选框下方会显示"You have agreed to the terms"信息，如图7-19所示。

图 7-18　CheckBox 控件示例的运行结果

图 7-19　复选框被勾选后的状态

### 7.5.5　RadioButton 控件

RadioButton控件用于显示单选按钮，经常与ToggleGroup一起使用实现RadioButton控件的单选功能，ToggleGroup是单选组合框，可容纳多个RadioButton控件。在ToggleGroup中的多个RadioButton控件只能有一个被选中。RadioButton控件的常用方法及功能见表7-4。

表 7-4　RadioButton 控件的常用方法及功能

| 方 法 声 明 | 功　　能 |
| --- | --- |
| RadioButton() | 创建一个空的单选按钮 |
| RadioButton(String text) | 创建指定文本的单选按钮 |
| isSelected() | 检查单选按钮的状态，如果该方法返回值为 true，表示按钮被选中，返回值为 false，表示按钮未被选中 |
| setSelected(boolean value) | 设置单选按钮被选中或未被选中的状态 |
| setToggleGroup(ToggleGroup value) | 将单选按钮设置到指定的按钮组 |

下面通过一个例子演示RadioButton控件的使用，首先在Chapter07程序的com.example.gui包中创建ExampleRadioButton类，在该类中使用RadioButton控件演示选择想要阅读的图书，如例7-12所示。

例7-12　ExampleRadioButton.java

```
1  package com.example.gui;
2  ...      // 省略导入包
3  public class ExampleRadioButton extends Application {
4      private Label bookChoiceLabel;
5      private RadioButton javaRadioButton,pythonRadioButton,HCJRadioButton;
6      @Override
7      public void start(Stage primaryStage) {
8          // 创建一个ToggleGroup
9          ToggleGroup bookGroup = new ToggleGroup();
10         // 创建三个RadioButton 并将它们添加到ToggleGroup 中
```

```
11          javaRadioButton = new RadioButton("Java 程序设计基础与实战 ");
12          javaRadioButton.setToggleGroup(bookGroup);
13          pythonRadioButton = new RadioButton("Python 数据分析与可视化 ");
14          pythonRadioButton.setToggleGroup(bookGroup);
15          HCJRadioButton = new RadioButton("HTML5+CSS3+JavaScript
16          网页设计基础与实战 ");
17          HCJRadioButton.setToggleGroup(bookGroup);
18          // 创建一个 Label 来显示所选的图书
19          bookChoiceLabel = new Label(" 请选择图书类型 ");
20          // 监听 ToggleGroup 的变化来更新 Label
21          bookGroup.selectedToggleProperty().addListener((observable,
22          oldValue, newValue) -> {
23              if (newValue != null) {
24                  bookChoiceLabel.setText(" 您选择的图书是: " +
25                  ((Labeled) newValue).getText());
26              } else {
27                  bookChoiceLabel.setText(" 请选择图书类型 ");
28              }
29          });
30          // 使用垂直布局来放置 RadioButton 和 Label
31          VBox vbox = new VBox(10, javaRadioButton, pythonRadioButton,
32          HCJRadioButton, bookChoiceLabel);
33          vbox.setPadding(new Insets(10));
34          vbox.setAlignment(Pos.CENTER_LEFT);
35          // 创建一个场景并将垂直布局添加到其中
36          Scene scene = new Scene(vbox, 450, 200);
37          // 设置舞台的标题并将场景添加到舞台中
38          primaryStage.setTitle(" 单选按钮示例 ");
39          primaryStage.setScene(scene);
40          primaryStage.show();              // 显示舞台
41      }
42      public static void main(String[] args) {
43          launch(args);
44      }
45  }
```

RadioButton 控件示例的运行结果如图 7-20 所示。

在图 7-20 中，单击 "Java 程序设计基础与实战" 单选按钮，此时单选按钮示例界面下方会显示 "您选择的图书是：Java 程序设计基础与实战"，如图 7-21 所示。

图 7-20　RadioButton 控件示例的运行结果

图 7-21　单选按钮被单击后的效果

### 7.5.6　文本输入控件

文本输入类控件在 JavaFX 中主要用于接收用户的文本输入，文本输入类控件主要包括 TextField 控件、PasswordField 控件和 TextArea 控件。下面介绍这三种控件的作用、常用方法和示例。

### 1. TextField 控件

TextField控件表示单行输入框，用于接收用户输入的文本。在Java文件中以TextField控件的常用方法来控制其样式与事件，TextField控件的常用方法及功能见表7-5。

表 7-5 TextField 控件的常用方法及功能

| 方 法 声 明 | 功　　能 |
| --- | --- |
| TextField() | 创建一个空的输入框 |
| TextField(String text) | 使用指定文本创建一个输入框 |
| setPrefHeight(double value) | 设置输入框的高度 |
| setPrefWidth(double value) | 设置输入框的宽度 |
| setText(String value) | 设置输入框中的文本 |
| setEditable(boolean value) | 设置输入框中的文本是否可以被编辑 |
| setAlignment(Pos value) | 设置输入框中文本的对齐方式 |
| setPromptText(String value) | 设置输入框的提示文本 |
| setOnAction(EventHandler&lt;ActionEvent&gt; value) | 设置输入框的动作事件处理器，例如，当焦点位于输入框中时，用户按【Enter】键触发动作事件 |

假设创建一个输入框，输入框中显示的文本为"Java语言"，输入框的编辑状态设置为不可编辑，示例代码如下：

```
TextField textField = new TextField();
textField.setText("Java语言");          // 设置文本
textField.setEditable(false);          // 设置为不可编辑
```

### 2. PasswordField 控件

PasswordField控件是TextField控件的子类，用于创建密码框，密码框中输入的文本信息通常以黑点的方式显示。假设创建一个密码框，密码框的提示文本设置为"请输入密码"，示例代码如下：

```
PasswordField passwordField = new PasswordField();
passwordField.setPromptText("请输入密码");  // 设置提示文本
```

### 3. TextArea 控件

TextArea控件允许用户输入、编辑和显示多行文本。默认情况下，TextArea控件中文本的行数为10、列数为40，此外，TextArea控件还支持文本滚动、文本选择、复制粘贴等基本文本操作。在Java文件中以TextArea控件的常用方法来控制其样式与事件，TextArea控件的常用方法及功能见表7-6。

表 7-6 TextArea 控件的常用方法及功能

| 方 法 声 明 | 功　　能 |
| --- | --- |
| TextArea() | 创建一个空的多行输入框 |
| TextArea(String text) | 使用指定文本创建一个多行输入框 |

续表

| 方法声明 | 功　　能 |
|---|---|
| setText(String value) | 设置输入框中的文本内容 |
| setEditable(boolean value) | 设置输入框中的文本是否可以被编辑 |
| setAlignment(Pos value) | 设置输入框中文本的对齐方式 |
| setPrefColumnCount(int value) | 设置输入框的首选列数 |
| setPrefRowCount(int value) | 设置输入框的首选行数 |
| setWrapText(boolean value) | 设置输入框中的内容是否换行，value 值为 true 表示换行，为 false 表示不换行，默认值为 false |

假设创建一个多行输入框，输入框的首选行数为12，首选列数为30，并且设置其内容可以自动换行，示例代码如下：

```
TextArea textArea = new TextArea();
textArea.setPrefRowCount(12);              // 设置首选行数
textArea.setPrefColumnCount(30);           // 设置首选列数
textArea.setWrapText(true);                // 启用自动换行
```

下面通过一个例子演示TextField控件、PasswordField控件和TextArea控件的使用，首先在Chapter07程序的com.example.gui包中创建ExampleTextArea类，在该类中使用TextField控件、PasswordField控件和TextArea控件演示登录示例，如例7-13所示。

例7-13　ExampleTextArea.java

```
1  package com.example.gui;
2  ...         // 省略导入包
3  public class ExampleTextArea extends Application {
4      @Override
5      public void start(Stage primaryStage) {
6          FileInputStream input;
7          ImageView login = null;
8          try {
9              // 加载登录的图像
10             input = new FileInputStream("resources/login.png");
11             Image image = new Image(input);
12             login = new ImageView(image);
13             login.setFitHeight(200);
14             login.setFitWidth(200);
15         } catch (FileNotFoundException e) {
16             e.printStackTrace();
17         }
18         // 创建文本和输入框
19         Label welcomeLabel = new Label("欢迎登录");
20         TextField username = new TextField();
21         username.setPromptText("请输入用户名");
22         PasswordField password = new PasswordField();
23         password.setPromptText("请输入密码");
24         // 创建登录状态显示区域
25         TextArea textArea = new TextArea();
26         textArea.setEditable(false);
27         textArea.setWrapText(true);
28         textArea.setPadding(new Insets(5));
```

```
29          textArea.setBackground(new Background(new BackgroundFill(
30              Color.LIGHTGRAY, CornerRadii.EMPTY, Insets.EMPTY)));
31          // 创建登录按钮
32          Button loginButton = new Button("登录");
33          loginButton.setOnAction(e -> {
34              boolean isLoginSuccess = username.getText().equals("admin")
35                  && password.getText().equals("pwd123456");
36              if (isLoginSuccess) {
37                  textArea.setText("登录成功！");
38              } else {
39                  textArea.setText("用户名或密码错误，请输入正确的用户名或密码！");
40              }
41          });
42          // 创建垂直布局
43          VBox loginVBox = new VBox(10, welcomeLabel, username, password,
44              loginButton, textArea);
45          loginVBox.setAlignment(Pos.CENTER);
46          loginVBox.setPadding(new Insets(10));
47          HBox hBox = new HBox(10, login, loginVBox);
48          hBox.setAlignment(Pos.CENTER);
49          BorderPane root = new BorderPane();
50          root.setCenter(hBox);
51          root.setPadding(new Insets(10));
52          // 创建场景和舞台
53          Scene scene = new Scene(root, 500, 300);
54          primaryStage.setTitle("登录示例");
55          primaryStage.setScene(scene);
56          primaryStage.show();
57      }
58      public static void main(String[] args) {
59          launch(args);
60      }
61  }
```

为了演示登录示例，示例中的用户名和密码在代码中分别设置为admin和pwd123456。登录示例的运行结果如图7-22所示。

在图7-22中，当输入错误的用户名或密码时，单击"登录"按钮，"登录"按钮下方会显示"用户名或密码错误，请输入正确的用户名或密码！"信息，如图7-23所示。

当输入正确的用户名和密码时，单击"登录"按钮，"登录"按钮下方会显示"登录成功！"信息，如图7-24所示。

图 7-22　登录示例的运行结果　　图 7-23　用户名或密码错误的效果　　图 7-24　登录成功的效果

## 7.6 JavaFX 列表与菜单控件

### 7.6.1 列表控件

JavaFX中的列表控件主要包括ListView控件、TreeView控件和ComboBox控件，下面介绍这三种列表类控件。

#### 1. ListView 控件

ListView是一个用于展示可滚动列表项的控件。列表项可以是任何对象，但通常它们被转换为字符串以显示在列表中。用户可以通过滚动来查看所有项，并可以选择一个或多个选项。

ListView类的构造方法有两个，即ListView()与ListView(ObservableList<T> items)，这两个方法的具体介绍如下：

➢ ListView()：创建一个空的列表。

➢ ListView(ObservableList<T> items)：创建一个包含指定选项的列表。

创建一个包含选项的列表，示例代码如下：

```
// 创建一个包含选项的 ObservableList
ObservableList<String> items = FXCollections.observableArrayList("选项1",
"选项2", ...);
// 创建一个 ListView 控件并设置其选项列表
ListView<String> listView = new ListView<>(items);
```

#### 2. TreeView 控件

TreeView是一个用于展示树状数据结构的控件。每个节点可以包含子节点，用户可以展开或折叠这些节点来查看或隐藏它们的内容。TreeView控件通常用于显示目录结构、文件系统等层次数据。

TreeView类的构造方法有两个，即TreeView()与TreeView(TreeItem<T> root)，这两个方法的具体介绍如下：

➢ TreeView()：创建一个空的树状数据结构。

➢ TreeView(TreeItem<T> root)：创建一个以指定根节点为起点的树状数据结构。

创建一个根节点为java的树状数据结构，示例代码如下：

```
TreeItem<String> rootItem = new TreeItem<>("java");
TreeView<String> treeView = new TreeView<>(rootItem);
```

#### 3. ComboBox 控件

ComboBox控件用于显示下拉列表框，允许用户从预定义选项中选择一个或多个值。ComboBox控件通常用于选择有限数量的选项，如语言选择、颜色选择等。

ComboBox类的构造方法有两个，即ComboBox()与ComboBox(ObservableList<T> items)，这两个方法的具体介绍如下：

➢ ComboBox()：创建一个空的下拉列表框。

➢ ComboBox(ObservableList<T> items)：创建一个包含指定选项的下拉列表框。

创建一个包含指定选项的下拉列表框，示例代码如下：

```
// 创建一个包含选项的 ObservableList
ObservableList<String> items = FXCollections.observableArrayList("选项1",
"选项2", ...);
ComboBox<String> comboBox = new ComboBox<>(items);
comboBox.setValue("请选择...");              // 设置默认选项
```

下面通过一个例子演示ListView控件、TreeView控件和ComboBox控件的使用，首先在Chapter07程序的com.example.gui包中创建ExampleList类，在该类中演示ListView控件、TreeView控件和ComboBox控件的使用，如例7-14所示。

例7-14　ExampleList.java

```
1   package com.example.gui;
2   ...          // 省略导入包
3   public class ExampleList extends Application {
4       @SuppressWarnings("unchecked")
5       @Override
6       public void start(Stage primaryStage) {
7           // 创建 ListView 的选项
8           ObservableList<String> listItems = FXCollections.
9             observableArrayList("Java", "Python", "大数据", "前端");
10          ListView<String> listView = new ListView<>(listItems);
11          // 创建 TreeView 的节点
12          TreeItem<String> root = new TreeItem<>("com");
13          root.setExpanded(true);
14          TreeItem<String> folder = new TreeItem<>("example");
15          folder.getChildren().addAll(new TreeItem<>("ExampleList.java"),
16            new TreeItem<>("ExampleTextArea.java"));
17          root.getChildren().add(folder);
18          TreeView<String> treeView = new TreeView<>(root);
19          // 创建 ComboBox 的选项
20          ObservableList<String> comboBoxItems = FXCollections.
21            observableArrayList("Java语言", "Python语言", "C语言");
22          ComboBox<String> comboBox = new ComboBox<>(comboBoxItems);
23          comboBox.setValue("Java语言");
24          // 布局控件
25          VBox controls = new VBox(10, listView, treeView, comboBox);
26          controls.setPadding(new Insets(10));
27          controls.setAlignment(Pos.CENTER);
28          // 创建场景和舞台
29          Scene scene = new Scene(controls, 400, 300);
30          primaryStage.setScene(scene);
31          primaryStage.setTitle("列表类控件示例");
32          primaryStage.show();
33      }
34      public static void main(String[] args) {
35          launch(args);
36      }
37  }
```

列表类控件示例的运行结果如图7-25所示。

在图7-25中，单击example节点会显示一个树状结构的数据，单击下拉按钮会弹出一个下拉列表，如图7-26所示。

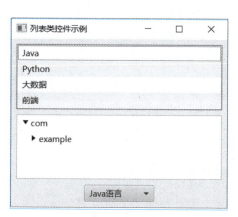

图 7-25 列表类控件示例的运行结果

图 7-26 显示树状结构和下拉列表

## 7.6.2 菜单控件

在图形用户界面（GUI）编程中，Menu、MenuBar和MenuItem是常见的控件，用于创建菜单和菜单项。下面介绍这三种控件。

### 1. Menu 控件

Menu控件用于显示一个下拉菜单，通常包含一组MenuItem控件，这些控件表示用户可以选择的不同操作或命令。Menu通常不会直接显示在屏幕上，而是作为MenuBar的一部分。

### 2. MenuBar 控件

MenuBar控件用于显示一个水平条，用于包含和显示一个或多个Menu控件。它通常位于窗口的顶部，并包含应用程序的主菜单选项。用户可以通过单击MenuBar中的Menu选项访问下拉菜单中的MenuItem。

### 3. MenuItem 控件

MenuItem控件是菜单中的一个选项或命令。当用户单击MenuItem时，通常会触发一个动作或事件，这个动作可以是执行一个函数、打开一个对话框或执行其他操作。

下面通过一个例子演示Menu控件、MenuBar控件和MenuItem控件的使用，首先将例子需要的图片open.png与save.png导入程序Chapter07的resources文件夹中，然后在程序的com.example.gui包中创建ExampleMenu类，在该类中使用菜单控件演示文件与查看菜单，并显示对应的图标和快捷键，如例7-15所示。

例7-15　ExampleMenu.java

```
1  package com.example.gui;
2  ...        // 省略导入包
3  public class ExampleMenu extends Application {
4      @Override
5      public void start(Stage primaryStage) {
6          FileInputStream input1,input2;
7          Image openIcon = null;
8          Image saveIcon = null;
9          try {
10             // 加载打开与保存菜单项的图像
11             input1 = new FileInputStream("resources/open.png");
```

```java
12            openIcon = new Image(input1);
13            input2 = new FileInputStream("resources/save.png");
14            saveIcon = new Image(input2);
15        } catch (FileNotFoundException e) {
16            e.printStackTrace();
17        }
18        // 创建菜单项并设置图标和快捷键
19        MenuItem openItem = new MenuItem("打开");
20        openItem.setGraphic(new ImageView(openIcon));
21        openItem.setAccelerator(new KeyCodeCombination(KeyCode.O,
22            KeyCodeCombination.CONTROL_DOWN));
23        openItem.setOnAction(event -> System.out.println("执行的打开操作"));
24        MenuItem saveItem = new MenuItem("保存");
25        saveItem.setGraphic(new ImageView(saveIcon));
26        saveItem.setAccelerator(new KeyCodeCombination(KeyCode.S,
27            KeyCodeCombination.CONTROL_DOWN));
28        saveItem.setOnAction(event -> System.out.println("执行的保存操作"));
29        // 创建菜单并将菜单项添加到其中
30        Menu fileMenu = new Menu("文件");
31        fileMenu.getItems().addAll(openItem, saveItem);
32        Menu checkMenu = new Menu("查看");
33        // 创建菜单栏并将菜单添加到其中
34        MenuBar menuBar = new MenuBar();
35        menuBar.getMenus().addAll(fileMenu,checkMenu);
36        // 创建根布局（VBox），并将菜单栏添加到顶部
37        VBox root = new VBox(menuBar);
38        // 创建场景并将布局容器添加到其中
39        Scene scene = new Scene(root, 300, 250);
40        // 设置主舞台的标题和场景，并显示舞台
41        primaryStage.setTitle("菜单示例");
42        primaryStage.setScene(scene);
43        primaryStage.show();
44    }
45    public static void main(String[] args) {
46        launch(args);
47    }
48 }
```

菜单示例的运行结果如图7-27所示。

在图7-27中，单击"文件"菜单，会弹出一个下拉菜单，如图7-28所示。

在图7-28中，单击"打开"菜单项或"保存"菜单项，控制台会输出"执行的打开操作"或"执行的保存操作"，如图7-29所示。

图 7-27　菜单示例的运行结果　　　图 7-28　显示下拉菜单　　　图 7-29　控制台输出信息

## 任务实现

### 实施步骤

（1）在Chapter07程序的com.example.task包中创建ShoppingSurveyApp类继承Application类，在该类的start()方法中实现购物满意度问卷调查功能。

（2）使用Text类设置界面标题为"购物满意度问卷调查"，并通过ImageView控件显示购物Logo图片。

（3）使用Label控件与TextField控件创建姓名和手机号的文本与输入框，并将这些文本和输入框放置在网格布局（GridPane）中。

（4）使用ToggleGroup与RadioButton控件显示5个评分单选按钮。

（5）使用CheckBox控件显示3个复选框，这3个复选框的文本分别是"商品质量很好""服务态度很满意"和"物流速度很快"。

（6）使用Label控件与ComboBox控件显示"支付方式："文本与支付方式的下拉列表框，下拉列表框中的内容分别是"支付宝""微信支付""银行卡""其他"。

（7）使用TextArea控件与Button控件显示多行文本的输入框和"提交"按钮，单击"提交"按钮，将窗口中输入和选择的信息输出到控制台中。

（8）在main()方法中调用launch()方法启动程序。

### 代码实现

ShoppingSurveyApp.java

```
 1  package com.example.task;
 2  ...       // 省略导入包
 3  public class ShoppingSurveyApp extends Application {
 4      @Override
 5      public void start(Stage primaryStage) {
 6          Text title = new Text("购物满意度问卷调查");      // 标题
 7          title.setFont(Font.font("Arial", 24));
 8          // 购物 Logo 图片
 9          FileInputStream input;
10          ImageView logo = null;
11          try {
12              input = new FileInputStream("resources/shopping.png");
13              Image image = new Image(input);
14              logo = new ImageView();
15              logo.setImage(image);                       // 设置图片
16              logo.setFitHeight(100);                     // 设置图片的高度
17              logo.setFitWidth(100);                      // 设置图片的宽度
18              logo.setPreserveRatio(true);
19          } catch (FileNotFoundException e) {
20              e.printStackTrace();
21          }
22          // 姓名和手机号输入框
23          Label nameLabel = new Label("姓名:");
24          TextField nameTextField = new TextField();
25          nameTextField.setPrefWidth(300);
26          nameTextField.setPromptText("请输入姓名");
27          Label phoneLabel = new Label("手机号:");
```

```java
28      TextField phoneTextField = new TextField();
29      phoneTextField.setPromptText("请输入手机号");
30      GridPane namePhoneGrid = new GridPane();
31      namePhoneGrid.setHgap(10);
32      namePhoneGrid.setVgap(20);
33      namePhoneGrid.add(nameLabel, 0, 0);
34      namePhoneGrid.add(nameTextField, 1, 0);
35      namePhoneGrid.add(phoneLabel, 0, 1);
36      namePhoneGrid.add(phoneTextField, 1, 1);
37      RadioButton[] ratingButtons = new RadioButton[5];  // 评分单选按钮
38      ToggleGroup ratingGroup = new ToggleGroup();  // 创建一个ToggleGroup
39      for (int i = 0; i < 5; i++) {
40          ratingButtons[i] = new RadioButton("评分: "
41              +String.valueOf(i + 1));
42          ratingButtons[i].setToggleGroup(ratingGroup);
43      }
44      // 商品质量、服务态度和物流速度复选框
45      CheckBox qualityCheckBox = new CheckBox("商品质量很好");
46      CheckBox serviceCheckBox = new CheckBox("服务态度很满意");
47      CheckBox logisticsCheckBox = new CheckBox("物流速度很快");
48      Label payLabel = new Label("支付方式:");
49      // 支付方式下拉列表框
50      ComboBox<String> paymentComboBox = new ComboBox<>(FXCollections.
51          observableArrayList("支付宝","微信支付","银行卡","其他"));
52      paymentComboBox.setEditable(true);
53      paymentComboBox.setPrefWidth(125);
54      paymentComboBox.setPromptText("请选择...");
55      // 意见和建议文本区域
56      TextArea commentTextArea = new TextArea();
57      commentTextArea.setPromptText("请留下您的其他意见或建议");
58      commentTextArea.setPrefHeight(200);
59      Button submitButton = new Button("提交");    // 提交按钮
60      submitButton.setOnAction(e -> {
61          // 输出到控制台
62          System.out.println("姓名: " + nameTextField.getText());
63          System.out.println("手机号: " + phoneTextField.getText());
64          for (RadioButton button : ratingButtons) {
65              if (button.isSelected()) {
66                  System.out.println(button.getText());
67                  break;
68              }
69          }
70          System.out.println("商品质量很好: " + qualityCheckBox
71              .isSelected());
72          System.out.println("服务态度很满意: " + serviceCheckBox
73              .isSelected());
74          System.out.println("物流速度很快: " + logisticsCheckBox
75              .isSelected());
76          System.out.println("支付方式: " + paymentComboBox.getValue());
77          System.out.println("意见和建议: " + commentTextArea.getText());
78      });
79      VBox root = new VBox(30,title,logo,namePhoneGrid,
80          new HBox(10, ratingButtons),
81          new HBox(10, qualityCheckBox,serviceCheckBox,logisticsCheckBox),
82          new HBox(10, payLabel,paymentComboBox), commentTextArea,
```

```
83                      submitButton
84              );
85              root.setPadding(new Insets(20));
86              root.setAlignment(Pos.CENTER);
87              Scene scene = new Scene(root, 450, 700);
88              primaryStage.setTitle("购物满意度问卷调查");
89              primaryStage.setScene(scene);
90              primaryStage.show();
91          }
92          public static void main(String[] args) {
93              launch(args);
94          }
95      }
```

运行ShoppingSurveyApp类，程序会弹出一个购物满意度问卷调查窗口，在该窗口中输入要填写的信息，如图7-30所示。

在图7-30中，单击右侧图中的"提交"按钮，程序会将窗口中输入和选择的信息输出到控制台中，如图7-31所示。

图 7-30 购物满意度问卷调查窗口

图 7-31 控制台中输出的问卷调查信息

## 任务7.4 使用FXML实现购物满意度问卷调查

### 任务描述

任务7-3中使用JavaFX基础控件与列表控件实现了购物满意度问卷调查窗口与窗口中的功能，在实现窗口的过程中直接使用Java代码创建和配置JavaFX的窗口和界面元素，当界面比较复杂时，使用这种方式编写界面使得代码结构不清晰，并且代码会变得难以理解和维护。

为了解决上述问题，JavaFX提供了FXML，FXML以其声明式的设计方式、界面代码与逻辑代码分离、易于理解和协作、可重用性、灵活性与可扩展性以及跨平台支持等优势，成为JavaFX应用程序开发中的重要工具。本任务将使用FXML实现与任务7-3中一样效果的购物满意度问卷调查窗口。

相关知识

## 7.7 FXML

### 7.7.1 FXML 概述

FXML是JavaFX 2.0版本中引入的新技术，用于定义JavaFX应用程序的用户界面。它基于XML，因此对于熟悉XML的开发者来说，FXML是一种直观且易于理解的方式来描述用户界面。FXML将界面的结构和外观与Java代码分离，使得界面设计师和开发工程师可以并行工作，提高开发效率，并且FXML非常适合用来定义静态布局，如表单、控件和表格等，它也可以结合脚本，动态地构建布局。

FXML文件通常使用.fxml作为文件扩展名，并通过FXMLLoader类来加载和解析。JavaFX提供了Scene Builder工具来可视化地设计和布局FXML界面，简化了界面设计的过程，同时FXML文件可以与Java代码进行绑定，实现界面元素与后台逻辑的交互。

### 7.7.2 安装 e(fx)clipse 插件

在使用Eclipse进行JavaFX开发时，需要用到e(fx)clipse插件，该插件是JavaFX开发所需的工具库，Eclipse中安装e(fx)clipse插件的具体步骤如下：

（1）在Eclipse中，选择"Help"→"Install New Software…"命令，如图7-32所示。

（2）选择"Install New Software…"命令后弹出Install窗口，在该窗口中单击"Add…"按钮，弹出"Add Repository"对话框，在其中分别输入需要安装的插件名称和地址，如图7-33所示。

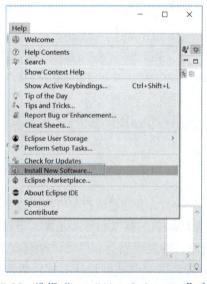

图 7-32 选择"Install New Software…"命令

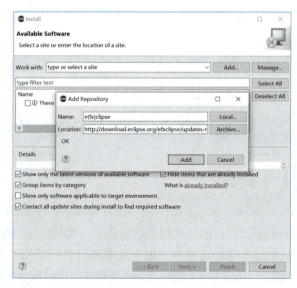

图 7-33 添加 e(fx)clipse 插件

在"Add Repository"对话框中，分别输入e(fx)clipse插件的名称为e(fx)clipse，插件的安装链接为http://download.eclipse.org/efxclipse/updates-released/2.4.0/site/。

（3）在"Add Repository"对话框中，单击"Add"按钮，再次显示Install窗口，在该窗口中选择Name下方的两个复选框，这两个复选框对应的内容是要安装的e(fx)clipse配置，如图7-34所示。

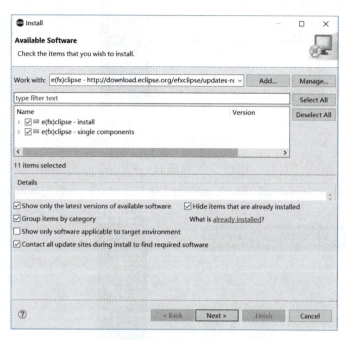

图 7-34　选中要安装的 e(fx)clipse 配置

依次单击"Next"按钮，直到弹出"Review Licenses"界面，在该界面中选中"I accept the terms of the license agreement"选项，单击"Finish"按钮即可进入插件安装状态，安装完成后根据提示重启Eclipse即可。

### 7.7.3　JavaFX 可视化管理工具

JavaFX Scene Builder是一种可视布局管理工具，允许用户快速设计JavaFX应用程序用户界面，而无须编码。它类似于一些常用的画图工具，用户可以将UI组件拖放到工作区，修改其属性、应用样式表，并且创建的布局会在后台自动生成一个结果为FXML格式的文件。下面对JavaFX Scene Builder可视化工具的下载、安装与使用进行介绍。

#### 1. JavaFX Scene Builder 工具的下载与安装

（1）下载JavaFX Scene Builder。进入http://www.oracle.com/technetwork/java/javase/downloads/javafxscenebuilder-1x-archive-2199384.html下载页面，选择对应平台的版本进行下载，这里以JavaFX Scene Builder2版本为例，如图7-35所示。

（2）安装JavaFX Scene Builder。下载完成后，会得到一个javafx_scenebuilder-2_0-windows.msi安装文件，直接双击文件进入JavaFX Scene Builder 2.0安装程序界面，如图7-36所示。

如图7-36中，单击"下一步"按钮，进入JavaFX Scene Builder 2.0工具安装目录界面，在该界面中单击"更改"按钮，将安装目录设置为"D:\Program Files (x86)\Oracle\JavaFX Scene Builder 2.0\"，如图7-37所示。

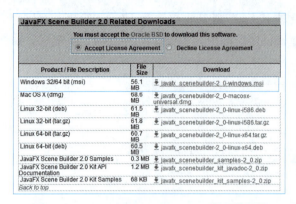
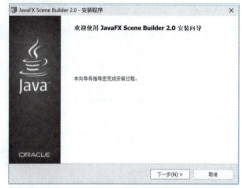

图 7-35　JavaFX Scene Builder 工具下载页面　　图 7-36　JavaFX Scene Builder 2.0 安装程序界面

在图7-37中，单击"安装"按钮，此时将JavaFX Scene Builder 2.0工具安装到"D:\Program Files (x86)\Oracle\JavaFX Scene Builder 2.0\"目录下，安装完成界面如图7-38所示。

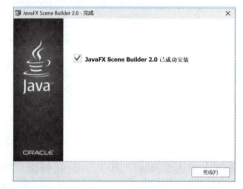

图 7-37　JavaFX Scene Builder 2.0 工具　　　图 7-38　JavaFX Scene Builder 2.0 工具
　　　　　　安装目录界面　　　　　　　　　　　　　　　　安装完成界面

（3）在Eclipse中配置JavaFX Scene Builder。配置JavaFX Scene Builder之前要保证Eclipse已安装e(fx)clipse插件。在Eclipse中，选择"Window"→"Preferences"命令，打开Preferences界面，找到JavaFX的配置位置，在右侧窗口中单击"Browse..."按钮配置安装的JavaFX Scene Builder工具位置，单击"Apply and Close"按钮即可配置成功，如图7-39所示。

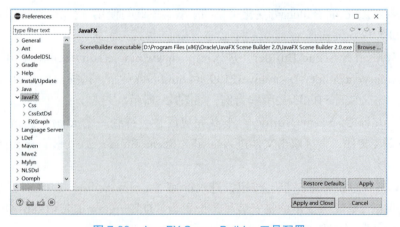

图 7-39　JavaFX Scene Builder 工具配置

## 2. JavaFX Scene Builder 工具的基本使用

下面通过JavaFX Scene Builder工具实现一个登录界面，具体步骤如下：

（1）创建login.fxml文件。在Chapter07程序的com.example.thread包中创建一个名为login.fxml文件，选中该文件并右击，在弹出的快捷菜单中选择"Open with SceneBuilder"命令，将AnchorPane组件拖动到布局与组件设计区域，如图7-40所示。

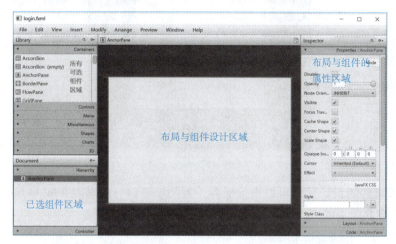

图 7-40　JavaFX Scene Builder 工具打开 login.fxml 文件

在图7-40中，使用JavaFX Scene Builder工具时，开发者可以根据图形用户界面的设计需求，从左上角选择合适的组件拖动到中间的布局与组件设计区域，然后在右侧布局与组件的属性区域中对相应的组件上进行属性配置。

（2）首先用鼠标选中中间区域的AnchorPane面板组件，将该组件拉伸至合适大小，然后在左上角区域选择Lable组件拖动到AnchorPane面板组件内，并在右侧布局与组件的属性区域对Lable组件进行简单设置，如图7-41所示。

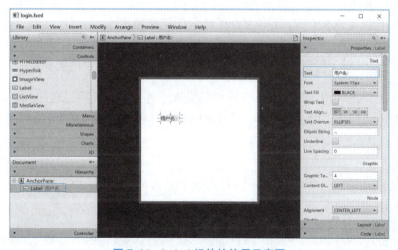

图 7-41　Label 组件的使用示意图

参考上述方式添加登录界面的其他组件，如输入框、密码、"登录"按钮等，如图7-42所示。

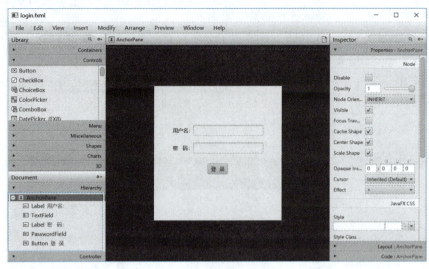

图 7-42　登录界面示意图

完成需求组件的设计后，可以直接保存并关闭该窗口，此时就在login.fxml文件中自动生成显示登录界面效果的代码。

### 7.7.4　FXML 文件的基本结构

FXML文件结构清晰、易于阅读和维护，并且提供了丰富的功能和灵活性来定义JavaFX应用程序的用户界面。FXML文件的基本结构主要包括XML声明、FXML命名空间、根元素和界面元素。

#### 1. XML 声明

每个FXML文件通常以XML声明开始，指定XML版本和字符编码。

```
<?xml version="1.0" encoding="UTF-8"?>
```

#### 2. FXML 命名空间

FXML使用XML命名空间来定义FXML特定的元素和属性。

```
<?import javafx.scene.layout.VBox?>
<?import javafx.scene.control.Button?>
<!-- 更多的import语句可导入需要的JavaFX类和组件 -->
```

<?import ... ?>语句用于导入JavaFX库中的类和组件，这样就可以在FXML文件中直接使用这些类和组件的标签。FXML文件中可以使用<!-- -->添加注释来解释代码或暂时禁用某些元素。

#### 3. 根元素

FXML文件必须有一个根元素，该元素通常是布局容器（如AnchorPane、GridPane、BorderPane等）。

```
<AnchorPane  prefHeight="400.0" prefWidth="600.0"
xmlns="http://javafx.com/javafx/8" xmlns:fx="http://javafx.com/fxml/1"
fx:controller="com.example.gui.LoginController">
    <!-- 其他UI元素将作为根元素的子元素 -->
</AnchorPane>
```

根元素可以有fx:controller属性，用于指定与FXML文件关联的控制器类。

### 4. 界面元素

在根元素内部，可以定义各种界面元素，如按钮、标签、文本框等。

```
<Button fx:id="myButton" text="Click Me!" onAction="
#handleButtonAction" />
<Label fx:id="myLabel" text="Hello, FXML!" />
```

界面元素可以有自己的属性，如fx:id用于在控制器中引用该元素，text用于设置元素的文本内容。onAction属性用于为元素指定事件处理程序，处理程序的方法在控制器类中定义。

**注意**：FXML文件名尽量与控制器类名保持一致，以便于管理和维护。

下面使用FXML文件展示例7-13中的登录示例界面，首先在Chapter07程序的com.example.gui包中创建logingui.fxml文件，然后使用可视化工具Scene Builder 2.0设计登录示例界面，如例7-16所示。

**例7-16** logingui.fxml

```
1  <?xml version="1.0" encoding="UTF-8"?>
2  <?import javafx.scene.text.*?>
3  <?import javafx.scene.control.*?>
4  <?import javafx.scene.image.*?>
5  <?import java.lang.*?>
6  <?import javafx.scene.layout.*?>
7  <AnchorPane prefHeight="400.0" prefWidth="600.0"
8   xmlns="http://javafx.com/javafx/8" xmlns:fx="http://javafx.com/fxml/1"
9   fx:controller="com.example.gui.LoginController">
10    <children>
11      <ImageView fx:id="logoImageView" fitHeight="200.0" fitWidth="200.0"
12       layoutX="25.0" layoutY="70.0" pickOnBounds="true"
13       preserveRatio="true">
14        <image>
15        </image>
16      </ImageView>
17      <Label layoutX="348.0" layoutY="20.0" prefHeight="24.0"
18       prefWidth="78.0" text="欢迎登录">
19        <font>
20          <Font size="18.0" />
21        </font>
22      </Label>
23      <TextField fx:id="usernameField" layoutX="262.0" layoutY="70.0"
24       prefHeight="30.0" prefWidth="256.0" promptText="请输入用户名" />
25      <PasswordField fx:id="passwordField" layoutX="262.0" layoutY="120.0"
26       prefHeight="30.0" prefWidth="256.0" promptText="请输入密码" />
27      <Button fx:id="loginButton" onAction="#do_loginButton_event" layout
28       ="356.0" layoutY="173.0" mnemonicParsing="false" text="登录" />
29      <TextArea fx:id="messageArea" editable="false" wrapText="true"
30       layoutX="258.0" layoutY="210.0" prefHeight="100.0"
31       prefWidth="264.0" />
32    </children>
33  </AnchorPane>
```

在上述代码中，元素的属性layoutX与layoutY用于设置元素在布局中的位置，其中，layoutX表示元素的*X*轴位置，layoutY表示元素的*Y*轴位置。

### 7.7.5　FXML 与 Java 代码的交互

FXML和Java代码之间的交互是JavaFX应用程序开发中非常重要的部分。FXML用于定义应用程序的用户界面，而Java代码则用于处理用户交互、数据管理和业务逻辑。以下是FXML与Java代码交互的一些主要内容。

#### 1. 控制器类

FXML文件通常与一个Java控制器类相关联，该文件中的fx:controller属性指定了与之关联的控制器类，这个控制器类中包含处理界面事件的方法、界面元素的引用以及其他逻辑。

#### 2. 加载 FXML 文件

在Java代码中，通常使用FXMLLoader类来加载FXML文件并创建相应的界面，此时加载器会解析FXML文件，实例化界面元素，并将界面元素与控制器类中的字段和方法关联起来。加载FXML文件的示例代码如下：

```
FXMLLoader loader = new FXMLLoader(getClass().getResource("login.fxml"));
Parent root = loader.load();
```

#### 3. 元素引用与事件关联

在FXML文件中，元素引用是使用fx:id属性为元素指定唯一的ID，在控制器类中使用@FXML注解声明这些ID对应的字段。事件关联是使用onAction、onMouseClicked等属性来指定事件处理程序，在控制器类中使用@FXML注解定义这些属性对应的方法。

当FXML文件被加载时，JavaFX会自动将控制器类中的字段与FXML文件中的元素实例关联起来。当界面上元素发生相应的事件时，JavaFX会自动调用控制器类中对应的方法。

假设在FXML文件中设计了一个Button控件，该控件的fx:id属性的值为myButton，onAction属性的值为handleButtonAction，示例代码如下：

```
<Button fx:id="myButton" text="Click Me!" onAction="#handleButtonAction" />
```

在程序中定义一个控制器类MyController，然后关联FXML文件中的Button控件，示例代码如下：

```
1  public class MyController {
2      @FXML
3      private Button myButton;        // 关联 FXML 文件中的 Button 控件
4      @FXML                           // 关联 FXML 文件中 Button 控件对应的事件处理程序
5      private void handleButtonAction(ActionEvent event) {
6          // 处理按钮单击事件
7      }
8  }
```

**注意**：FXML 文件中的 fx:id 属性的值要与控制器类中的字段值一致，onAction 属性的值要与控制器类中的方法名称一致。

#### 4. 初始化方法

在控制器类中添加一个带有@FXML注解的initialize()方法，该方法用于初始化程序中的一些状态，如设置初始值、绑定事件处理器、启动动画等。当FXML文件被加载并且界面元素与控制器字段、方法关联成功后，JavaFX会自动调用initialize()方法来执行初始化代码。

假设在MyController控制器类中添加一个带有@FXML注解的initialize()方法，示例代码如下：

```
1  public class MyController {
2      @FXML
3      private void initialize() {
4          // 初始化代码
5      }
6  }
```

下面针对例7-16中的logingui.fxml文件创建对应的控制器类与启动程序的类,首先在Chapter07程序的com.example.gui包中创建控制器类LoginController,然后在该类中声明界面元素对应的字段和方法,如例7-17所示。

**例7-17** LoginController.java

```
1  package com.example.gui;
2  ...    // 省略导入包
3  public class LoginController {
4      @FXML
5      private ImageView logoImageView;
6      @FXML
7      private TextField usernameField;
8      @FXML
9      private PasswordField passwordField;
10     @FXML
11     private Button loginButton;
12     @FXML
13     private TextArea messageArea;
14     @FXML
15     private void initialize() {
16         FileInputStream input;
17         try {
18             // 加载登录的图像
19             input = new FileInputStream("resources/logingui.png");
20             Image image = new Image(input);
21             logoImageView.setImage(image);  // 设置图片
22         } catch (FileNotFoundException e) {
23             e.printStackTrace();
24         }
25     }
26     @FXML
27     private void do_loginButton_event(ActionEvent event) {
28         boolean isLoginSuccess = usernameField.getText().equals("admin")
29             && passwordField.getText().equals("pwd123456");
30         if (isLoginSuccess) {
31             messageArea.setText("登录成功!");
32         } else {
33             messageArea.setText("用户名或密码错误,请输入正确的用户名或密码!");
34         }
35     }
36 }
```

在com.example.gui包中创建启动类LoginMain,在该类中加载FXML文件,并启动程序,如例7-18所示。

**例7-18** LoginMain.java

```
1  package com.example.gui;
2  ...    // 省略导入包
3  public class LoginMain extends Application{
```

```
4       @Override
5       public void start(Stage primaryStage) throws Exception {
6           // 加载 FXML 文件
7           FXMLLoader loader = new FXMLLoader(getClass().getResource(
8           "login.fxml"));
9           Parent root = loader.load();
10          // 创建一个 BorderPane 作为场景根节点
11          BorderPane borderPane = new BorderPane();
12          // 将 FXML 根节点和标题添加到 BorderPane 中
13          borderPane.setCenter(root);
14          borderPane.setPadding(new Insets(10));
15          // 创建场景和舞台
16          Scene scene = new Scene(borderPane, 600, 350);
17          primaryStage.setTitle("登录示例");
18          primaryStage.setScene(scene);
19          primaryStage.show();
20      }
21      public static void main(String[] args) {
22          launch(args);
23      }
24  }
```

运行LoginMain类中的代码，运行结果与例7-13登录示例的运行结果一致，此处不再重复介绍运行结果。

## 任务实现

### 实施步骤

（1）在Chapter07程序的com.example.task包中创建购物满意度问卷调查界面的FXML文件shoppingsurvey.fxml。

（2）在com.example.task包中创建shoppingsurvey.fxml文件对应的控制器类ShoppingSurveyController。

（3）在ShoppingSurveyController类的initialize()方法中加载购物Logo图片、设置单选按钮与下拉列表框中的列表项，在do_submitButton_event()方法中实现"提交"按钮的单击事件。

（4）在com.example.task包中创建ShoppingSurveyMain类继承Application类，在该类的start()方法中实现加载FXML文件，并创建场景和舞台。

（5）在ShoppingSurveyMain类的main()方法中调用launch()方法启动程序。

### 代码实现

ShoppingSurveyController.java

```
1  package com.example.task;
2  ...         // 省略导入包
3  public class ShoppingSurveyController {
4      @FXML
5      private ImageView logoImageView;
6      @FXML
7      private TextField nameField, phoneField;
8      @FXML
```

```java
9      private RadioButton oneRButton, twoRButton, threeRButton,
10      fourRButton, fiveRButton;
11     @FXML
12     private CheckBox qualityCBox, serviceCBox, logisticsCBox;
13     @FXML
14     private ComboBox<String> payComboBox;
15     @FXML
16     private TextArea recomTextArea;
17     @FXML
18     private Button submitButton;
19     ToggleGroup ratingGroup = new ToggleGroup();   // 创建一个 ToggleGroup
20     RadioButton[] ratingButtons = new RadioButton[5];   // 评分单选按钮
21     @FXML
22     private void initialize() {
23         FileInputStream input;
24         try {
25             input = new FileInputStream("resources/shopping.png");
26             Image image = new Image(input);
27             logoImageView.setImage(image);          // 设置图片
28         } catch (FileNotFoundException e) {
29             e.printStackTrace();
30         }
31         for (int i = 0; i < 5; i++) {
32             switch (i + 1) {
33             case 1:
34                 ratingButtons[i] = oneRButton;
35                 ratingButtons[i].setToggleGroup(ratingGroup);
36                 break;
37             case 2:
38                 ratingButtons[i] = twoRButton;
39                 ratingButtons[i].setToggleGroup(ratingGroup);
40                 break;
41             case 3:
42                 ratingButtons[i] = threeRButton;
43                 ratingButtons[i].setToggleGroup(ratingGroup);
44                 break;
45             case 4:
46                 ratingButtons[i] = fourRButton;
47                 ratingButtons[i].setToggleGroup(ratingGroup);
48                 break;
49             case 5:
50                 ratingButtons[i] = fiveRButton;
51                 ratingButtons[i].setToggleGroup(ratingGroup);
52                 break;
53             }
54         }
55         ObservableList<String> items = FXCollections.observableArrayList(
56             "支付宝", "微信支付", "银行卡", "其他");
57         payComboBox.setItems(items);
58     }
59     @FXML
60     private void do_submitButton_event(ActionEvent event) {
61         // 输出到控制台
62         System.out.println("姓名: " + nameField.getText());
63         System.out.println("手机号: " + phoneField.getText());
64         for (RadioButton button : ratingButtons) {
```

```
65              if (button.isSelected()) {
66                  System.out.println(button.getText());
67                  break;
68              }
69          }
70          System.out.println("商品质量很好: " + qualityCBox.isSelected());
71          System.out.println("服务态度很满意: " + serviceCBox.isSelected());
72          System.out.println("物流速度很快: " + logisticsCBox.isSelected());
73          System.out.println("支付方式: " + payComboBox.getValue());
74          System.out.println("意见和建议: " + recomTextArea.getText());
75      }
76  }
```

ShoppingSurveyMain类的具体代码如下：

ShoppingSurveyMain.java

```
1  package com.example.task;
2  ...       // 省略导入包
3  public class ShoppingSurveyMain extends Application {
4      @Override
5      public void start(Stage primaryStage) throws Exception {
6          // 加载 FXML 文件
7          FXMLLoader loader = new FXMLLoader(getClass().getResource(
8           "shoppingsurvey.fxml"));
9          Parent root = loader.load();
10         // 创建一个 BorderPane 作为场景根节点
11         BorderPane borderPane = new BorderPane();
12         // 将 FXML 根节点和标题添加到 BorderPane 中
13         borderPane.setCenter(root);
14         borderPane.setPadding(new Insets(10));
15         // 创建场景和舞台
16         Scene scene = new Scene(borderPane, 520, 700);
17         primaryStage.setTitle("购物满意度问卷调查");
18         primaryStage.setScene(scene);
19         primaryStage.show();
20     }
21     public static void main(String[] args) {
22         launch(args);
23     }
24 }
```

运行ShoppingSurveyMain类，程序会弹出一个购物满意度问卷调查窗口，该窗口的显示效果和操作与图7-30相同，此处不再重复描述。

# 小 结

本单元主要讲解了JavaFX图像用户界面，包括JavaFX的基础、属性与绑定、常用布局、事件处理、基础控件、列表与菜单控件，以及FXML，运用这些知识内容实现了模拟购物车添加商品功能、模拟购物结账功能，分别使用Java代码与FXML实现了购物满意度问卷调查等3个项目。通过学习本单元内容，读者可以掌握一系列关键的JavaFX开发技能，为后续构建功能丰富、用户友好的图形用户界面应用程序奠定基础。

## 习 题

### 一、填空题

1. _____是 JavaFX 应用程序中的一个可视化容器，用于承载各种用户界面元素。
2. JavaFX 提供了各种_____子类来创建属性。
3. 在 JavaFX 中，用于实现水平布局管理的类是_____。
4. _____控件常用于显示文本信息，如标签或标题。
5. 每个 FXML 文件通常以_____声明开始。

### 二、选择题

1. (　　) 是 JavaFX 中的基本布局控件。
   A. Label　　B. VBox　　C. TextField　　D. ImageView
2. 下列用于显示 JavaFX 中的文本或图像的控件是 (　　)。
   A. Button　　B. TextArea　　C. ImageView　　D. ChoiceBox
3. 下列用于监听 JavaFX 属性值的变化的方法是 (　　)。
   A. addListener()　　　　　　B. ObservableList()
   C. SimpleStringProperty()　　D. ChangeListener()
4. 下列用于实现流式布局的是 (　　)。
   A. HBox　　B. VBox　　C. FlowPane　　D. GridPane
5. 下列不属于 FXML 文件的基本结构的是 (　　)。
   A. FXML 声明　　B. FXML 命名空间　　C. 根元素　　D. 界面元素

### 三、简答题

1. 简述 JavaFX 中舞台和场景的关系。
2. 简述 JavaFX 属性绑定的作用。

### 四、编程题

请使用 FXML 和 JavaFX 创建一个简单的登录界面，包含用户名和密码输入框、一个"登录"按钮，以及一个标签用于显示登录结果。

# 单元 8 网络编程

## 单元内容

伴随着计算机网络的快速发展和普及，网络编程的重要性日益凸显。Java语言作为一种流行的、跨平台的编程语言，对网络编程提供了强大的支持。Java还提供了丰富的网络编程接口和库，使得开发者可以方便地编写出高效、稳定的网络应用程序。本单元将重点讲解网络编程中的基础知识、数据报通信与套接字通信的相关内容。

视频 网络编程

## 学习目标

**【知识目标】**

◎ 理解网络通信协议的定义与三个要素。

◎ 理解IP地址和端口号的定义。

◎ 掌握InetAddress类的使用。

◎ 掌握数据报通信的原理与实现。

◎ 掌握套接字通信的原理与实现。

**【能力目标】**

◎ 能够根据IP地址和端口号，实现不同设备或进程之间的通信和数据交换。

◎ 能够熟练使用InetAddress类获取和操作IP地址信息。

◎ 能够使用UDP协议实现简单的通信程序。

◎ 能够使用TCP协议实现多线程通信程序。

**【素质目标】**

◎ 培养学生对网络通信协议的理解和掌握能力，理解网络通信的基本原理和机制。

◎ 培养学生分析和解决问题的能力，能够针对具体的网络编程问题，提出有效的解决方案。

## 任务8.1  模拟查询聊天应用程序的IP地址及地理位置

### 任务描述

在一个聊天应用程序中，为了增加安全性和用户交互的透明度，管理员或特定权限的用户可能希望查看与其聊天的其他用户的IP地址及地理位置。这有助于识别潜在的风险用户、防止欺诈行为或用于其他安全目的。由于直接显示用户的原始IP地址可能涉及隐私问题，我们将模拟一个管理员或特定用户可以通过一个安全的接口查询与其聊天的其他用户的IP地址及地理位置的功能。

需要注意的是，真实的地理位置查询通常需要借助外部服务，如IP地址定位API。

### 相关知识

## 8.1 网络编程基础

### 8.1.1 网络通信协议

网络通信协议是一种网络通用语言，旨在为连接不同操作系统和不同硬件体系结构的互联网络提供通信支持。它规定了网络中各个设备之间传输数据时所必须遵守的规则和标准，使得各种设备和系统能够相互通信、交换信息。网络通信协议主要由三个要素组成，分别是语义、语法和变换规则，其中语义用于决定双方对话的类型，语法用于决定双方对话的格式，变换规则用于决定通信双方的应答关系。

国际标准化组织（ISO）于1978年提出"开放系统互连参考模型"（open system interconnection, OSI），它力求将网络简化，并以模块化的方式来设计网络，把计算机网络分成7层，分别为物理层、数据链路层、网络层、传输层、会话层、表示层和应用层，但是OSI模型过于理想化，未能在因特网上进行广泛推广。除此之外，还有一个重要的通信协议是IP（internet protocol）协议，又称互联网协议，它能提供网间连接的完善功能，与IP协议放在一起的还有TCP（Transmission Control Protocol）协议，即传输控制协议，它规定了一种可靠的数据信息传递服务。TCP与IP是在同一时期作为协议来设计的，功能互补，所以常统称为TCP/IP协议，它是事实上的国际标准。

TCP/IP协议模型将网络分为4层，分别为网络接口层、网际层、传输层和应用层，它与OSI的7层模型对应关系和各层对应协议如图8-1所示。

本单元主要针对传输层的TCP、UDP协议和网络层的IP协议进行讲解。

| OSI参考模型 | TCP/IP 参考模型 | TCP/IP 参考模型各层对应协议 |
| --- | --- | --- |
| 应用层 | 应用层 | HTTP、FTP、Telnet、DNS等 |
| 表示层 | | |
| 会话层 | | |
| 传输层 | 传输层 | TCP、UDP等 |
| 网络层 | 网际层 | IP、ICMP、ARP等 |
| 数据链路层 | 网络接口层 | Link |
| 物理层 | | |

图 8-1  两个模型对应关系及对应协议

### 8.1.2 IP 地址和端口号

网络中的计算机互相通信，需要为每台计算机指定一个标识号，通过这个标识号来指

拓展阅读
客户端与服务器

定接收或发送数据的计算机,在TCP/IP协议中,这个标识号就是IP地址,它能唯一地标识Internet上的计算机。

IP地址(internet protocol address)是用于标识互联网上设备的唯一地址,这些设备可以是计算机、路由器、服务器等。IPv4是目前广泛使用的IP地址版本,它使用32位二进制数来表示,但为了方便人们阅读和记忆,通常把它分成4个8位的二进制数,每8位之间用圆点隔开,每个8位整数可以转换成一个0~255的十进制整数,如192.168.1.1。IPv6是IPv4的继任者,它使用128位二进制数来表示地址,以应对IPv4地址空间耗尽的问题。

通过IP地址可以唯一标识网络上的一个通信实体,但一个通信实体可以有多个通信程序同时提供网络服务,比如一台计算机同时运行QQ和微信,这就需要使用端口号来区分不同的应用程序,不同应用程序处理不同端口上的数据。端口号是一个16位的整数,取值范围0~65 535,其中0~1 023之间的端口号用于标识一些知名的网络服务和应用,用户的普通应用程序使用1024以上的端口号。

当一个程序需要发送数据时,需要指定IP地址和端口号,图8-2所示为IP地址与端口号进行网络通信示意图。

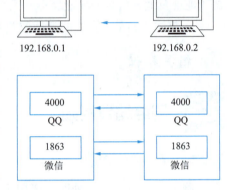

图 8-2 使用 IP 地址与端口号进行网络通信示意图

在图8-2中,IP为192.168.0.1的计算机和IP为192.168.0.2的计算机QQ相互通信,微信也相互通信,先要根据IP地址找到网络位置,然后根据端口号找到具体的应用程序,例如QQ找到另一台计算机后,再找到端口号为4000的应用程序,从而准确连接并通信。

### 8.1.3 使用 InetAddress 类操作网络地址

当Java程序访问网络地址时,需要同时处理IP地址和相应的主机名。这些操作的方法由java.net.InetAddress类提供。InetAddress类没有提供构造方法,提供了五个静态方法来获取InetAddress对象,具体介绍如下:

- public static InetAddress[] getByName(String host):在给定主机名的情况下,根据系统上配置的名称服务返回其IP地址所组成的数组,即InetAddress数组对象。
- public static InetAddress getByAddress(byte[] addr):根据给定的原始IP地址,获取InetAddress对象。
- public static InetAddress getByAddress(String host, byte[] addr):根据提供的主机名和IP地址创建InetAddress对象。
- public static InetAddress getByName(String host):根据给定的主机名获取InetAddress对象。
- public static InetAddress getLocalHost():返回本地IP地址对应的InetAddress对象。

除了以上五种静态方法之外,InetAddress类还提供了其他常用方法,具体介绍如下:

- String getHostName():返回此IP地址的主机名。

- String getHostAddress()：返回InetAddress实例对应的IP地址字符串。
- byte[] getAddress()：返回一个byte[]类型的数组，表示IP地址的原始字节。

下面通过一个例子演示InetAddress类的常用方法的使用。首先在Eclipse中创建一个名为Chapter08的程序，然后在src文件夹中创建com.example.network包，在该包中创建ExampleInetAddress类，在该类中演示InetAddress类的常用方法的使用，如例8-1所示。

例8-1　ExampleInetAddress.java

```
1  package com.example.network;
2  import java.net.InetAddress;
3  public class ExampleInetAddress {
4      public static void main(String[] args) throws Exception {
5          // 返回本地IP地址对应的InetAddress对象
6          InetAddress localHost = InetAddress.getLocalHost();
7          System.out.println("本机的IP地址:" + localHost.getHostAddress());
8          // 根据主机名返回对应的InetAddress对象
9          InetAddress ip = InetAddress.getByName("www.baidu.com");
10         System.out.println("百度的IP地址:" + ip.getHostAddress());
11         System.out.println("百度的主机名:" + ip.getHostName());
12     }
13 }
```

例8-1的运行结果如图8-3所示。

从图8-3可以看出，控制台中输出了本机的IP地址、百度的IP地址和主机名信息。

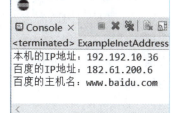

图8-3　例8-1的运行结果

## 任务实现

（1）在Chapter08程序中创建com.example.task包，用于存放本单元中每个任务的代码文件。

（2）调用getHostAddress()方法获取当前设备的IP地址。

（3）定义getLocationByIp()方法模拟调用外部服务查询IP地址的地理位置（实际上会通过网络请求外部API）。

（4）显示查询到的地理位置信息。

代码实现

IPLocationQuery.java

```
1  package com.example.task;
2  import java.net.InetAddress;
3  import java.net.UnknownHostException;
4  public class IPLocationQuery {
5      private static String getLocationByIp(String ipAddress) {
6          // 模拟返回的地理位置信息（实际上需要通过网络请求外部API）
7          return "根据当前IP " + ipAddress + " 查询到的地理位置是：北京 ";
8      }
9      public static void main(String[] args) {
10         try {
11             // 获取用户所在设备的IP地址（这里简化处理，仅获取本机IP）
12             InetAddress localHost = InetAddress.getLocalHost();
```

```
13                String ipAddress = localHost.getHostAddress();
14                // 调用地址位置查询服务
15                String locationInfo = getLocationByIp(ipAddress);
16                // 显示地理位置信息
17                System.out.println(locationInfo);
18            } catch (UnknownHostException e) {
19                // 处理获取 IP 地址时可能发生的异常
20                e.printStackTrace();
21                System.out.println("无法获取本机 IP 地址");
22            }
23        }
24    }
```

运行上述代码,模拟查询IP地址及地理位置的运行结果如图8-4所示。

## 任务8.2 模拟简单的局域网聊天程序

图 8-4 模拟查询 IP 地址及地理位置的运行结果

### 任务描述

随着信息技术的快速发展,局域网内的通信需求日益增加。为了满足局域网内用户之间实时、便捷的沟通需求,计划开发一款简单的局域网聊天程序。该程序将基于UDP协议,实现局域网内用户之间的文本消息传输,其中每个用户启动的聊天程序既可作为服务端接收信息,又可作为发送端发送信息,从而实现聊天功能,为用户提供一个简单、高效、易用的交流平台。

### 相关知识

## 8.2 数据报通信

### 8.2.1 数据报通信概述

数据报通信是计算机网络中一种重要的通信方式,它通过将数据分割成固定大小的数据报并进行独立传输来实现信息的快速传递。常见的数据报通信协议是UDP(用户数据报协议),数据报是UDP协议传输的基本单位,它包含了要发送的数据以及数据的源地址和目的地址信息。UDP通信在需要快速数据传输和实时性要求较高的应用中广泛使用。

UDP协议是无连接的通信协议,将数据封装成数据报,直接发送出去,每个数据报的大小限制在64 KB以内,发送数据结束时无须释放资源。因为UDP不需要建立连接就能发送数据,所以它是一种不可靠的网络通信协议,优点是效率高,缺点是容易丢失数据。一些视频、音频大多采用这种方式传输,即使丢失几个数据包,也不会对观看或收听产生较大影响。UDP的传输过程如图8-5所示。

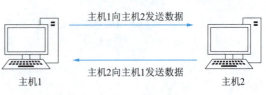

图 8-5 UDP 传输过程

在图8-5中,主机1向主机2发送数据,主机2向主机1发送数据,这是UDP传输数据的过程,不需要建立连接,直接发送即可。

### 8.2.2 DatagramPacket 类

DatagramPacket类用于封装UDP协议通信中发送或接收的数据。在UDP协议通信中,数据被分割成一个个数据包(即DatagramPacket对象)进行传输。DatagramPacket类提供了多个构造函数来创建发送端和接收端的DatagramPacket对象,下面介绍DatagramPacket类的构造函数。

- DatagramPacket(byte[] buf, int length):创建一个DatagramPacket对象,用于接收数据。其中,buf是一个字节数组,用于存放接收到的数据;length指定接收到的数据长度。
- DatagramPacket(byte[] buf, int offset, int length):与前面构造函数类似,但增加了offset参数,该参数指定数据在buf数组中的起始位置。
- DatagramPacket(byte[] buf, int length, InetAddress address, int port):创建一个DatagramPacket对象,用于发送数据。其中,buf是包含要发送数据的字节数组;length是数据的长度;address是目标主机的IP地址;port是目标主机的端口号。
- DatagramPacket(byte[] buf, int offset, int length, InetAddress address, int port):与前面构造函数类似,但增加了offset参数,该参数指定数据在buf数组中的起始位置。

除了上述构造方法之外,DatagramPacket类还提供了一些常用方法,具体功能见表8-1。

表 8-1 DatagramPacket 类中的常用方法及功能

| 方法声明 | 功 能 |
| --- | --- |
| InetAddress getAddress() | 获取 DatagramPacket 对象的目标 IP 地址 |
| int getPort() | 获取 DatagramPacket 对象的目标端口号 |
| byte[] getData() | 获取包含数据的字节数组 |
| int getLength() | 获取 DatagramPacket 对象中的数据长度 |

在表8-1中,列举了DatagramPacket类的四个常用方法及其功能,通过这四个方法,可以得到发送或者接收到的DatagramPacket数据包中的信息。

### 8.2.3 DatagramSocket 类

DatagramSocket类用于实现基于UDP协议的网络通信。DatagramSocket类提供了多个构造函数来创建发送端和接收端的DatagramSocket对象,下面介绍DatagramSocket类的构造函数。

- DatagramSocket():用于创建发送端的DatagramSocket对象,并且没有指定端口号,系统会默认分配一个没有被其他网络程序所使用的端口号。
- DatagramSocket(int port):用于创建发送端或接收端的DatagramSocket对象,在创建接收端的DatagramSocket对象时,必须指定一个端口号,这样可以监听指定的端口。
- DatagramSocket(int port,InetAddress addr):通过指定的端口号和IP地址创建DatagramSocket对象,这适用于计算机上有多块网卡的情况,可以明确规定数据通过哪块网卡向外发送和接收哪块网卡的数据。

除了上述构造方法之外，DatagramSocket类还提供了一些常用方法，具体功能见表8-2。

表 8-2  DatagramSocket 类中的常用方法及功能

| 方法声明 | 功能 |
| --- | --- |
| void receive(DatagramPacket p) | 用于接收 DatagramPacket 数据报，在接收到数据之前会一直处于阻塞状态，如果发送消息的长度比数据报长，则消息将会被截取 |
| void send(DatagramPacket p) | 用于发送 DatagramPacket 数据报，发送的数据报中包含将要发送的数据、数据的长度、远程主机的 IP 地址和端口号 |
| void close() | 关闭当前的 Socket，通知驱动程序释放为这个 Socket 保留的资源 |

在表8-2中，列举了DatagramSocket类的三个常用方法及其功能，其中前两个方法可以实现数据的发送或者接收功能。

## 8.2.4 简单的 UDP 通信程序

前面讲解了DatagramPacket类和DatagramSocket类的构造方法与常用方法，下面通过一个简单的UDP网络通信程序演示DatagramPacket类和DatagramSocket类的使用。实现UDP通信需要创建一个发送端程序和一个接收端程序，通信时接收端程序需要先运行，才能避免发送端发送数据时没有接收到数据，而造成数据丢失。

首先创建一个接收端程序，在Chapter08程序的com.example.network包中创建UDPReceiver类，在该类中实现接收端程序，如例8-2所示。

**例8-2**  UDPReceiver.java

```
1   package com.example.network;
2   import java.net.DatagramPacket;
3   import java.net.DatagramSocket;
4   public class UDPReceiver {
5       public static void main(String[] args) throws Exception {
6           // 创建 DatagramSocket 对象，指定端口号为 8801
7           DatagramSocket ds = new DatagramSocket(8801);
8           byte[] by = new byte[1024];   // 创建接收数据的数组
9           // 创建 DatagramPacket 对象，用于接收数据
10          DatagramPacket dp = new DatagramPacket(by, by.length);
11          System.out.println("等待接收数据...");
12          ds.receive(dp);                // 等待接收数据，没有数据会阻塞
13          // 获得接收数据的内容和长度
14          String str = new String(dp.getData(), 0, dp.getLength());
15          // 打印接收到的信息
16          System.out.println(str + "-->" + dp.getAddress().getHostAddress()+
17              ":" + dp.getPort());
18          ds.close();
19      }
20  }
```

上述代码中，第12行调用receive()方法等待接收数据，如果没有接收到数据，程序会一直处于停滞状态，发生阻塞，如果接收到数据，数据会填充到DatagramPacket中。

接收端程序的运行结果如图8-6所示。

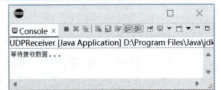

图 8-6  接收端程序的运行结果

接下来创建一个发送端程序，在Chapter08程序的com.example.network包中创建UDPSender类，在该类中实现发送端程序，如例8-3所示。

例8-3　UDPSender.java

```
1  package com.example.network;
2  import java.net.DatagramPacket;
3  import java.net.DatagramSocket;
4  import java.net.InetAddress;
5  public class UDPSender {
6      public static void main(String[] args) throws Exception {
7          // 创建一个指定端口号为 4000 的发送端 DatagramSocket 对象
8          DatagramSocket client = new DatagramSocket(4000);
9          // 定义要发送的数据
10         String str = "hello world";
11         // 创建一个 DatagramPacket 数据报对象，封装发送端信息以及发送地址
12         DatagramPacket packet = new DatagramPacket(str.getBytes(),
13             str.getBytes().length,
14             InetAddress.getByName("localhost"), 8801);
15         System.out.println(" 开始发送信息 ...");
16         client.send(packet);       // 发送数据
17         client.close();            // 释放资源
18     }
19 }
```

上述代码中，第12～14行创建了一个DatagramPacket数据报对象，该对象中指定了接收端的IP为localhost（127.0.0.1），即本机IP，指定接收端端口号为8801，此处指定的端口号必须与接收端监听的端口号一致。

创建完接收端和发送端程序后，先运行接收端程序，然后运行发送端程序，此时接收端程序结束阻塞状态，UDP网络通信程序的运行结果如图8-7所示。

图 8-7　UDP 网络通信程序的运行结果

 **任务实现**

（1）在Chapter08程序的com.example.task包中创建LANChat类，用于实现聊天窗口界面。在LANChat类中使用多线程启动聊天程序的接收端和服务端。

（2）在com.example.task包中创建ChatReceiver类并实现Runnable接口，用于实现接收信息的功能。

（3）在com.example.task包中创建ChatSend类并实现Runnable接口，用于实现发送信息的功能。

LANChat.java

```
1  package com.example.task;
2  ...        // 省略导入包
3  public class LANChat {
4      public static void main(String[] args) {
```

```
5         Scanner sc = new Scanner(System.in);
6         System.out.print("当前启动端口号：");
7         int serverPort = sc.nextInt();
8         System.out.print("发送信息的目标端口号：");
9         int targetPort = sc.nextInt();
10        System.out.println("局域网聊天程序已启动！");
11        try {
12            // 创建DatagramSocket对象
13            DatagramSocket socket = new DatagramSocket(serverPort);
14            // 分别启动信息接收端和发送端程序
15            new Thread(new ChatReceiver(socket), "接收服务").start();
16            new Thread(new ChatSend(socket,targetPort),"发送服务").start();
17        } catch (SocketException e) {
18            e.printStackTrace();
19        }
20    }
21 }
```

实现接收信息功能的ChatReceiver类的具体代码如下：

**ChatReceiver.java**

```
1  package com.example.task;
2  ... // 省略导入包
3  public class ChatReceiver implements Runnable {
4      // 聊天程序收发平台DatagramSocket对象
5      private DatagramSocket server;
6      public ChatReceiver(DatagramSocket server) {
7          this.server = server;
8      }
9      public void run() {
10         try {
11             // 创建DatagramPacket数据包接收对象
12             byte[] buf = new byte[1024];
13             DatagramPacket packet = new DatagramPacket(buf, buf.length);
14             while (true) {
15                 server.receive(packet);
16                 // 显示并打印聊天信息
17                 String str = new String(packet.getData(), 0,
18                     packet.getLength());
19                 System.out.println("收到" + packet.getAddress()+
20                     ":"+packet.getPort()+ " 发送的数据:" + str);
21             }
22         } catch (Exception e) {
23             e.printStackTrace();
24         }
25     }
26 }
```

在上述代码中，第14～21行使用while循环持续接收发送到DatagramSocket平台的信息，第19～20行调用println()方法显示收到的聊天信息。

实现发送信息功能的ChatSend类的具体代码如下：

**ChatSend.java**

```
1  package com.example.task;
2  ... // 省略导入包
3  public class ChatSend implements Runnable {
```

```
4      private DatagramSocket client;
5      private int targetPort;     // 目标端口号
6      public ChatSend(DatagramSocket client,int targetPort) {
7          this.client = client;
8          this.targetPort = targetPort;
9      }
10     public void run() {
11         try {
12             // 输入并获取键盘要发送的聊天信息
13             Scanner sc = new Scanner(System.in);
14             while (true) {
15                 String data = sc.nextLine();
16                 // 封装数据到DatagramPacket数据包发送对象中
17                 byte[] buf = data.getBytes();
18                 DatagramPacket packet = new DatagramPacket(buf,
19                     buf.length,InetAddress.getByName(
20                     "127.0.0.2"),targetPort);
21                 client.send(packet);
22             }
23         } catch (Exception e) {
24             e.printStackTrace();
25         }
26     }
27 }
```

在上述代码中，第13~22行使用Scanner对象和循环方法获取键盘输入的聊天信息，并将获取到的数据buf封装到DatagramPacket对象中，第21行调用send()方法发送数据。

运行两次LANChat类，会开启两个Console控制台窗口模拟两个聊天窗口，如图8-8所示。

图 8-8　开启两个 Console 控制台窗口

图8-8中显示了两个Console控制台，名称分别是1LANChat与2LANChat。打开这两个控制台，分别输入当前启动的端口号与发送信息的目标端口号，如图8-9所示。

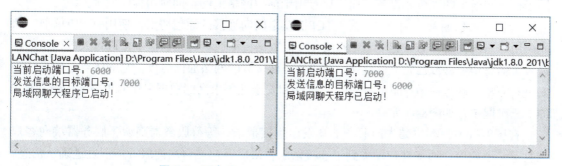

图 8-9　两个 Console 控制台窗口中输入端口号

在图8-9所示的两个控制台窗口中分别输入聊天内容，聊天效果如图8-10所示。

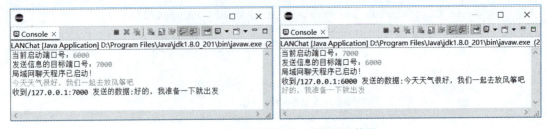

图 8-10　两个控制台窗口中的聊天效果

## 任务8.3　模拟简单的在线订购系统

### 任务描述

在快节奏的现代社会中，电子商务的快速发展极大地改变了人们的生活方式，特别是在购物方面。传统的实体店购物模式逐渐被在线购物所替代，因为它提供了便利、高效和多样化的购物选择。为了满足这种市场需求，许多商家纷纷搭建了自己的在线购物平台。本任务中设计了一个简单的在线订购系统，该系统基于Java的ServerSocket类和Socket类模拟了一个小型商店与顾客之间的在线交易过程。商店作为服务器端，通过ServerSocket类监听特定的端口，等待顾客的连接请求。顾客作为客户端，通过Socket类连接到商店的服务器，发送订单信息并接收确认信息。

### 相关知识

## 8.3　套接字通信

### 8.3.1　套接字通信概述

套接字通信可以让不同主机上的应用进程方便地进行数据交换和通信，从而实现各种复杂的网络功能。套接字由IP地址和端口号组成，用于唯一标识网络中的通信端点，IP地址用于标识网络上的主机或设备，而端口号用于标识网络上的不同应用程序或服务。

套接字通信通常使用TCP协议，TCP协议是面向连接的通信协议，使用TCP协议前，须先采用"三次握手"方式建立TCP连接，形成数据传输通道，在连接中可进行大数据量的传输，传输完毕要释放已建立的连接，TCP是一种可靠的网络通信协议，它的优点是数据传输安全和完整，缺点是效率低。一些对完整性和安全性要求高的数据采用TCP协议传输。TCP的"三次握手"如图8-11所示。

在图8-11中，客户端先向服务器端发出连接请求，等待服务器确认，服务器端向客户端发送一个响应，通知客户端收到了连接请求，最后客户端再次向服务器端发送确认信息，确认连接。这是TCP的连接方式，保证了数据安全和完整性。

UDP通信时只有发送端和接收端，不区分客户端和服务器端，计算机之间任意发送数据。TCP通信严格区分客户端与服务器端，通信时必须先开启服务端，等待客户端连接，然后开启客户端去连接服务器端才能实现通信。

### 8.3.2 ServerSocket 类

在服务器端，ServerSocket类用于创建一个监听套接字，该套接字绑定到特定的IP地址和端口号，并等待客户端的连接请求。一旦有客户端连接到该套接字，ServerSocket类就可以接受该连接，并返回一个新的Socket对象，该对象代表与客户端的连接。

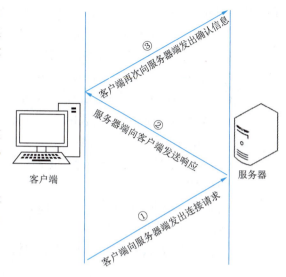

图8-11 TCP的"三次握手"

ServerSocket类提供了如下几个构造方法：
- ServerSocket()：创建没有指定端口号的ServerSocket对象，使用该对象时还需要调用bind(SocketAddress endpoint)方法将其绑定到指定的端口号上。
- ServerSocket(int port)：创建ServerSocket对象，同时将其绑定到指定的端口号上。如果port参数值为0，此时系统会分配一个未被其他程序占用的端口号。
- ServerSocket(int port, int backlog)：该构造方法在第二个构造方法的基础上增加了参数backlog，该参数于指定在服务器忙时，可以与之保持连接请求的等待客户端数量，如果没有指定该参数，默认值为50。
- ServerSocket(int port, int backlog, InetAddress bindAddr)：该构造方法在第三个构造方法的基础上指定了相关的IP地址，这适用于计算机上有多块网卡和多个IP的情况。

除了上述构造方法之外，ServerSocket类还提供了一些常用方法，具体功能见表8-3。

表8-3 ServerSocket 类中的常用方法及功能

| 方 法 声 明 | 功　　能 |
| --- | --- |
| Socket accept() | 用于等待客户端的连接，在客户端连接之前一直处于阻塞状态，如果有客户端连接就会返回一个与之对应的 Socket 对象 |
| InetAddress getInetAddress() | 用于返回一个 InetAddress 对象，该对象中封装了 ServerSocket 绑定的 IP 地址 |
| boolean isClosed() | 用于判断 ServerSocket 对象是否为关闭状态，如果是关闭状态则返回 true，反之则返回 false |
| void bind(SocketAddress endpoint) | 用于将 ServerSocket 对象绑定到指定的 IP 地址和端口号，其中参数 endpoint 封装了 IP 地址和端口号 |

表8-3中列出了ServerSocket类的常用方法，其中accept()方法用来接收客户端的请求，执行此方法后，服务端程序会发生阻塞，直至接收到客户端请求，程序才能继续执行。

### 8.3.3 Socket 类

为了完成TCP网络通信，除了有ServerSocket类实现的服务端程序之外，还需要有Socket类实现的客户端程序。Socket类是Java中用于创建客户端套接字的类，它的主要作用是提供一种机制，让客户端与服务器建立网络连接，进行数据传输和通信。

为了创建Socket类的对象，Socket类提供了如下一些构造方法：

- Socket()：使用该构造方法在创建Socket对象时，并没有指定IP地址和端口号，也就意味着只创建了客户端对象，并没有去连接任何服务器。通过该构造方法创建对象后还需调用connect(SocketAddress endpoint)方法，才能完成与指定服务器端的连接，其中参数endpoint用于封装IP地址和端口号。
- Socket(String host, int port)：使用该构造方法在创建Socket对象时，会根据参数去连接在指定地址和端口上运行的服务器程序，其中参数host接收的是一个字符串类型的IP地址。
- Socket(InetAddress address, int port)：该方法在使用上与第二个构造方法类似，参数address用于接收一个InetAddress类型的对象，该对象用于封装一个IP地址。

除了上述构造方法之外，Socket类还提供了一些常用方法，具体功能见表8-4。

表 8-4　Socket 类中的常用方法及功能

| 方 法 声 明 | 功　　能 |
|---|---|
| int getPort() | 返回服务端的端口号 |
| InetAddress getLocalAddress() | 获取本地客户端的 IP 地址 |
| void close() | 关闭 Socket 连接，释放与之关联的系统资源 |
| InputStream getInputStream() | 获取输入流的同时返回一个 InputStream 对象，用于从连接中读取数据 |
| OutputStream getOutputStream() | 获取输出流的同时返回一个 OutputStream 对象，用于向连接中写入数据 |

表8-4中列举了Socket类的常用方法，其中getInputStream()和getOutStream()方法分别用于获取输入流和输出流。当客户端和服务器端建立连接后，数据是以IO流的形式进行交互，从而实现通信的。接下来通过一张图来描述服务器端和客户端的数据传输，如图8-12所示。

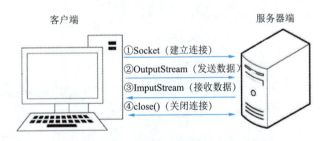

图 8-12　服务器端和客户端通信

在图8-12中，客户端和服务器端的应用程序通过Socket进行通信。客户端首先使用Socket建立连接，然后使用输出流（OutputStream）向服务器发送数据，此时服务器使用输入流（InputStream）接收客户端的数据，完成通信后，调用close()方法关闭连接。

### 8.3.4　简单的 TCP 通信程序

为了更好地掌握前面讲解的ServerSocket类与Socket类的基本用法，下面通过一个简单的TCP通信程序演示ServerSocket类与Socket类的使用。

首先创建一个服务器端程序，在Chapter08程序的com.example.network包中创建TCPServer类，在该类中实现服务器端程序，如例8-4所示。

**例8-4** TCPServer.java

```java
1  package com.example.network;
2  ...          // 省略导入包
3  public class TCPServer {
4      public static void main(String[] args) throws IOException {
5          // 创建指定端口号为5566的服务端ServerSocket对象
6          ServerSocket serverSocket = new ServerSocket(5566);
7          System.out.println("等待接收数据...");
8          // 调用ServerSocket的accept()方法开始接收数据
9          Socket client = serverSocket.accept();
10         InputStream is = client.getInputStream();
11         byte[] b = new byte[20];
12         int len;
13         while ((len = is.read(b)) != -1) {
14             String str = new String(b, 0, len);
15             System.out.print(str);
16         }
17         // 获取客户端的输出流对象
18         OutputStream os = client.getOutputStream();
19         // 当客户端连接到服务端时，向客户端输出数据
20         os.write("服务端已收到 This is Server".getBytes());
21         // 关闭流和Socket连接
22         os.close();
23         is.close();
24         client.close();
25         serverSocket.close();
26     }
27 }
```

在上述代码中，第6行在创建ServerSocket对象时指定了服务器端的端口号为5566。第9行调用accept()方法持续监听客户端连接。在执行accept()方法时，程序会发生阻塞，直到有客户端来访问时才会结束这种阻塞状态，同时会返回一个Socket类型的对象用于表示客户端。

TCPServer类的运行结果如图8-13所示。

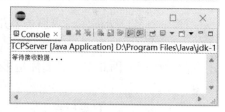

图 8-13 TCPServer 类的运行结果

完成了服务器端程序的编写后，接下来编写客户端程序。首先在Chapter08程序的com.example.network包中创建TCPClient类，在该类中实现客户端程序，如例8-5所示。

**例8-5** TCPClient.java

```java
1  package com.example.network;
2  ...          // 省略导入包
3  public class TCPClient {
4      public static void main(String[] args) throws IOException {
5          System.out.println("正在发送数据...");
6          Socket client = new Socket(InetAddress.getByName("127.0.0.1"),
7              5566);
8          OutputStream os = client.getOutputStream();
9          os.write("服务器端你好, This is Client!".getBytes());
10         client.shutdownOutput();    // 执行此方法，显式地告诉服务器端发送完毕
11         // 获取服务器端返回的输入流数据并打印
```

```
12        InputStream is = client.getInputStream();
13        byte[] b = new byte[20];
14        int len;
15        while ((len = is.read(b)) != -1) {
16            String str = new String(b, 0, len);
17            System.out.print(str);
18        }
19        is.close();              // 关闭输入流
20        os.close();              // 关闭输出流
21        client.close();          // 关闭Socket连接
22    }
23 }
```

前面运行过服务器端的程序后，此时可以直接运行客户端程序，在客户端创建Socket对象与服务器端建立连接后，控制台会输出"正在发送数据…""服务端已收到 This is Server"等信息，如图8-14所示。

此时服务器端程序会结束阻塞状态，控制台会输出"等待接收数据…""服务器端你好，This is Client"等信息，如图8-15所示。

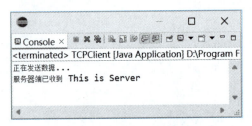

图 8-14　客户端程序输出的内容

图 8-15　服务器端程序输出的内容

### 8.3.5　多线程 TCP 通信程序

当一个客户端程序请求服务器端时，服务器端就会结束阻塞状态，完成程序的运行。实际上，很多服务器端程序都是允许被多个应用程序访问的，例如，百度网站可以被多个用户同时访问，因此服务器端都是多线程的。服务器端为每个客户端创建一个对应的Socket对象，并且开启一个新的线程使两个Socket建立专线进行通信。

下面演示一个多线程TCP通信程序，首先创建一个多线程服务器端程序，在Chapter08程序的com.example.network包中创建ThreadTCPServer类，在该类中实现多线程服务器端程序，如例8-6所示。

**例8-6**　ThreadTCPServer.java

```
1  package com.example.network;
2  ...            // 省略导入包
3  public class ThreadTCPServer {
4      public static void main(String[] args) throws Exception {
5          // 创建一个指定端口号为 5566 的服务器端 ServerSocket 对象
6          ServerSocket serverSocket = new ServerSocket(5566);
7          // 使用 while 循环不停地接收客户端发送的请求
8          while (true) {
9              // 调用 ServerSocket 的 accept() 方法与客户端建立连接
10             Socket client = serverSocket.accept();
11             // 针对每个客户端请求创建一个线程进行连接管理
```

```
12                  Thread thread = new Thread(() -> {
13                      try {
14                          // 获取当前连接的客户端所在端口号
15                          int port = client.getPort();
16                          System.out.println("与端口号为 " + port+
17                              "的客户端连接成功！");
18                          OutputStream os = client.getOutputStream();
19                          // 当客户端连接到服务器端时，向客户端输出数据
20                          os.write("服务器端已收到 This is Server".getBytes());
21                          Thread.sleep(5000);
22                          System.out.println("结束与客户端数据交互");
23                          // 关闭流和 Socket 连接
24                          os.close();
25                          client.close();
26                      } catch (Exception e) {
27                          e.printStackTrace();
28                      }
29                  });
30                  thread.start();
31              }
32          }
33      }
```

在上述代码中，使用多线程的方式创建了一个服务器端程序。通过在while循环中调用accept()方法，持续接收客户端发送的请求，当与客户端建立连接后，就会为每个客户端开启一个新的线程，每个线程都会与一个客户端建立一对一连接，从而进行数据交互。

为了验证服务器端程序是否实现了多线程，首先运行多线程服务器端程序，之后连续运行三次客户端程序，客户端程序使用例8-5中的TCPClient类。运行结果如图8-16所示。

从图8-16中可以看出，服务器端与三个不同的端口号对应的客户端连接成功，这三个端口号是随机的。当服务器端输出与对应端口号的客户端连接成功后，此时启动的三个客户端也能接收到服务器端的响应信息，如图8-17所示。

图 8-16　多线程服务器端程序输出的内容

图 8-17　多线程客户端程序输出的内容

## 任务实现

### 实施步骤

（1）在Chapter08程序的com.example.task包中创建ShopServer类，用于实现服务器端程序（商店）。

（2）在服务器端程序中，使用ServerSocket类开启并监听特定的端口，等待顾客的连接

请求,当有顾客连接时,商店接收连接并创建一个新的线程来处理该顾客的请求。

(3)服务器端程序中的线程接收顾客发送的订单信息并处理,之后发送确认信息给顾客并调用close()方法关闭连接。

(4)在Chapter08程序的com.example.task包中创建CustomerClient类,用于实现客户端程序(顾客)。

(5)在客户端程序中,使用Socket类连接服务端程序,当连接服务端程序成功后,发送订单信息给商店。

(6)顾客接收并输出商店的订单确认信息,调用close()方法关闭连接。

服务器端(商店)的具体代码如下:

ShopServer.java

```java
1  package com.example.task;
2  ...      // 省略导入包
3  public class ShopServer {
4      public static void main(String[] args) throws IOException {
5          int port = 12345;
6          ServerSocket serverSocket = new ServerSocket(port);
7          System.out.println("商店已开启,等待顾客购买商品...");
8          while (true) {
9              Socket socket = serverSocket.accept();
10             new Thread(() -> {
11                 try {
12                     // 获取客户端输入流
13                     InputStream socketin = socket.getInputStream();
14                     BufferedReader in = new BufferedReader(new
15                     InputStreamReader(socketin));
16                     // 获取客户端输出流
17                     OutputStream socketout = socket.getOutputStream();
18                     // 将格式化的字符和字符串写入输出流的类
19                     PrintWriter out = new PrintWriter(socketout, true);
20                     String order = in.readLine();  // 读取客户端返回的信息
21                     System.out.println("收到订单: " + order);
22                     // 处理订单
23                     out.println(order + " 订单已收到,正在处理中...");
24                 } catch (IOException e) {
25                     e.printStackTrace();
26                 } finally {
27                     try {
28                         socket.close();
29                     } catch (IOException e) {
30                         e.printStackTrace();
31                     }
32                 }
33             }).start();
34         }
35     }
36 }
```

客户端(顾客)的具体代码如下:

CustomerClient.java

```
1   package com.example.task;
2   ...        // 省略导入包
3   public class CustomerClient {
4       public static void main(String[] args) throws IOException {
5           String host = "localhost";
6           int port = 12345;
7           Socket socket = new Socket(host, port);
8           System.out.println("已连接到商店，请购买商品");
9           Scanner sc = new Scanner(System.in);
10          System.out.print("商品名称：");
11          String goods = sc.next();
12          System.out.print("商品数量：");
13          int num = sc.nextInt();
14          try {
15              // 获取商店服务器端输入流
16              InputStream socketin = socket.getInputStream();
17              BufferedReader in = new BufferedReader(new
18              InputStreamReader(socketin));
19              // 获取商店服务器端输出流
20              OutputStream socketout = socket.getOutputStream();
21              // 将格式化的字符和字符串写入输出流的类
22              PrintWriter out = new PrintWriter(socketout, true);
23              out.println("订购" + num + "个" + goods);
24              String response = in.readLine();   // 读取商店的返回信息
25              System.out.println("商店回复：" + response);
26          } finally {
27              socket.close();
28          }
29      }
30  }
```

首先运行服务器端程序，运行结果如图8-18所示。

图 8-18 服务器端程序的运行结果

然后运行客户端程序，并在控制台中输入要购买的商品名称与数量，在线订购系统的运行结果如图8-19所示。

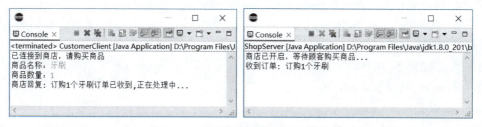

图 8-19 在线订购系统的运行结果

## 小 结

本单元主要讲解了网络编程的内容,包括网络编程基础、数据报通信和套接字通信,运用这些知识内容分别实现了模拟查询聊天应用程序的 IP 地址及地理位置、模拟简单的局域网聊天程序和模拟简单的在线订购系统等三个项目。通过学习本单元内容,可以掌握 InetAddress 类的使用、UDP 和 TCP 通信的基本实现,有助于读者在后续开发 Java 程序时可以根据不同的应用场景选择合适的通信协议。

## 习 题

### 一、填空题

1. _____规定了网络中各个设备之间传输数据时所必须遵守的规则和标准。
2. _____是用于标识互联网上设备的唯一地址,这些设备可以是计算机、路由器、服务器等。
3. InetAddress 类可以用来获取本地或远程主机的_____。
4. _____是无连接的通信协议,将数据封装成数据报,直接发送出去。
5. _____是一种可靠的网络通信协议,它的优点是数据传输安全和完整,缺点是效率低。

### 二、选择题

1. (　　)类用于处理 IP 地址和对应的主机名。
   A. Socket　　B. InetAddress　　C. DatagramPacket　　D. ServerSocket
2. 在 UDP 通信中,(　　)类用于封装通信中发送或接收的数据。
   A. DatagramSocket　　　　　　B. DatagramPacket
   C. InetAddress　　　　　　　　D. Socket
3. 下列属于 TCP 通信和 UDP 通信主要区别的是(　　)。
   A. TCP 是无连接的,而 UDP 是面向连接的
   B. TCP 是面向连接的,而 UDP 是无连接的
   C. TCP 使用端口号,而 UDP 不使用
   D. TCP 不提供错误检查,而 UDP 提供
4. 在 TCP 服务器端,以下哪个方法用于接收客户端的请求(　　)。
   A. accept()　　B. bind()　　C. connect()　　D. getLocalPort()
5. 在 TCP 通信中,为了处理多个客户端的并发请求,通常会使用(　　)技术。
   A. 线程池　　B. 进程　　C. 多线程　　D. 异步 IO

### 三、简答题

1. 简述 UDP 和 TCP 的主要区别。
2. 简述如何使用 ServerSocket 和 Socket 类实现 TCP 通信。

### 四、编程题

请编写一个简单的 UDP 服务器和客户端程序,实现消息监听和消息发送功能,两端都显示发送记录。

# 单元 9

# JDBC 数据库编程

## 单元内容

在软件开发过程中,数据持久化是一个至关重要的环节。为了将数据存储在持久化介质中,数据库成为一个不可或缺的工具,而Java作为一种广泛使用的编程语言,自然需要与数据库进行交互。JDBC便是Java提供的一种标准API,用于连接和操作数据库。本单元将重点讲解JDBC连接与操作数据库,以及MySQL数据库、数据表和数据的基本操作。

视 频

JDBC数据库编程

## 学习目标

【知识目标】
- 掌握JDBC连接数据库的方式。
- 掌握MySQL数据库、数据表与数据的基本操作。
- 掌握JDBC操作数据库的方式。

【能力目标】
- 能够对数据库与数据表进行创建、查看、修改和删除操作。
- 能够编写SQL语句进行数据的增加、删除、修改、查询操作。
- 能够使用JDBC进行数据库的连接、查询、更新和删除等操作。

【素质目标】
- 培养学生在实际项目中应用JDBC进行数据库操作的能力。
- 培养学生在使用JDBC时注重代码规范和安全性的习惯。

## 任务9.1 使用JDBC连接图书管理系统数据库

### 任务描述

随着数字化和信息化的发展,传统的图书管理方式需要进行相应的变革和创新,以适应人们日益增长的需求。通过建设数字化图书馆、发展移动图书馆、引入智能推荐系统等措施，可以为用户提供更加便捷、高效、个性化的服务。本单元将使用JDBC程序实现一个简单的图书管理系统，在实现该系统之前，首先需要使用JDBC连接图书管理系统数据库。本任务以MySQL数据库为例，实现使用JDBC连接图书管理系统数据库的功能。

 相关知识

## 9.1 JDBC 简介

JDBC（Java database connectivity，Java数据库连接）是一套用于执行SQL语句的Java API。应用程序可通过这套API连接到关系型数据库，并使用SQL语句完成对数据库中数据的查询、新增、更新和删除等操作。

不同的数据库（如MySQL、Oracle、SQL Server等）在其内部处理数据的方式不同，因此每个数据库厂商都提供了自己数据库的访问接口。如果直接使用数据库厂商提供的访问接口操作数据库，应用程序的可移植性就会变得很差。例如，用户在当前项目中使用的是MySQL提供的接口操作数据库，如果想要换成Oracle数据库，就需要在项目中重新使用Oracle数据库提供的接口，这样代码的改动量会非常大。有了JDBC后，这种情况就不存在了，因为它要求各个数据库厂商按照统一的规范来提供数据库驱动，在程序中由JDBC和具体的数据库驱动联系，这样应用程序就不必直接与底层的数据库交互，从而使得代码的通用性更强。

应用程序使用JDBC访问数据库的方式如图9-1所示。

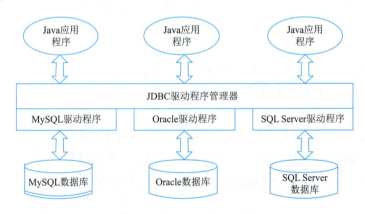

图 9-1　应用程序使用 JDBC 访问数据库方式

从图9-1中可以看出，JDBC在应用程序与数据库之间起到了一个桥梁作用，当应用程序使用JDBC访问特定的数据库时，只需要通过不同的数据库驱动与其对应的数据库进行连接，连接后即可对该数据库进行相应的操作。

## 9.2 使用 JDBC 连接数据库

### 9.2.1 下载并添加数据库驱动

使用JDBC可以连接的数据库有多种，如MySQL、SQL Server、Oracle等，本书使用比较便捷的MySQL数据库，下面介绍下载与添加MySQL数据库驱动。

#### 1. 下载 MySQL 8.4.0 驱动

首先在浏览器中访问MySQL官网，如图9-2所示。

在图9-2中，单击"Select Operating System…"下拉按钮，选择Platform Independent选项，显示独立于平台的MySQL 8.4.0的驱动压缩包，该版本是本书截稿前的最新版本，如图9-3所示。

图 9-2　MySQL 官网

图 9-3　MySQL 8.4.0 的驱动压缩包

在图9-3中，单击Platform Independent (Architecture Independent),ZIP Archive后的Download按钮，进入MySQL Community Downloads页面，如图9-4所示。

图 9-4　MySQL Community Downloads 页面

在图9-4中，单击页面左下角的"No thanks, just start my download."超链接，开始下载MySQL的驱动压缩包mysql-connector-j-8.4.0.zip，如图9-5所示。

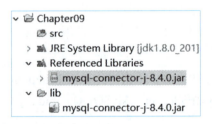

图 9-5　下载 MySQL 的驱动压缩包 mysql-connector-j-8.4.0.zip

### 2. 添加 MySQL 8.4.0 驱动

首先在Eclipse中创建一个名为Chapter09的程序，然后选中该程序并右击，在弹出的快捷菜单中选择New→Folder命令，弹出New Folder对话框，如图9-6所示。

在图9-6的Folder name文本框中输入文件夹的名称lib，该文件夹用于存放Chapter09程序中需要的库文件，单击Finish按钮，创建lib文件夹。

创建完lib文件夹后，解压mysql-connector-j-8.4.0.zip压缩包，将解压后得到的mysql-connector-j-8.4.0.jar（MySQL驱动JAR包）复制到lib文件夹中，并右击该JAR包，在弹出的快捷菜单中选择Build Path→Add to Build Path命令，此时会将MySQL的驱动JAR包添加到Chapter09程序中，添加后的效果如图9-7所示。

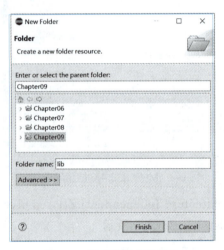

图 9-6　创建文件夹的窗口　　　　图 9-7　添加 MySQL 驱动 JAR 包后的效果

至此，MySQL数据库驱动的下载与添加已经完成。

需要注意：本书使用的数据库是MySQL 8.0.37.0版本。

## 9.2.2　加载驱动程序

如果想要使应用程序能够访问数据库，则必须首先加载驱动程序，加载数据库驱动通常使用Class类的静态方法forName()实现，具体实现方式如下：

```
Class.forName("DriverName");
```

上述代码中，DriverName就是数据库驱动类所对应的字符串。例如，加载MySQL数据库驱动的代码如下：

```
// 加载 8.0 版本之前的 MySQL 数据库驱动
Class.forName("com.mysql.jdbc.Driver");
// 加载 8.0 版本之后的 MySQL 数据库驱动
Class.forName("com.mysql.cj.jdbc.Driver");
```

加载Oracle数据库驱动的代码如下：

```
Class.forName("oracle.jdbc.driver.OracleDriver");
```

从上面两种加载数据库驱动的代码可以看出，在加载驱动时所加载的并不是真正使用数据库的驱动类，而是数据库驱动类名的字符串。

### 9.2.3 创建数据库连接对象

当使用JDBC创建数据库连接对象时，需要用到Connection接口和DriverManager类，Connection接口代表Java程序和数据库的连接对象，只有获得该连接对象后，才能访问数据库，并操作数据表。DriverManager类主要用于加载JDBC驱动并建立与数据库的连接。

在Connection接口中，定义了一系列方法，其常用方法如下：

- Statement createStatement()：用于返回一个向数据库发送语句的Statement对象。
- PreparedStatement prepareStatement(String sql)：用于返回一个PreparedStatement对象，该对象用于向数据库发送参数化的SQL语句。
- CallableStatement prepareCall(String sql)：用于返回一个CallableStatement对象，该对象用于调用数据库中的存储过程。

在DriverManager类中，定义了如下两个比较重要的静态方法：

- static synchronized void registerDriver(Driver driver)：用于向DriverManager类中注册给定的JDBC驱动程序。
- static Connection getConnection(String url,String user,String pwd)：用于建立和数据库的连接，并返回表示连接的Connection对象。

**注意**：通常不使用 DriverManager.registerDriver(Driver driver) 方式注册驱动，因为选择要注册的 JDBC 驱动类 com.mysql.jdbc.Driver 中有一段静态代码块，是向 DriverManager 类注册一个 Driver 实例，当再次执行 DriverManager.registerDriver(new Driver()) 代码时，静态代码块也已经执行了，相当于实例化了两个 Driver 对象，因此在加载数据库驱动时通常使用 Class 类的静态方法 forName() 来实现。

当想要使用JDBC建立并获取数据库连接对象时，需要使用DriverManager类中提供的getConnection()方法，建立并获取数据库连接的方式如下：

```
Connection conn = DriverManager.getConnection(String url,
String user, String pwd);
```

在上述代码中，getConnection()方法中有三个参数，第一个参数url表示连接数据库的URL，第二个参数user表示登录数据库的用户名，第三个参数pwd表示登录数据库的密码。用户名和密码由数据库管理员设置，连接数据库的URL则需要遵循一定的书写格式，以MySQL数据库为例，其地址的书写格式如下：

```
jdbc:mysql://hostname:port/databasename
```

上述书写格式中，jdbc:mysql:是固定写法，mysql指的是MySQL数据库。hostname指的是主机的名称（如果数据库在本机上，hostname可以为localhost或127.0.0.1，如果在其他机器上，那么hostname为所要连接机器的IP地址），port指的是连接数据库的端口号（MySQL端口号默认值为3306），databasename指的是MySQL中数据库的名称。

## 9.3 MySQL 数据库的操作

### 9.3.1 SQL 概述

SQL（structured query language，结构化查询语言）是用于管理关系型数据库系统中数据的标准语言。SQL支持与数据库建立联系并进行沟通，支持对数据库进行各种操作，包括添加、删除、修改和查询数据。SQL是一种声明式语言，它不需要指定如何执行操作，而是让数据库管理系统来决定最有效的执行方法。

SQL最初是在20世纪70年代早期发明的。SQL标准由ANSI（American National Standards Institute）和ISO（International Organization for Standardization）共同制定和维护，从此SQL被视为关系型数据库管理系统的标准语言。随着计算机领域的发展，标准也被不断修改，更趋近于完善，几乎所有关系型数据库系统都支持SQL，如Oracle、MySQL、Microsoft SQL Server、PostgreSQL等。

#### 1. SQL 语句的特点

SQL语句结构简洁、功能强大，其主要特点如下：

（1）简单易学。SQL语句都是由描述性很强的英语单词组成的，且数目不多、不区分大小写。

（2）综合统一。SQL语句综合了数据库定义语言、数据操作语言、数据控制语言的功能，它可以对关系模式、数据、数据库、数据库重构以及数据库安全性控制等方面进行一系列操作要求。

（3）高度非过程化。SQL语句操作数据库只需指出"做什么"，无须指明"怎么做"，存取路径的选择和操作的执行均由数据库自动完成。

（4）面向集合的操作方式。不仅SQL的查询结果可以是元组的集合，而且SQL的插入、删除、更新操作的对象也可以是元组的集合。

#### 2. SQL 语句的操作

SQL语句包含了所有对数据库的操作，它主要由四个部分组成，具体如下。

（1）DDL（database definition language，数据库定义语言）。DDL主要用于定义或改变表的结构、数据类型、表之间的连接和约束等初始化工作。DDL常用的语句关键字包括CREATE、DROP、ALTER等。

（2）DML（data manipulation language，数据操作语言）。DML主要用于对数据进行操作，常用的语句关键字有INSERT、UPDATE、DELETE，分别代表插入、更新与删除，以支持开发以数据为中心的应用程序。

（3）DQL（Data Query Language，数据库查询语言）。DQL主要用于对数据进行查询。DQL主要关键字包括SELECT、FROM、WHERE。

（4）DCL（Data Control Language，数据控制语言）。DCL主要用于对数据访问权限进行控制，定义数据库、表字段、用户的访问权限和安全级别，主要关键字包括GRANT、REVOKE、COMMIT和ROLLBACK。GRANT语句用于给用户添加权限；REVOKE语句用于收回用户的权限；COMMIT语句用于提交事务；ROLLBACK语句用于回滚事务。

SQL语句不仅可以直接操作数据库,也可以嵌入编程语言中使用,例如,在Java程序中可以嵌入SQL语句,实现Java程序调用SQL语句进而操作数据库。

### 9.3.2 创建与查看数据库

创建数据库实际上是在数据库系统中划分出一部分空间,用来存储和区分不同的数据。创建数据库是进行数据表操作的基础,也是进行数据管理的基础。当数据库创建完成后,通过SQL语句,可以轻松地实现数据库的创建与查看操作。

#### 1. 创建数据库

在MySQL中,创建一个指定名称的数据库的语法格式如下:

```
CREATE DATABASE 数据库名称;
```

在上述语法格式中,"数据库名"表示需要创建的数据库名称。数据库命名需要注意以下三点:

(1)数据库名称是唯一的,且区分大小写(Windows中不区分大小写)。
(2)可以由字母、数字、下画线、@、#、$组成。
(3)不能使用关键字。

下面创建一个名为school的数据库,具体语句与执行结果如下:

```
mysql> CREATE DATABASE school;
Query OK, 1 row affected (0.01 sec)
```

由上述结果可知,返回Query OK就代表SQL语句成功执行。

为了验证数据库系统中是否创建了名为school的数据库,则需要通过SQL语句"SHOW DATABASES;"查看当前所有数据库,具体语句与执行结果如下:

```
mysql> SHOW DATABASES;
+--------------------+
| Database           |
+--------------------+
| information_schema |
| mysql              |
| performance_schema |
| school             |
| sys                |
+--------------------+
5 rows in set (0.00 sec)
```

由上述结果可知,已经成功创建了名为school的数据库。

#### 2. 查看数据库

查看指定数据库的创建语句和属性信息的语法格式如下:

```
SHOW CREATE DATABASE 数据库名称;
```

下面通过上述语法格式查看前面已经创建的school数据库信息,具体语句与执行结果如下:

```
mysql> SHOW CREATE DATABASE school;
+----------+-----------------------------------------------------------------+
| Database | Create Database                                                 |
+----------+-----------------------------------------------------------------+
| school   | CREATE DATABASE 'school' /*!40100 DEFAULT CHARACTER SET
utf8mb4 COLLATE utf8mb4_0900_ai_ci */ /*!80016 DEFAULT ENCRYPTION='N' */ |
+----------+-----------------------------------------------------------------+
```

```
1 row in set (0.00 sec)
```

由上述结果可知，MySQL返回了一个结果集，其中包含了创建数据库school的SQL语句以及相关的属性信息，其中"utf8mb4"表示默认的字符集，"utf8mb4_0900_ai_ci"表示校对规则，"ENCRYPTION='N'"表示加密选项为"N"，即数据库中的数据不使用默认的加密方式进行加密。

**注意**：从 MySQL 8.0 开始，使用 utf8mb4 作为 MySQL 的默认字符集。

### 9.3.3 使用、修改和删除数据库

创建完数据库后，还可以对数据库进行使用、修改和删除等操作，这些操作的具体介绍如下：

1. 使用数据库

使用USE命令指定使用的数据库，语法格式如下：

```
USE 数据库名
```

需要注意的是，在SQL语句中，通常以";"结尾，而USE不是SQL语句，所以并不强制要求以";"结尾。"USE 数据库名"也可以使用"\u 数据库名"代替。

使用USE命令演示如何将数据库切换到school数据库，具体命令与执行结果如下：

```
mysql> USE school
Database changed
```

由上述结果可知，Database changed表示已经切换到数据库school。如果需要在指定数据库中进行操作，则需要切换至指定数据库。

2. 修改数据库

在创建数据库时可选择使用自定义或默认的字符集。数据库创建完成后，若想修改数据库的字符编码，可以使用ALTER DATABASE语句实现，语法格式如下：

```
ALTER DATABASE 数据库名称 DEFAULT CHARACTER SET 编码方式 COLLATE 编码方式_bin;
```

下面演示如何将school数据库的字符编码修改为gbk，具体语句与执行结果如下：

```
mysql> ALTER DATABASE school DEFAULT CHARACTER SET gbk COLLATE gbk_bin;
Query OK, 1 row affected (0.01 sec)
```

3. 删除数据库

删除数据库的语法格式如下：

```
DROP DATABASE 数据库名称;
```

数据库被删除后，数据库中所有的数据都会被清除，即数据库分配的空间会被收回。

下面演示如何删除school数据库，具体语句与执行结果如下：

```
mysql> DROP DATABASE school;
Query OK, 0 rows affected (0.01 sec)
```

### 任务实现

**实施步骤**

（1）创建图书管理系统数据库booksystem。具体语句与执行结果如下：

```
mysql> CREATE DATABASE booksystem;
Query OK, 1 row affected (0.01 sec)
```

（2）加载数据库的驱动，并创建MySQL数据库连接。在Chapter09程序的src文件夹中创建名为com.example.book的包，该包用于存放图书管理系统的代码。然后在com.example.book包中创建JDBCUtils类，在该类中实现加载数据库驱动，并创建数据库连接。

（3）使用JDBC连接图书管理系统数据库booksystem。

JDBCUtils.java

```java
1  package com.example.book;
2  import java.sql.*;
3  public class JDBCUtils {
4      static Connection getConnection() throws SQLException,
5      ClassNotFoundException {
6          Class.forName("com.mysql.cj.jdbc.Driver");        // 加载驱动
7          String url = "jdbc:mysql://localhost:3306/bookSystem"; // 连接数据库
8          String username = "root";              // 数据库登录用户名
9          String password = "root123";           // 数据库登录密码
10         // 获取数据库连接对象并返回Connection对象
11         return DriverManager.getConnection(url, username, password);
12     }
13     public static void main(String[] args) {
14         try {
15             Connection conn = JDBCUtils.getConnection();// 获得数据库的连接
16             if (conn != null && !conn.isClosed()) {
17                 System.out.println("数据库连接成功！");
18                 conn.close();
19             }
20         } catch (Exception e) {
21             e.printStackTrace();
22             System.out.println("数据库连接失败！");
23         }
24     }
25 }
```

运行上述代码，JDBCUtils类的运行结果如图9-8所示。

由图9-8可知，控制台中输出了"数据库连接成功！"信息，说明使用JDBC连接图书管理系统数据库成功。

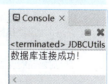

图9-8 JDBCUtils类的运行结果

**注意**：使用 JDBC 连接 MySQL 数据库之前，需要将 MySQL 数据库的驱动 JAR 包 mysql-connector-j-8.4.0.jar 添加到程序中。

## 任务9.2 实现显示图书信息的功能

### 任务描述

图书管理系统主要显示一个图书管理系统界面，在该界面中显示图书的信息和4个按钮，其中显示的图书信息包括图书的编号、名称、作者和出版社，4个按钮分别是"添加"

按钮、"查询"按钮、"修改"按钮和"删除"按钮。本任务主要实现图书管理系统界面显示图书信息的功能。

 相关知识

## 9.4 MySQL 数据表的操作

### 9.4.1 创建与查看数据表

数据表是数据库存储数据的基本单位,在数据表中可以存储不同的字段和数据记录。数据表的基本操作包括创建数据表、查看数据表、修改数据表和删除数据表。下面介绍创建数据表与查看数据表的内容。

#### 1. 创建数据表

创建数据表的过程是规定数据列属性的过程,同时也是实现数据库数据完整性和约束性的过程。创建数据表的基本语法格式如下:

```
CREATE table 表名 (
    字段名 1 数据类型,
    字段名 2 数据类型,
    …
    字段名 n 数据类型
) 表选项;
```

上述语法格式中,关键字的说明见表 9-1。

表 9-1 关键字的说明

| 关 键 字 | 说　　明 |
|---|---|
| 表名 | 表示需要创建表的名称 |
| 字段名 | 表示数据列的名字 |
| 数据类型 | 指的是每列参数对应的数值类型,可以为 int、char、varchar 等 |
| 表选项 | 代表在创建表时可以单独指定使用的存储引擎和默认的字符编码。例如:ENGINE=InnoDB DEFAULT CHARSET=utf8 |

在创建数据表之前需要使用"USE 数据库名"切换到要操作的数据库。

下面在数据库 school 中创建一个学生表 student,具体步骤如下:

(1)创建数据库 school,具体语句与执行结果如下:

```
mysql>CREATE DATABASE school;
Query OK, 1 row affected (0.01 sec)
```

(2)切换至数据库 school,具体语句与执行结果如下:

```
mysql> USE school;
Database changed
```

student 表的表结构见表 9-2。

表 9-2　student 表的表结构

| 字 段 名 称 | 数 据 类 型 | 说　　明 |
|---|---|---|
| stu_id | INT(10) | 学生编号 |
| stu_name | VARCHAR(50) | 学生姓名 |
| stu_age | INT(10) | 学生年龄 |

（3）创建数据表student，具体语句与执行结果如下：

```
mysql> CREATE TABLE student(
    -> stu_id INT(10),
    -> stu_name VARCHAR(50),
    -> stu_age INT(10)
    -> );
Query OK, 0 rows affected (0.08 sec)
```

由上述结果可知，数据表student创建完成。

### 2. 查看数据表

在MySQL中，有两种方法可以查看已创建的数据表结构，一种是使用SHOW语句，另外一种是使用DESCRIBE语句。

（1）使用SHOW语句查看数据表，语法格式如下：

```
SHOW CREATE TABLE 表名;
```

上述语法格式中，查询的是创建数据表时字段的定义信息，该方式能够以行的方式显示表结构。

下面使用SHOW语句查看student表的表结构，具体语句与执行结果如下：

```
mysql> SHOW CREATE TABLE student;
+---------+----------------------------------------------------------+
| Table   | Create Table                                             |
+---------+----------------------------------------------------------+
| student | CREATE TABLE 'student' (
  'stu_id' int DEFAULT NULL,
  'stu_name' varchar(50) DEFAULT NULL,
  'stu_age' int DEFAULT NULL
) ENGINE=InnoDB DEFAULT CHARSET=utf8mb4 COLLATE=utf8mb4_0900_ai_ci   |
+---------+----------------------------------------------------------+
1 row in set (0.01 sec)
```

由上述结果可知，SHOW CREATE TABLE语句不仅可以查看student表的字段信息，还可以查看student表的存储引擎和字符编码等信息。

（2）使用DESCRIBE语句查看数据表的字段信息，语法格式如下：

```
DESCRIBE 表名;
```

下面使用DESCRIBE语句查看student表的字段信息，具体语句与执行结果如下：

```
mysql> DESCRIBE student;
+----------+-------------+------+-----+---------+-------+
| Field    | Type        | Null | Key | Default | Extra |
+----------+-------------+------+-----+---------+-------+
| stu_id   | int         | YES  |     | NULL    |       |
| stu_name | varchar(50) | YES  |     | NULL    |       |
| stu_age  | int         | YES  |     | NULL    |       |
+----------+-------------+------+-----+---------+-------+
```

```
    3 rows in set (0.02 sec)
```

由上述结果可知，student表的字段信息以表格的形式返回给用户。

除了使用DESCRIBE语句查询数据表的信息之外，还可以使用DESCRIBE的简写形式DESC来查询表的信息，例如，查询student表的语句如下：

```
DESC student;
```

### 9.4.2 修改与删除数据表

在数据表创建完成后，也可以对数据表进行修改与删除操作，其中数据表的修改操作包括修改数据表的表名、字段名、字段的数据类型等表结构信息。下面介绍修改与删除数据表相关内容。

#### 1. 修改数据表

下面介绍修改数据表的表名、字段名、字段的数据类型等表结构信息。

（1）修改表名。在同一数据库中，不同的数据表需要通过唯一的表名进行区分，修改数据表名称的语法格式如下：

```
ALTER TABLE 原表名 RENAME [TO] 新表名;
```

上述语法格式中，关键字TO是可选的，不会影响SQL语句的执行，一般忽略不写。

下面将student表的表名修改为student_01，具体语句与执行结果如下：

```
mysql> ALTER TABLE student RENAME student_01;
Query OK, 0 rows affected (0.15 sec)
```

由上述结果可知，已经将student表的表名修改为student_01。

（2）修改字段。数据表中的字段是通过字段名划分的。当数据表中的字段存在变更需求时，用户可对字段进行修改，修改字段的语法格式如下：

```
ALTER TABLE 表名 CHANGE 原字段名 新字段名 新数据类型;
```

下面将student_01表中的stu_age字段修改为stu_birth，设置数据类型为DATE，具体语句与执行结果如下：

```
mysql> ALTER TABLE student_01 CHANGE stu_age stu_birth DATE;
Query OK, 0 rows affected (0.24 sec)
Records: 0  Duplicates: 0  Warnings: 0
```

（3）修改字段的数据类型。若不需要修改字段名，只需修改字段的数据类型，那么可以使用MODIFY关键字。使用MODIFY关键字修改表中字段的数据类型的语法格式如下：

```
ALTER TABLE 表名 MODIFY 字段名 数据类型;
```

下面将student_01表中的stu_name字段的数据类型修改为CHAR(50)，具体语句与执行结果如下：

```
mysql> ALTER TABLE student_01 MODIFY stu_name CHAR(50);
Query OK, 0 rows affected (0.17 sec)
Records: 0  Duplicates: 0  Warnings: 0
```

（4）添加新字段。在实际开发过程中，随着需求的逐渐增加，数据库中的内容也会随之增加，其中也包括字段，因此相应的数据表中就需要添加字段。在MySQL中添加字段的语法格式如下：

```
ALTER TABLE 表名 ADD 新字段名 数据类型;
```

下面在student_01表中添加class_id字段，设置数据类型为int(10)，具体语句与执行结果如下：

```
mysql> ALTER TABLE student_01 ADD class_id int(10);
Query OK, 0 rows affected (0.18 sec)
Records: 0  Duplicates: 0  Warnings: 0
```

（5）删除字段。在MySQL中，删除字段是指将某个字段从数据表中删除，语法格式如下：

```
ALTER TABLE 表名 DROP 字段名;
```

下面将student_01表中class_id字段删除，具体语句与执行结果如下：

```
mysql> ALTER TABLE student_01 DROP class_id;
Query OK, 0 rows affected (0.20 sec)
Records: 0  Duplicates: 0  Warnings: 0
```

（6）修改字段的排列位置。字段在表中的排列位置在创建表时就已经被确定，若要修改字段的排列位置，可以使用ALTER TABLE语句。在MySQL中修改字段排列位置的语法格式如下：

```
ALTER TABLE 表名 MODIFY 字段名1 数据类型 FIRST|AFTER 字段名2;
```

上述语法格式中，"字段名1"表示需要修改位置的字段；"FIRST"是可选参数，表示将字段1修改为表的第一个字段；"AFTER 字段名2"表示将字段1排到字段2的后面。

下面将student_01表中stu_name字段放到stu_birth字段后面的位置，具体语句与执行结果如下：

```
mysql> ALTER TABLE student_01 MODIFY
    -> stu_name CHAR(50) AFTER stu_birth;
Query OK, 0 rows affected (0.20 sec)
Records: 0  Duplicates: 0  Warnings: 0
```

由上述结果可知，字段位置修改完成。

2. 删除数据表

在MySQL中使用DROP TABLE语句删除数据表，语法格式如下：

```
DROP TABLE 表名;
```

删除数据表时，将会永久删除表及其所有数据。

下面将student_01表删除，具体语句与执行结果如下：

```
mysql> DROP TABLE student_01;
Query OK, 0 rows affected (0.09 sec)
```

执行上述SQL语句后，student_01表将被彻底删除，其中包含的所有数据也将被删除。

## 9.5 MySQL 数据的操作

### 9.5.1 添加数据

在MySQL中，使用INSERT关键字向表中插入新的数据、行或者记录。INSERT语句有两种语法形式：一种是INSERT INTO...VALUES语句；另一种是INSERT INTO...SET语句。

1. 使用 INSERT INTO...VALUES 语句

标准的INSERT语法要为每个插入值指定相应的字段。通过使用INSERT语句指定所有字段名向表中插入数据，语法格式如下：

```
INSERT INTO 表名(字段名1,字段名2,…) VALUES(值1,值2,…);
```

在上述语法格式中，"字段名1""字段名2"是数据表中的字段名称，"值1""值2"是对应字段需要插入的数据，每个值的顺序、类型必须与字段名相对应。需要注意的是，除了数值和空值之外，字符、日期和时间数据类型的值必须使用单引号。

为了后续示例的讲解，需要在数据库web_db中创建一个用户注册表user。创建数据库web_db的具体语句与执行结果如下：

```
mysql>CREATE DATABASE web_db;
-- 使用 web_db 数据库的方法如下
mysql> USE web_db
Database changed
```

user表的表结构见表9-3。

表 9-3　user 表的表结构

| 字 段 | 数 据 类 型 | 说 明 |
|---|---|---|
| user_id | INT | 用户ID |
| username | VARCHAR(50) | 用户名 |
| password | VARCHAR(50) | 密码 |
| user_email | VARCHAR(50) | 电子邮箱 |
| created_at | TIMESTAMP | 注册时间 |

创建数据表user的语句与执行结果如下：

```
mysql> CREATE TABLE user(
    -> user_id INT,
    -> username VARCHAR(50),
    -> password VARCHAR(50),
    -> user_email VARCHAR(50),
    -> created_at DATETIME
    -> );
Query OK, 0 rows affected (0.06 sec)
```

由上述结果可知，数据表创建完成。

下面使用INSERT INTO…VALUES语句向user表中插入数据"用户ID为1，用户名为lilei，密码为123@qq.com，注册时间为插入数据的时间"，具体语句与执行结果如下：

```
mysql> INSERT INTO user(
    -> user_id,username,password,user_email,created_at
    -> ) VALUES(
    -> 1,'lilei','123456','123@qq.com',now()
    -> );
Query OK, 1 row affected (0.07 sec)
```

由上述结果可知，插入数据完成。

2. 使用 INSERT INTO…SET 语句

通过使用INSERT INTO…SET语句可以指定所有字段名及其对应的值向表中插入数据，语法格式如下：

```
INSERT INTO 表名 SET 字段名1=值1,字段名2=值2,…;
```

INSERT INTO...SET语句用于直接给表中的字段名指定对应的列值。实际上，在SET子句中，可以指定要插入数据的字段名，并在等号后提供相应的数据。对于未在SET子句中指定的字段名，其列值为该字段的默认值。

下面使用INSERT INTO...SET语句向user表中插入数据"用户名为sunsun，电子邮箱为5555@55.com，密码为555555，用户ID为5，注册时间为插入数据的时间"，具体语句与执行结果如下：

```
mysql> INSERT INTO user SET
    -> username='sunsun',user_email='5555@55.com',password='555555', user_id=5,created_at=now();
Query OK, 1 row affected (0.03 sec)
```

由上述结果可知，插入数据完成。

### 9.5.2 查询数据

SELECT语句用于从表中检索数据。SELECT语句提供了灵活的语法和多种选项，比如选择特定的列、筛选条件、排序规则和限制结果集的行数。

SELECT语句的基本语法格式如下。

```
SELECT 字段名1,字段名2,……,字段名n FROM 表名;
```

上述语法格式中，查询结果将只包含所选字段的数据，并按照SELECT语句中指定的字段顺序进行显示。

如果只是查询数据表中的所有字段数据，并且无须调整查询结果中字段的显示顺序，使用上述SQL语法会比较烦琐。为了简化这一过程，MySQL中提供了通配符"*"来代替所有字段名。通配符的SQL语法格式如下：

```
SELECT * FROM 表名;
```

上述语法格式中，使用通配符"*"表示选择所有字段名，便于书写SQL语句。

下面使用SELECT语句查询前面创建的user表中的所有数据，具体语句和执行结果如下：

```
mysql> SELECT * FROM user;
+---------+----------+----------+---------------+---------------------+
| user_id | username | password | user_email    | created_at          |
+---------+----------+----------+---------------+---------------------+
|       1 | lilei    | 123456   | 123@qq.com    | 2024-06-26 17:53:23 |
|       5 | sunsun   | 555555   | 5555@55.com   | 2024-06-26 17:54:19 |
+---------+----------+----------+---------------+---------------------+
2 rows in set (0.00 sec)
```

由上述结果可知，共返回了user表中的2条数据，也是user表中的全部数据。

### 9.5.3 更新数据

在MySQL中使用UPDATE语句更新表中的数据，语法格式如下：

```
UPDATE 表名
SET 字段名1=值1 [,字段名2=值2,…]
[WHERE 条件表达式];
```

上述语法格式中，"字段名"用于指定需要更新的字段名称，"值"用于表示字段的新值。

如果要更新多个字段的值，可以用逗号分隔多个字段和值，"WHERE条件表达式"是可选的，用于指定更新数据需要满足的条件。

UPDATE语句可以更新表中的部分数据或者全部数据，下面对这两种情况进行介绍。

### 1. 更新全部数据

当UPDATE语句中不包含WHERE条件语句时，将会对表中的每一行数据进行更新。这意味着所有行的特定列将被更新为指定的新值。

下面使用UPDATE语句将user表中的字段password的所有值更新为默认密码000000，具体语句和执行结果如下：

```
mysql> UPDATE user SET password='000000';
Query OK, 2 rows affected (0.01 sec)
Rows matched: 2  Changed: 2  Warnings: 0
```

由上述结果可知，执行完成后提示"Rows matched: 2  Changed: 2  Warnings: 0"，说明在执行UPDATE语句时，有2行数据与条件匹配。即进行了数据修改的行数为2，并且在执行UPDATE语句时产生的警告数量为0。

### 2. 更新部分数据

在实际应用开发中，通常需要对数据库表中的特定记录进行更新，而不是对整个表进行更新操作。使用UPDATE语句结合WHERE子句可以实现这一目的。

下面使用UPDATE语句与WHERE子句将user表中用户名为lilei的密码修改为"lilei_123"，具体语句和执行结果如下：

```
mysql> UPDATE user SET password='lilei_123' WHERE username='lilei';
Query OK, 1 row affected (0.01 sec)
Rows matched: 1  Changed: 1  Warnings: 0
```

由上述结果可知，返回信息提示"Changed：1"，说明成功更新了一条数据。

使用UPDATE语句与WHERE子句除了可以修改一个字段值外，还可以修改多个字段值，下面使用UPDATE语句与WHERE子句将user表中用户名为"sunsun"的密码修改为"sunsun_123"，将用户电子邮箱修改为"sunsun123@163.com"，具体语句和执行结果如下：

```
mysql> UPDATE user
    -> SET password='sunsun_123',user_email='sunsun123@163.com'
    -> WHERE username='sunsun';
Query OK, 1 row affected (0.01 sec)
Rows matched: 1  Changed: 1  Warnings: 0
```

上述结果提示"Changed：1"，说明成功更新了一条数据。

## 9.5.4 删除数据

DELETE语句用于删除表中的数据，语法格式如下：

```
DELETE FROM 表名 [WHERE 条件表达式];
```

上述语法格式中，WHERE条件表达式是可选的，用于指定要删除数据的条件。使用DELETE语句可以实现删除部分或全部数据，下面分别针对这两种情况进行介绍。

### 1. 删除部分数据

在实际开发中，常见的需求是删除表中的特定数据。通常情况下，DELETE语句结合WHERE子句可以指定删除数据的条件。

例如,将user表中字段username的值为"lilei"的记录删除,具体语句和执行结果如下:

```
mysql> DELETE FROM user WHERE username='lilei';
Query OK, 1 row affected (0.01 sec)
```

由上述结果可知,数据删除完成。

2. 删除全部数据

当DELETE语句中不包含WHERE条件语句时,将会删除表中的所有数据。

例如,将user表中的所有数据都删除,具体语句和执行结果如下:

```
mysql> DELETE FROM user;
Query OK, 1 row affected (0.01 sec)
```

由上述结果可知,数据删除完成。

 任务实现

实施步骤

(1)创建图书表book,并向表中插入初始数据。
(2)创建图书信息的实体类BookBean。
(3)根据SQL语句对book表中的数据进行增加、删除、修改、查询操作,并封装关闭数据库连接的代码。
(4)创建图书管理系统界面的FXML文件,并创建该文件对应的控制器,在控制器中实现显示图书信息的功能。
(5)加载图书管理系统界面,并启动程序。

代码实现

1. 创建图书表 book

图书管理系统主要显示的图书信息包括图书的编号、名称、作者和出版社信息,根据这些信息设计图书表的结构,见表9-4。

表9-4　book 表结构

| 字 段 名 称 | 数 据 类 型 | 说　　明 |
| --- | --- | --- |
| bId | INT | 序号 |
| bNum | VARCHAR(40) | 图书编号 |
| bName | VARCHAR(40) | 图书名称 |
| bAuthor | VARCHAR(40) | 作者 |
| bPublisher | VARCHAR(40) | 出版社 |

根据book表结构在bookSystem数据库中创建图书表book,具体语句与执行结果如下:

```
mysql> USE bookSystem;
Database changed
mysql> CREATE TABLE book(
    ->    bId INT PRIMARY KEY AUTO_INCREMENT,
    ->    bNum VARCHAR(40),
```

```
            ->   bName VARCHAR(40),
            ->   bAuthor VARCHAR(40),
            ->   bPublisher VARCHAR(40)
            -> );
        Query OK, 0 rows affected (0.06 sec)
```

创建完book表之后，需要将图书信息的初始数据添加到book表中，具体语句与执行结果如下：

```
mysql> INSERT INTO book(bNum,bName,bAuthor,bPublisher) VALUES
            -> ('001','Java 程序设计','张三','清华大学出版社'),
            -> ('002','Hadoop 大数据开发','李四','人民邮电出版社'),
            -> ('003','Go 语言开发基础','王五','中国铁道出版社'),
            -> ('004','Python 数据分析','邵六','人民邮电出版社');
        Query OK, 4 rows affected (0.01 sec)
        Records: 4  Duplicates: 0  Warnings: 0
```

### 2. 创建图书信息的实体类

在Chapter09程序的com.example.book包中创建图书信息的实体类BookBean，在该类中根据每本图书具备的图书编号、图书名称、作者和出版社等属性创建对应的字段信息，具体代码如下：

BookBean.java

```
1  package com.example.book;
2  ...        // 省略导入包
3  public class BookBean {
4      private SimpleIntegerProperty bookId;        // 图书序号
5      private SimpleStringProperty bookNum;        // 图书编号
6      private SimpleStringProperty bookName;       // 图书名称
7      private SimpleStringProperty bookAuthor;     // 作者
8      private SimpleStringProperty bookPublisher;  // 出版社
9      public BookBean() {}
10     public BookBean(int bookId, String bookNum, String bookName,
11       String bookAuthor, String bookPublisher) {
12         this.bookId = new SimpleIntegerProperty(bookId);
13         this.bookNum = new SimpleStringProperty(bookNum);
14         this.bookName = new SimpleStringProperty(bookName);
15         this.bookAuthor = new SimpleStringProperty(bookAuthor);
16         this.bookPublisher = new SimpleStringProperty(bookPublisher);
17     }
18     public int getBookId() {
19         return bookId.get();
20     }
21     public void setBookId(int bookId) {
22         this.bookId.set(bookId);
23     }
24     public SimpleIntegerProperty bookIdProperty() {
25         return bookId;
26     }
27     ...
28     public SimpleStringProperty bookPublisherProperty() {
29         return bookPublisher;
30     }
31     public void setBookPublisher(String bookPublisher) {
32         this.bookPublisher.set(bookPublisher);
33     }
```

```
34      public String getBookPublisher() {
35          return bookPublisher.get();
36      }
37  }
```

3. 关闭数据库连接，释放资源

在图书管理系统中长期保持数据库连接可能增加图书数据的安全风险，并且还会持续占用系统的资源，为了确保数据的安全性和系统资源的有效利用，需要在使用完数据库之后定期关闭数据库连接，释放系统资源。

由于后续需要多次用到关闭数据库连接的代码，为了减少程序的冗余代码，将关闭数据库连接的代码抽取出来封装在release()方法中，并将该方法存放在JDBCUtils类中，方便后续使用时调用。在JDBCUtils类中创建release()方法，在该方法中实现关闭数据库连接的功能，具体代码如下：

```
1   package com.example.book;
2   import java.sql.*;
3   public class JDBCUtils {
4       ...
5       static void release(Statement stmt, Connection conn) {
6           if (stmt != null) {
7               try {
8                   stmt.close();
9               } catch (SQLException e) {
10                  e.printStackTrace();
11              }
12              stmt = null;
13          }
14          if (conn != null) {
15              try {
16                  conn.close();
17              } catch (SQLException e) {
18                  e.printStackTrace();
19              }
20              conn = null;
21          }
22      }
23      public static void release(ResultSet rs, Statement stmt,
24      Connection conn) {
25          if (rs != null) {
26              try {
27                  rs.close();
28              } catch (SQLException e) {
29                  e.printStackTrace();
30              }
31              rs = null;
32          }
33          release(stmt, conn);
34      }
35  }
```

在上述代码中，Statement接口用于执行不带参数的静态SQL语句，ResultSet接口用于保存JDBC执行查询时返回的结果集，Statement接口与ResultSet接口会在后续内容中详细讲解。

4. 根据 SQL 语句执行 book 表中数据的增加、删除、修改、查询操作

图书管理系统中需要实现图书数据的增加、删除、修改、查询操作，可以将操作数据库的代码抽取出来存放在数据库操作类BookDao中，方便后续使用时调用。

首先在Chapter09程序的com.example.book包中创建数据库操作类BookDao，然后在该类中创建dataChange()方法与getBookDataBySql()方法，这两个方法分别用于根据SQL语句执行book表中数据的增加、删除、修改操作和根据SQL语句获取图书数据。BookDao类的具体代码如下：

BookDao.java

```java
1   package com.example.book;
2   ...          // 省略导入包
3   public class BookDao {
4       /**
5        * 操作结果：根据 SQL 语句执行数据库的增加、删除、修改操作
6        * @return boolean 如果操作数据库成功返回 true，否则返回 false
7        */
8       public boolean dataChange(String sql) {
9           Connection conn = null;
10          Statement stmt = null;
11          try {
12              conn = JDBCUtils.getConnection();      // 获得数据的连接
13              stmt = conn.createStatement();         // 获得Statement对象
14              int num = stmt.executeUpdate(sql);     // 发送SQL语句
15              if (num > 0) {
16                  return true;
17              } else {
18                  return false;
19              }
20          } catch (Exception e) {
21              e.printStackTrace();
22          } finally {
23              new JDBCUtils();
24              JDBCUtils.release(stmt, conn);
25          }
26          return false;
27      }
28      /**
29       * 操作结果：根据参数 sql 获取图书数据库数据
30       */
31      public List<BookBean> getBookDataBySql(String sql) {
32          Connection conn = null;
33          Statement stmt = null;
34          ResultSet rs = null;
35          List<BookBean> list = new ArrayList<BookBean>();
36          try {
37              conn = JDBCUtils.getConnection();      // 获得数据的连接
38              stmt = conn.createStatement();         // 获得Statement对象
39              rs = stmt.executeQuery(sql);           // 发送SQL语句
40              while (rs.next()) {
41                  int bookId=rs.getInt(1);
42                  String bookNum=rs.getString(2);
43                  String bookName=rs.getString(3);
44                  String bookAuthor=rs.getString(4);
```

```
45                String bookPublisher=rs.getString(5);
46                BookBean bookBean=new BookBean(bookId,bookNum,bookName,
47                    bookAuthor,bookPublisher);
48                bookBean.setBookId(bookId);
49                bookBean.setBookNum(bookNum);
50                bookBean.setBookName(bookName);
51                bookBean.setBookAuthor(bookAuthor);
52                bookBean.setBookPublisher(bookPublisher);
53                list.add(bookBean);
54            }
55        } catch (Exception e) {
56            e.printStackTrace();
57        } finally {
58            JDBCUtils.release(rs, stmt, conn);
59        }
60        return list;
61    }
62 }
```

5. 创建图书管理系统界面的 FXML 文件

在Chapter09程序的com.example.book包中创建bookmanagement.fxml文件，在该文件中设置图书管理系统的布局。其中图书信息使用TableView控件显示，"添加"按钮、"查询"按钮、"修改"按钮和"删除"按钮使用Button控件显示。bookmanagement.fxml文件的具体代码可在教材提供的源代码的Chapter09\src\com\example\book目录下查看。

6. 将图书数据添加到 TableView 控件中

图书管理系统界面上使用TableView控件显示图书信息，将从数据库中获取到的图书数据添加到TableView控件中。首先在Chapter09程序的com.example.book包中创建一个SimpleTools工具类，然后在该类中创建getBookData()方法与setBookTableViewData()方法，这两个方法分别用于从图书表中查询图书数据并进行封装与将图书数据显示在TableView控件中。SimpleTools类的具体代码如下：

SimpleTools.java

```
1  package com.example.book;
2  ...       // 省略导入包
3  public class SimpleTools {
4      /**
5       * 将数据显示在图书表格中
6       * @param tableView 表格视图控件
7       * @param data 要显示到表格中的数据
8       */
9      public void setBookTableViewData(TableView<BookBean> tableView,
10         ObservableList<BookBean>data, TableColumn<BookBean, String>
11         idColumn,TableColumn<BookBean, String> nameColumn,
12         TableColumn<BookBean, String> authorColumn,TableColumn<BookBean,
13         String> publisherColumn) {
14         // 设置图书编号列的数据
15         idColumn.setCellValueFactory(cellData -> cellData.getValue()
16           .bookNumProperty());
17         // 设置图书名称列的数据
18         nameColumn.setCellValueFactory(cellData -> cellData.getValue()
19           .bookNameProperty());
20         // 设置图书作者列的数据
```

```
21          authorColumn.setCellValueFactory(cellData -> cellData.getValue()
22            .bookAuthorProperty());
23          // 设置出版社列的数据
24          publisherColumn.setCellValueFactory(cellData -> cellData
25            .getValue().bookPublisherProperty());
26          tableView.setItems(data);              // 将数据添加到表格控件中
27      }
28      /**
29       * 通过 SQL 从数据库表中查询图书数据并进行封装
30       */
31      public ObservableList<BookBean> getBookData(String sql) {
32          BookDao bookDao = new BookDao();    // 实例化 BookDao
33          // 查询图书表的所有数据
34          List list = bookDao.getBookDataBySql(sql);
35          // 创建 ObservableList<BookBean> 对象
36          ObservableList<BookBean> data = FXCollections
37            .observableArrayList();
38          // 循环遍历集合中的数据
39          for (int i = 0; i < list.size(); i++) {
40              BookBean r = (BookBean) list.get(i);
41              // 将数据封装到 BookBean 中
42              BookBean bb = new BookBean(r.getBookId(), r.getBookNum(),
43                r.getBookName(), r.getBookAuthor(),r.getBookPublisher());
44              data.add(bb);                   // 将 BookBean 对象添加到 data 中
45          }
46          return data;                        // 返回封装好的图书数据
47      }
48  }
```

7. 实现显示图书信息的功能

在 Chapter09 程序的 com.example.book 包中创建一个类 BookManagementController,该类就是 bookmanagement.fxml 文件对应的控制器,在该控制器中实现显示图书信息的功能。BookManagementController 类的具体代码如下:

BookManagementController.java

```
1   package com.example.book;
2   ...      // 省略导入包
3   public class BookManagementController {
4       private SimpleTools simpleTools = new SimpleTools();
5       @FXML
6       private Button addButton,queryButton,alterButton,deleteButton;
7       @FXML
8       private TableView<BookBean> bookManageTableView;
9       @FXML
10      private TableColumn<BookBean, String> idColumn,nameColumn,
11       authorColumn,publisherColumn;
12      public void initialize() {
13          queryBook();// 查询所有图书
14      }
15      public void queryBook() {
16          String sql = "select * from book;";  // 查询所有图书列的 SQL 语句
17          // 将数据添加到表格控件中
18          simpleTools.setBookTableViewData(bookManageTableView,
19            simpleTools.getBookData(sql),idColumn,nameColumn,authorColumn,
```

```
20              publisherColumn);
21      }
22      // "添加"按钮的事件监听器
23      public void do_addButton_event(ActionEvent event) {
24      }
25      // "查询"按钮的事件监听器
26      public void do_queryButton_event(ActionEvent event) {
27          queryBook();
28      }
29      // "修改"按钮的事件监听器
30      public void do_alterButton_event(ActionEvent event) {
31      }
32      // "删除"按钮的事件监听器
33      public void do_deleteButton_event(ActionEvent event) {
34      }
35  }
```

8. 加载图书管理系统界面并启动程序

在Chapter09程序的com.example.book包中创建一个类Main，该类是图书管理系统程序的启动入口。在Main类中创建showBookManage()方法与main()方法，这两个方法分别用于加载图书管理系统界面与启动图书管理系统程序。Main类的具体代码如下：

Main.java

```
1   package com.example.book;
2   ... // 省略导入包
3   public class Main extends Application {
4       @Override
5       public void start(Stage primaryStage) {
6           showBookManage(primaryStage);
7       }
8       public void showBookManage(Stage primaryStage) {
9           try {
10              // 加载 FXML 文件
11              FXMLLoader loader = new FXMLLoader(getClass().
12                  getResource("bookmanagement.fxml"));
13              Parent root = loader.load();
14              // 创建一个 BorderPane 作为场景根节点
15              BorderPane borderPane = new BorderPane();
16              // 将 FXML 根节点和标题添加到 BorderPane 中
17              borderPane.setCenter(root);
18              // 设置场景并显示舞台，舞台大小为 800×600
19              Scene scene = new Scene(borderPane, 800, 600);
20              primaryStage.setScene(scene);
21              primaryStage.setTitle("图书管理系统"); // 设置舞台的标题
22              primaryStage.centerOnScreen();       // 设置舞台显示在屏幕中央
23              primaryStage.show();
24          } catch (Exception e) {
25              e.printStackTrace();
26          }
27      }
28      public static void main(String[] args) {
29          launch(args);
30      }
31  }
```

运行Main类中的代码，图书管理系统界面的运行效果如图9-9所示。

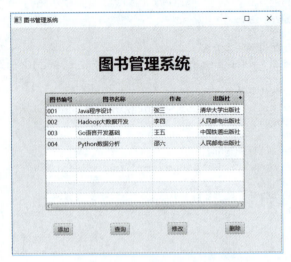

图 9-9　图书管理系统界面的运行效果

## 任务9.3　实现图书数据的添加、修改和删除功能

### 任务描述

图书管理系统界面显示了四个按钮，分别是"添加"按钮、"查询"按钮、"修改"按钮和"删除"按钮，单击这些按钮分别会实现图书的添加、查询、修改和删除功能。任务9-2中已经实现了图书的查询功能，也就是将图书表中的图书信息显示到图书管理系统界面中。本任务主要实现图书的添加、修改和删除功能。

### 相关知识

## 9.6　使用 JDBC 操作数据库

### 9.6.1　执行不带参数的 SQL 语句

Statement接口用于执行不带参数的静态SQL语句，该接口对象可以通过Connection实例的createStatement()方法获得，该对象会把静态的SQL语句发送到数据库中编译执行，然后返回数据库的处理结果。在Statement接口中，提供了三个常用的执行SQL语句的方法，见表9-5。

表 9-5　Statement 接口中的常用方法及功能

| 方法声明 | 功　　能 |
| --- | --- |
| boolean execute(String sql) | 用于执行 SQL 语句，该方法的返回值如果为 true，表示执行的 SQL 语句有查询结果，可通过 Statement 的 getResultSet() 方法获得查询结果，否则，没有查询结果 |
| int executeUpdate(String sql) | 用于执行 SQL 中的 insert、update 和 delete 语句。该方法的返回值表示数据库中受该 SQL 语句影响的记录条数 |
| ResultSet executeQuery(String sql) | 用于执行 SQL 中的 select（查询）语句，该方法返回一个表示查询结果的 ResultSet 对象 |

以表9-5中的executeQuery(String sql)方法为例,演示执行查询SQL语句的示例,代码如下:

```
Statement stmt = conn.createStatement(); // conn 表示数据库连接对象
String Sql = "SELECT * FROM department"; // SQL 语句（查询语句）
ResultSet rst = stmt.executeQuery(sql);   // ResultSet 表示结果集,在后续讲解
```

### 9.6.2 执行预编译的 SQL 语句

Statement接口封装了JDBC执行SQL语句的方法,虽然可以完成Java程序执行SQL语句的操作,但是在实际开发过程中往往需要将程序中的变量作为SQL语句的查询条件,而使用Statement接口操作这些SQL语句会过于烦琐,并且存在安全方面的问题。针对这一问题,JDBC API中提供了扩展的PreparedStatement接口。

PreparedStatement接口用于执行预编译的SQL语句,它支持参数化查询。预编译的SQL语句指的是提前完成SQL语句的解析、优化和编译过程,同时,通过占位符和参数绑定的方式,有效地防止了SQL注入攻击,提高了数据库操作的执行效率和安全性。

PreparedStatement是Statement的子接口,该接口扩展了带有参数SQL语句的执行操作,应用接口中的SQL语句可以使用占位符 "？" 来代替其参数,然后通过setXxx()方法为SQL语句的参数赋值。在PreparedStatement接口中提供了一些常用方法,具体功能见表9-6。

表 9-6  PreparedStatement 接口中的常用方法及功能

| 方 法 声 明 | 功　　能 |
| --- | --- |
| int executeUpdate() | 在此 PreparedStatement 对象中执行 SQL 语句,该语句必须是一个 DML 语句或者是无返回内容的 SQL 语句,如 DDL 语句 |
| ResultSet executeQuery() | 在此 PreparedStatement 对象中执行 SQL 查询,该方法返回的是 ResultSet 对象 |
| void setInt(int parameterIndex, int x) | 将指定参数设置为给定的 int 值 |
| void setFloat(int parameterIndex, float x) | 将指定参数设置为给定的 float 值 |
| void setString(int parameterIndex, String x) | 将指定参数设置为给定的 String 值 |
| void setDate(int parameterIndex, Date x) | 将指定参数设置为给定的 Date 值 |
| void addBatch() | 将一组参数添加到此 PreparedStatement 对象的批处理命令中 |
| void setCharacterStream(int parameterIndex, java.io.Reader reader, int length) | 将指定的输入流写入数据库的文本字段 |
| void setBinaryStream(int parameterIndex, java.io.InputStream x, int length) | 将二进制的输入流数据写入二进制字段中 |

在表9-6中,DML主要用于对数据库中的数据进行查询、插入、更新和删除等操作,DDL主要用于定义或改变表的结构、数据类型、表之间的连接和约束等初始化工作,大多数DDL操作在建立表时使用。

**注意**：表 9-6 中的 setDate() 方法可以设置日期内容,但参数 Date 的类型必须是 java.sql.Date,而不是 java.util.Date。

在为SQL语句中的参数赋值时，可以通过输入参数与SQL类型相匹配的setXxx()方法。例如，字段的数据类型为int或Integer，那么应该使用setInt()方法，也可以通过setObject()方法设置多种类型的输入参数，例如：

```
// 假设users表中字段id、name、email类型分别是int、varchar、varchar
String sql = "INSERT INTO users(id,name,email) VALUES(?,?,?)";
PreparedStatement  preStmt = conn.prepareStatement(sql);
preStmt.setInt(1, 1);                    // 使用参数与SQL类型相匹配的方法
preStmt.setString(2, "xiaoming");        // 使用参数与SQL类型相匹配的方法
preStmt.setObject(3, "xm@qq.com");       // 使用setObject()方法设置参数
preStmt.executeUpdate();
```

### 9.6.3 结果集

ResultSet接口用于保存JDBC执行查询时返回的结果集，该结果集封装在一个逻辑表格中。在ResultSet接口内部有一个指向表格数据行的游标（或指针），ResultSet对象初始化时，游标在表格的第一行之前，调用next()方法可将游标移动到下一行。如果下一行没有数据，则返回false。在应用程序中经常使用next()方法作为while循环的条件来迭代ResultSet结果集。

ResultSet接口中的常用方法及功能见表9-7。

表 9-7　ResultSet 接口中的常用方法及功能

| 方法声明 | 功　　能 |
| --- | --- |
| String getString(int columnIndex) | 获取指定字段的 String 类型的值，参数 columnIndex 代表字段的索引 |
| String getString(String columnName) | 获取指定字段的 String 类型的值，参数 columnName 代表字段的名称 |
| int getInt(int columnIndex) | 获取指定字段的 int 类型的值，参数 columnIndex 代表字段的索引 |
| int getInt(String columnName) | 获取指定字段的 int 类型的值，参数 columnName 代表字段的名称 |
| Date getDate(int columnIndex) | 获取指定字段的 Date 类型的值，参数 columnIndex 代表字段的索引 |
| Date getDate(String columnName) | 获取指定字段的 Date 类型的值，参数 columnName 代表字段的名称 |
| boolean next() | 将游标从当前位置向下移一行 |
| boolean absolute(int row) | 将游标移动到此 ResultSet 对象的指定行 |
| void afterLast() | 将游标移动到此 ResultSet 对象的末尾，即最后一行之后 |
| void beforeFirst() | 将游标移动到此 ResultSet 对象的开头，即第一行之前 |
| boolean previous() | 将游标移动到此 ResultSet 对象的上一行 |
| boolean last() | 将游标移动到此 ResultSet 对象的最后一行 |

从表9-7中可以看出，ResultSet接口中定义了大量的getXxx()方法，而采用哪种getXxx()方法取决于字段的数据类型。程序既可以通过字段的名称来获取指定数据，也可以通过字段的索引来获取指定的数据，字段的索引是从1开始编号的。例如，数据表的第1列字段名为id，字段类型为int，那么既可以使用getInt("id")获取该列的值，也可以使用getInt(1)获取该列的值。

假设查询数据表中列名为id与name的数据，id字段的数据类型为整型，name字段的数据类型为字符串，示例代码如下：

```
PreparedStatement pstmt = conn.prepareStatement(sql);
ResultSet rs = pstmt.executeQuery();
while (rs.next()) {
    int id = rs.getInt("id");                    // 获取名为id的列的值
    String name = rs.getString("name");          // 获取名为name的列的值
    // 打印结果或其他操作
    System.out.println("ID: " + id + ", Name: " + name);
}
```

## 9.7 使用 JDBC 程序查询学生信息

本节通过一个简单的例子演示JDBC编程，在使用JDBC连接数据库并执行相关操作之前，必须确保已经安装MySQL数据库。本案例主要是使用JDBC将图书表中的学生姓名、年龄、性别、邮箱等信息输出到控制台中。

学生信息查询案例的具体实现步骤如下：

### 1. 创建数据库与数据表

在MySQL数据库中创建一个名为jdbc的数据库，然后在该数据库中创建一个名为student的表，创建数据库和表的SQL语句如下：

```
CREATE DATABASE jdbc;
USE jdbc;
CREATE TABLE student(
    id INT PRIMARY KEY AUTO_INCREMENT,
    NAME VARCHAR(40),
    age INT,
    sex VARCHAR(2),
    email VARCHAR(60)
);
```

上述SQL语句中，创建student表时添加了id、NAME、age、sex和email共5个字段，其中NAME字段名称为大写形式，这是因为name在MySQL数据库中属于关键字，这里使用大写表示，只是为了方便区分。

数据库和表创建成功后，再向student表中插入4条数据，插入的SQL语句如下：

```
INSERT INTO student(NAME,age,sex,email)
VALUES ('王明',11,'男','wangming@163.com'),
('李雷',12,'男','lilei@qq.com'),
('张红',13,'女','zhanghong@126.com'),
('李四',11,'男','lisi@126.com');
```

添加完学生信息数据之后，使用SELECT语句查询student表中的数据是否添加成功，查询语句如下：

```
select * from student;
```

查询语句的执行结果如图9-10所示。

当数据库和表创建成功后，如果使用的是命令行窗口向student表中插入带有中文的数据，命令行窗口可能会报错，同时从MySQL数据库查询带有中文数据还可能会显示乱码，这是因为MySQL数据库默认使用的是UTF-8编码格式，而命令行窗口默认使用的是GBK编码格式，所以执行带有中文数据的插入语句会出现解析错误。为了在命令行窗口中也能正常向MySQL数据库插入中文数据，以及查询中文数据，可以在执行插入语句和查询语句前，先在命令行窗口中执行以下两条命令：

图9-10　student 表中的数据

```
set character_set_client=gbk;
set character_set_results=gbk;
```

执行完上述命令后，再次在命令行窗口中执行插入和查询操作就不会再出现乱码问题。

#### 2. 查询学生信息表 student

在Chapter09程序的com.example.jdbc包中创建名为ExampleJDBC的类，在该类中读取student表中的数据，并将结果输出到控制台中，如例9-1所示。

**例9-1**　ExampleJDBC.java

```
1  package com.example.jdbc;
2  ...            // 省略导入包
3  public class ExampleJDBC {
4      public static void main(String[] args) throws SQLException  {
5          Connection conn =null;
6          Statement stmt =null;
7          ResultSet rs =null;
8          try {
9              // 1. 加载数据库驱动
10             Class.forName("com.mysql.cj.jdbc.Driver");
11             // 2. 通过 DriverManager 获取数据库连接
12             String url = "jdbc:mysql://localhost:3306/jdbc";
13             String username = "root";
14             String password = "root123";
15             conn = DriverManager.getConnection(url,username, password);
16             // 3. 通过 Connection 对象获取 Statement 对象
17             stmt = conn.createStatement();
18             // 4. 使用 Statement 执行 SQL 语句
19             String sql = "select * from student";
20             rs = stmt.executeQuery(sql);
21             // 5. 操作 ResultSet 结果集
22             System.out.println("id| name |age |sex | email ");
23             while (rs.next()) {
24                 int id = rs.getInt("id");       // 通过列名获取指定字段的值
25                 String name = rs.getString("name");
26                 int age=rs.getInt("age");
27                 String sex = rs.getString("sex");
28                 String email = rs.getString("email");
29                 System.out.println(id + " | " + name + " | " +
30                   age + " | " + sex + " | " + email);
31             }
32         } catch (Exception e) {
33             e.printStackTrace();
34         } finally {
35             // 6. 关闭连接，释放资源
36             if(rs !=null){ rs.close(); }
```

```
37                if(stmt !=null){ stmt.close(); }
38                if(conn !=null){ conn.close(); }
39            }
40        }
41    }
```

查询到的学生信息如图9-11所示。

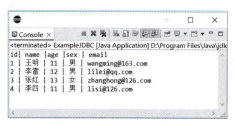

图9-11 查询到的学生信息

从图9-11中可以看到，student表中的数据已经打印在控制台中，至此第一个JDBC程序实现成功。

**注意**：在进行数据库连接时，连接MySQL数据库的username和password都要与创建MySQL数据库时设置的登录用户名和密码一致，否则登录失败。

## 任务实现

### 实施步骤

（1）创建添加与修改图书界面的FXML文件。
（2）判断界面控件输入的内容是否为空。
（3）实现图书信息的添加与修改功能。
（4）显示添加与修改界面，并实现界面上"添加"按钮与"修改"按钮的单击事件。
（5）实现图书管理系统界面的"添加"按钮、"修改"按钮和"删除"按钮的单击事件。

### 代码实现

#### 1. 创建添加与修改图书界面的 FXML 文件

添加图书界面需要显示图书编号、图书名称、作者、出版社等输入框，还需要显示"添加"按钮，修改图书界面也需要显示这些信息，只是将"添加"按钮替换为"修改"按钮。由于添加图书界面与修改图书界面比较类似，为了减少程序中代码的冗余，可以使用同一个FXML文件实现。

在Chapter09程序的com.example.book包中创建addbook.fxml文件，在该文件中设置添加图书界面的布局。其中界面中的文本信息使用Label控件显示，输入框使用TextField控件显示，按钮使用Button控件显示。addbook.fxml文件的具体代码可在教材提供的源代码的Chapter09\src\com\example\book目录下查看。

#### 2. 判断界面控件输入的内容是否为空

在添加或修改图书界面，当单击"添加"或"修改"按钮之前，需要判断界面上输入的图书信息是否为空，如果为空，则需要提示用户输入相应的内容，否则对输入的图书信

```
46    public boolean isAdd(TextField bookNumField, TextField bookNameField,
47        TextField bookAuthorField, TextField publisherField) {
48        SimpleTools simpleTools = new SimpleTools();
49        if (simpleTools.isEmpty(bookNumField.getText())) {
50            simpleTools.informationDialog(Alert.AlertType.WARNING,
51                "提示", "警告", "图书编号不能为空！");
52            return false;
53        }
54        if (simpleTools.isEmpty(bookNameField.getText())) {
55            simpleTools.informationDialog(Alert.AlertType.WARNING, "提示",
56                "警告", "图书名称不能为空！");
57            return false;
58        }
59        if (simpleTools.isEmpty(bookAuthorField.getText())) {
60            simpleTools.informationDialog(Alert.AlertType.WARNING, "提示",
61                "警告", "图书作者不能为空！");
62            return false;
63        }
64        if (simpleTools.isEmpty(publisherField.getText())) {
65            simpleTools.informationDialog(Alert.AlertType.WARNING, "提示",
66                "警告", "图书出版社不能为空！");
67            return false;
68        }
69        return true;
70    }
71 }
```

3. 实现图书信息的添加与修改功能

在Chapter09程序的com.example.book包中创建一个类AddBookController，该类就是addbook.fxml文件对应的控制器，在该控制器中实现图书信息的添加与修改功能。AddBookController类的具体代码如下：

AddBookController.java

```
1  package com.example.book;
2  ...        // 省略导入包
3  public class AddBookController {
4      @FXML
5      private Label addBookLabel;
6      @FXML
7      private TextField bookNumField,bookNameField,bookAuthorField,
8      publisherField;
9      @FXML
10     private Button addButton,alterButton;
11     SimpleTools simpleTools = new SimpleTools();
12     BookDao bookDao = new BookDao();
13     public void setData(String data) {
14         // 处理传递的数据，如果传递的数据为add，则界面为添加图书界面
15         if (data.equals("add")) {
16             addBookLabel.setText("添加图书");
17             alterButton.setDisable(true);      // 设置"修改"按钮为不可用状态
18         } else {
19             addBookLabel.setText("修改图书");  // 显示修改图书界面
20             addButton.setDisable(true);        // 设置"添加"按钮为不可用状态
21         }
22     }
```

```java
23      @FXML
24      private void do_addButton_event(ActionEvent event) {
25          // 从 TextField 中获取图书信息
26          String bookNum = bookNumField.getText();
27          String bookName = bookNameField.getText();
28          String author = bookAuthorField.getText();
29          String publisher = publisherField.getText();
30          // 查询要添加的图书编号是否在数据库中已存在
31          String checkSQL = "select * from book where bNum='" +
32          bookNum + "';";
33          List<BookBean> list = bookDao.getBookDataBySql(checkSQL);
34          if(list.size()>0) {
35              simpleTools.informationDialog(AlertType.INFORMATION, "提示",
36              "信息", "添加的图书编号已经存在！");
37              return;
38          }
39          if (simpleTools.isAdd(bookNumField, bookNameField,
40          bookAuthorField, publisherField)) {
41              // 添加图书信息的 SQL 语句
42              String sql = "insert into book (bNum, bName, bAuthor,
43              bPublisher) values ('" + bookNum + "','" + bookName+
44              "','" + author + "','" + publisher + "');";
45              // 执行添加操作并返回操作结果
46              boolean isOK = bookDao.dataChange(sql);
47              // 对操作结果进行判断
48              if (isOK) {
49                  // 添加成功则弹出提示框并清空文本框内容
50                  simpleTools.informationDialog(AlertType.INFORMATION,
51                  "提示", "信息", "添加成功！");
52                  simpleTools.clearTextField(bookNumField,bookNameField,
53                  bookAuthorField,publisherField);
54                  Stage stage = (Stage) addButton.getScene().getWindow();
55                  new Main().showBookManage(stage);
56              } else {
57                  // 添加失败则弹出提示框
58                  simpleTools.informationDialog(AlertType.ERROR, "提示",
59                  "错误", "添加失败！");
60              }
61          }
62      }
63      @FXML
64      private void do_alterButton_event(ActionEvent event) {
65          // 从 TextField 中获取图书信息
66          String bookNum = bookNumField.getText();
67          String bookName = bookNameField.getText();
68          String author = bookAuthorField.getText();
69          String publisher = publisherField.getText();
70          if (simpleTools.isAdd(bookNumField, bookNameField,
71          bookAuthorField, publisherField)) {
72              // 更新图书信息的 SQL
73              String alterSQL = "update book set bName='" + bookName +
74              "',bAuthor='" + author +"',bPublisher='" + publisher +
75              "' where "+ "bNum=" + bookNum + ";";
76              // 执行更新操作并获取操作结果
77              boolean isOK = bookDao.dataChange(alterSQL);
78              // 对操作结果进行判断
```

```
79            if (isOK) {
80                // 更新成功则清空各文本框并弹出提示框
81                simpleTools.clearTextField(bookNumField,bookNameField,
82                bookAuthorField,publisherField);
83                simpleTools.informationDialog(AlertType.INFORMATION,
84                "提示", "信息", "修改成功! ");
85                Stage stage = (Stage) addButton.getScene().getWindow();
86                new Main().showBookManage(stage);
87            } else {
88                // 更新失败弹出提示框
89                simpleTools.informationDialog(AlertType.ERROR, "提示",
90                "错误", "修改失败! ");
91            }
92        }
93    }
94 }
```

### 4. 显示添加或修改界面

在Main类中创建showAddBook()方法，该方法用于显示添加或修改界面，具体代码如下：

```
1  ...
2  public class Main extends Application {
3      ...
4      public void showAddBook(String data, Button addButton) {
5          try {
6              // 加载FXML布局文件
7              FXMLLoader loader = new FXMLLoader();
8              loader.setLocation(getClass().getResource(
9              "addbook.fxml"));
10             AnchorPane root = loader.load();
11             AddBookController addController = loader.getController();
12             if (data == null) return;
13             if (data.equals("add")) {
14                 addController.setData("add"); // 将添加信息传递到添加图书界面
15             }else {
16                 addController.setData("");
17             }
18             Scene scene = new Scene(root); // 创建新的场景和舞台
19             Stage stage = (Stage) addButton.getScene().getWindow();
20             stage.setScene(scene);
21             stage.show();
22         } catch (IOException e) {
23             e.printStackTrace();
24         }
25     }
26 }
```

### 5. 实现图书管理系统界面上"添加"按钮、"修改"按钮和"删除"按钮的单击事件

在BookManagementController中实现图书管理系统界面上"添加"按钮、"修改"按钮和"删除"按钮的单击事件，具体代码如下：

```
1  ...
2  public class BookManagementController {
3      private BookDao bookDao = new BookDao();
4      private String bookNum;
5      ...
```

```java
6       public void initialize() {
7           queryBook();                // 查询所有的图书
8           // 为表格控件注册事件监听器
9           bookManageTableView.getSelectionModel().selectedItemProperty()
10          .addListener((observable, oldValue, newValue) -> {
11              if (newValue != null) { // newValue是被选中的Item对象
12                  bookNum = newValue.getBookNum(); // 获取选中的bookNum
13              }
14          });
15      }
16      ......
17      // "添加"按钮的事件监听器
18      public void do_addButton_event(ActionEvent event) {
19          new Main().showAddBook("add", addButton);
20      }
21      // "查询"按钮的事件监听器
22      public void do_queryButton_event(ActionEvent event) {
23          queryBook();
24      }
25      // "修改"按钮的事件监听器
26      public void do_alterButton_event(ActionEvent event) {
27          new Main().showAddBook("", addButton);
28      }
29      // "删除"按钮的事件监听器
30      public void do_deleteButton_event(ActionEvent event) {
31          if(bookNum==null) {
32              simpleTools.informationDialog(Alert.AlertType.INFORMATION,
33      "提示", "信息", "请选中图书表格中的某一项");
34              return;
35          }
36          // 删除图书的SQL语句
37          String deleteSQL = "delete from book where bNum=" + bookNum + ";";
38          // 弹出确认框获取用户是否确认删除
39          boolean is = simpleTools.informationDialog(Alert.AlertType.WARNING,
40      "提示", "警告", "是否删除图书编号为"+bookNum+"的数据");
41          if (is) {
42              boolean isOK = bookDao.dataChange(deleteSQL);// 执行删除操作
43              if (isOK) {
44                  initialize();// 删除成功则初始化表格数据,刷新表格
45                  simpleTools.informationDialog(Alert.AlertType.INFORMATION,
46      "提示", "信息", "删除图书编号为"+bookNum+"的图书信息成功! ");
47              } else {
48                  simpleTools.informationDialog(Alert.AlertType.ERROR,
49      "提示", "错误", "删除失败! ");
50              }
51          } else {
52              return;
53          }
54      }
55  }
```

运行Main类,首先会出现图书管理系统界面,然后单击界面上的"添加"按钮,程序会弹出添加图书界面,在该界面中输入要添加的图书信息,如图9-12所示。

在图9-12中,单击"添加"按钮,程序会弹出一个提示对话框,对话框中提示用户图书是否添加成功的信息,如图9-13所示。

图 9-12　添加图书界面

图 9-13　添加图书的提示信息

在图9-13中，单击"确定"按钮，程序会显示添加图书后的图书管理系统界面，如图9-14所示。

从图9-14中可以看出，图书编号为005的图书信息已经成功添加到数据库中，并显示在图书管理系统界面中。

在图9-14中，单击"修改"按钮，程序会弹出修改图书界面，在该界面中输入要修改的图书信息，此处将图书编号为005的图书出版社修改为"人民邮电出版社"，如图9-15所示。

图 9-14　添加图书后的图书管理系统界面

图 9-15　修改图书界面

在图9-15中，单击"修改"按钮，程序会弹出一个提示对话框，对话框中提示用户图书是否修改成功的信息，如图9-16所示。

在图9-16中，单击"确定"按钮，程序会显示修改图书后的图书管理系统界面，如图9-17所示。

从图9-17中可以看出，图书编号为005的图书出版社已经修改成功，并显示在图书管理系统界面。

图 9-16　修改图书的提示信息

在图9-17中，任意选中一条图书信息，单击"删除"按钮，程序会对选中的图书进行删除操作。此处选中编号为005的图书，然后单击"删除"按钮，程序会弹出一个警告对话框，对话框中提示用户是否删除图书编号为005的数据，如图9-18所示。

在图9-18中，单击"确定"按钮，程序会执行删除图书编号为005信息的操作，执行删除操作后，程序会弹出一个提示对话框，对话框中提示用户图书是否删除成功的信息，如图9-19所示。

图 9-17　修改图书后的图书管理系统界面

图 9-18　删除图书的警告对话框

在图9-19中，单击"确定"按钮，程序会显示删除图书信息后的图书管理系统界面，如图9-20所示。

图 9-19　删除图书的提示对话框

图 9-20　删除图书信息后的图书管理系统界面

## 小　结

本单元主要讲解了 JDBC 数据库编程的内容，包括 JDBC 简介、使用 JDBC 连接数据库、MySQL 数据库的操作、MySQL 数据表的操作、MySQL 数据的操作和使用 JDBC 操作数据库，应用这些知识内容分别实现了使用 JDBC 程序查询学生信息的案例与一个图书管理系统的项目。通过学习本单元内容，可以掌握 JDBC 连接与操作数据库，以及 MySQL 数据库与数据表的操作。

## 习 题

### 一、填空题

1. _____是一套用于执行 SQL 语句的 Java API。
2. 当使用 JDBC 创建连接数据库的对象时，需要用到_____接口和 DriverManager 类。
3. _____是用于管理关系型数据库系统中数据的标准语言。
4. _____接口用于执行预编译的 SQL 语句，它支持参数化查询。
5. _____接口用于执行不带参数的静态 SQL 语句。

### 二、选择题

1. 下列不属于 JDBC 主要功能的是（    ）。
   A. 连接数据库　B. 执行 SQL 语句　C. 绘制用户界面　D. 处理查询结果
2. 在 JDBC 中，以下用于执行静态 SQL 语句并返回它所生成结果的对象是（    ）。
   A. Connection　B. Statement　C. PreparedStatement　D. ResultSet
3. 下列不属于数据库命名规范的是（    ）。
   A. 数据库名称是唯一的，且区分大小写（Windows 中不区分大小写）
   B. 可以由字母、数字、下画线、@、#、$ 组成
   C. 不可以使用关键字
   D. 可以使用关键字
4. 在 JDBC 中，用于表示数据库连接的对象是（    ）。
   A. DriverManager           B. Connection
   C. Statement               D. ResultSet
5. 用于加载 JDBC 驱动的方法是（    ）。
   A. DriverManager.getConnection()
   B. Class.forName()
   C. Statement.executeQuery()
   D. PreparedStatement.executeUpdate()

### 三、简答题

简述 JDBC 连接数据库的基本步骤。

### 四、编程题

优化并完善本单元的图书管理系统，实现图书借阅管理，代码使用包管理模式，利用 JDBC 连接 MySQL 数据库；至少有一个数据库操作类 DBManager；程序实现对数据库的基本操作，包括获取数据库连接、图书借阅功能的增删改查等操作，当图书被借出时需要生成一个 10 位的数字和字母组合的辨识码，用于图书归还时的快捷处理（输入辨识码，自动查询用户信息和图书信息）。程序可以接收用户输入的操作指令，然后执行相应操作。

# 参 考 文 献

[1] 霍斯特曼. Java核心技术 卷I：基础知识（第11版）[M]. 林琪，苏钰涵，等译. 北京: 机械工业出版社，2020.

[2] 李刚. 疯狂Java讲义[M]. 北京: 电子工业出版社，2019.

[3] 奥克斯. Java性能权威指南[M]. 党文亮，译. 北京: 机械工业出版社，2020.

[4] 李兴华. Java开发实战经典[M]. 北京: 清华大学出版社，2024.

[5] 尹成. Java并发编程艺术[M]. 北京: 机械工业出版社，2021.

[6] 陈志龙. Java核心技术精解[M]. 北京: 电子工业出版社，2023.

[7] 陈国君，陈磊，李梅生，等. Java程序设计基础[M]. 北京: 清华大学出版社，2023.

[8] 殷锋社，罗云芳. Java程序设计基础[M]. 北京: 人民邮电出版社，2021.

[9] 王冲. Java程序设计技巧[M]. 北京: 清华大学出版社，2014.

[10] 希尔特. Java官方入门教程: Java 17[M]. 殷海英，译. 北京：清华大学出版社，2023.